Einführung
in DIN 57 100/VDE 0100

D1671378

VDE-Schriftenreihe   **39**

Einführung
in DIN 57 100/VDE 0100
Errichten von
Starkstromanlagen bis 1000 V

Dipl.-Ing. Wilhelm Rudolph

mit Erläuterungen zu
– DIN 57 100/VDE 0100,
– IEC-Publikation 364,
– CENELEC-Harmonisierungsdokument 384,

mit Hinweisen zu den entsprechenden
– britischen Errichtungsbestimmungen,
  IEE Wiring Regulations, 15. Ausgabe, 1981, – Ergänzungen: Januar 1983,
– französischen Normen,
  NF C15-100 von 1976 und 1977, – neueste Ausgabe: 1982,
– amerikanischen Bestimmungen im
  National Electrical Code (NEC) von 1981.

1983

VDE-VERLAG GmbH
Berlin · Offenbach

VDE-Schriftenreihe Band 39

Einführung in DIN 57 100/VDE 0100
Errichten von Starkstromanlagen bis 1 000 V
Dipl.-Ing. Wilhelm Rudolph

Redaktion: Erhard Sonnenfeld

CIP-Kurztitelaufnahme der Deutschen Bibliothek

Rudolph, Wilhelm:

Einführung in DIN 57 100/VDE 0100 Errichten von Starkstromanlagen
bis 1 000 V : mit Erl. zu DIN 57 100/VDE 0100, IEC-Publikation 364;
CENELEC-Harmonisierungsdokument 384 ; mit Hinweisen zu d. ent-
sprechenden brit. Errichtungsbestimmungen, IEE wiring regulations,
15. Ausg., 1981, Erg.: Januar 1983, − franz. Normen, NF C15-100 von
1976 u. 1977, neueste Ausg.: 1982, − amerikan. Bestimmungen im National
Electrical Code (NEC) von 1981 / von Wilhelm Rudolph. −
Berlin ; Offenbach : VDE-Verlag, 1983.
   (VDE-Schriftenreihe ; 39)
   ISBN 3-8007-1268-7

NE: Verband Deutscher Elektrotechniker: VDE-Schriftenreihe

ISSN 0506-6719
ISBN 3-8007-1268-7

© 1983 VDE-VERLAG GmbH, Berlin und Offenbach
     Bismarckstraße 33, D-1000 Berlin 12

Gesamtherstellung: Verlagsdruckerei VDE-VERLAG GmbH, Berlin   8309

Vorwort

Seit dem Ende des 19. Jahrhunderts entstanden in den Industrieländern voneinander unabhängige elektrotechnische Sicherheitsbestimmungen. Erst mit dem wirtschaftlichen Zusammenschluß der europäischen Länder zur Europäischen Wirtschaftsgemeinschaft im Jahre 1957 und später zur Europäischen Gemeinschaft erwuchs der handelspolitische Druck auf die nationalen Industrien, ihre Normen und elektrotechnischen Bestimmungen einander so anzugleichen, daß der gegenseitige Export von elektrotechnischen Produkten und Anlagen erleichtert wurde.

Das Angleichen – Harmonisieren – der elektrotechnischen Normen betrifft alle Fachleute: die, die nur im Inland arbeiten und die, die im Export tätig sind.

Für die Ausführung elektrischer Anlagen im Inland muß sich der Fachmann, insbesondere auch der Elektrohandwerker, über die neuen international festgelegten Normen und Bestimmungen informieren. Für den Export gibt es einige Erleichterungen, da nun eine Reihe von ausländischen Normen mit unseren Normen weitgehend übereinstimmen. Deutsche Fachleute, Ingenieure und Handwerker, bekommen so die Möglichkeit, sich mehr als seither um Aufträge im Ausland zu bemühen.

Mit dem Aufkommen der großen Märkte in den afrikanischen und arabischen Ölländern zu Beginn der 70er Jahre setzte ein Boom für den Export von elektrotechnischen Anlagen in diese Märkte ein.

Internationale Zusammenarbeit bei großen Bauvorhaben war ein Muß. Architekten, Planer, Generalunternehmer und Ausrüster aus verschiedensten Industrieländern treffen heute bei einem solchen Projekt aufeinander.

Kein Industrieunternehmen kann noch erwarten, daß die Ausschreibungen auf den Normen des eigenen Landes basieren.

Auch die Ingenieure der stark vom industriellen Export abhängigen Bundesrepublik Deutschland mußten umlernen, da sie heute zunehmend nach anderen als VDE-Bestimmungen arbeiten und ausführen müssen. Bei aller Größe dieser Märkte würde eine Auswahl nach nur „DIN/VDE-Ausschreibungen" das Geschäftspotential doch allzusehr begrenzen.

Es bedurfte erfahrener und umsichtiger Ingenieure der Elektroindustrie, den Weg für diese neue Art des Anlagenexportes zu bereiten. Zu den Ingenieuren der ersten Stunde gehört Wilhem Rudolph. Seine langjährige internationale Erfahrung als Projektleiter für Industrie- und Gebäudeausrüstungen und seine Begabung zur systematischen Ingenieurarbeit waren Grundlage, erfolgreich an vorderster Stelle in nationalen und internationalen Kommissionen zu wirken.

Dazu gehört auch der Wille zur Zusammenarbeit und – bei allem nationalen Egoismus – auch der Wille gemeinsame Lösungen zu finden. Denn vergessen wir nicht, daß bei der Ausführung nach fremden Standards nicht immer die Fabrik im eigenen Konzern ins Geschäft kommt.

Das neue Werk zur harmonisierten VDE 0100 ist kein trockener „Normenstoff", zu dessen Erarbeitung der typische Verbandsmann abgestellt wurde.

Vielmehr brachte hier ein aktiver Projektleiter seine langjährigen nationalen und internationalen Erfahrungen so lebhaft ein, daß wir bei AEG-TELEFUNKEN schon längst unser Exportgeschäft danach ausrichten und die neuen Erkenntnisse aus der Harmonisierung der Normen bei Projekten im Inland anwenden. Das beste Urteil stellen Wilhem Rudolph diejenigen Kollegen und Mitarbeiter aus, die heute ohne Vorbehalt internationale Ausschreibungen angehen, wogegen sie noch vor gar nicht langer Zeit nur Ausschreibungen nach deutschen Standards bearbeiten wollten.

Dipl.-Ing. Rolf Dieter Pfeiffer

Inhalt

Wichtiger Hinweis:
Die inhaltliche Bearbeitung dieses Buches wurde im Frühjahr 1983 abgeschlossen. Spätere Änderungen in Entwürfen oder Normen konnten nicht mehr berücksichtigt werden. Es wird daher empfohlen, beim Lesen der Teile des Buches auch die neueste Ausgabe der jeweiligen Norm/VDE-Bestimmung/IEC-Publikation usw. zur Verfügung zu haben, um so den neuesten Stand der Festlegungen zu erfahren.

Teil 100 Anwendungsbereich bei VDE und IEC

Anmerkung:
Tabellen zum Teil 100 siehe Teil 1 „Allgemeine Einführung"

Teil 200 Begriffe und Begriffserklärungen (Definitionen)

10

12

14

Teil 430   Überstromschutz von Kabeln und Leitungen

Teil 530 Auswahl und Errichtung von Schalt- und Steuergeräten

Teil 540 Erdung, Schutzleiter, Potentialausgleichsleiter (auch PEN-Leiter).

18

Über dieses Buch

Der Zweck dieses Buches soll die Einführung in die Errichtungsbestimmungen für elektrische Niederspannungsanlagen sein:
- in die als VDE-Bestimmung gekennzeichnete Norm DIN 57 100/VDE 0100,
- in die IEC-Publikation 364,
- in das CENELEC-Harmonisierungsdokument 384.

Ziel des Autors ist es, mit diesem Buch dem Anwender von DIN 57 100/VDE 0100 die Hintergründe der Bestimmungen aufzuzeigen; die „Maßnahmen" sollen nicht nur angewendet werden „weil es so in der Vorschrift steht", sondern weil der entsprechende technisch-physikalische Sachverhalt eingesehen wird.

Ein wichtiges Anliegen dieses Buches ist es, dem Anwender der „VDE 0100" die neuen Inhalte der DIN 57 100/VDE 0100 näherzubringen, ein gutes Verhältnis, aber auch positive Kritik, zu ermöglichen. Positive Kritik ist erwünscht, um den Meinungsaustausch unter den Fachleuten zu fördern, damit alle Fachleute, die dies wollen, auf die Errichtungsbestimmungen der Zukunft Einfluß nehmen können, aber auch, um technisch einwandfreie und verständliche Bestimmungen festlegen zu können. Kritik wird häufig daran geübt, daß die Bestimmungen und Normen so umfangreich geworden sind. Die gleichen Kritiker fordern aber auch, mehr Einzelheiten zu regeln. Die richtige Lösung der so gegensätzlichen Forderungen – weniger Text und mehr Einzelheiten – ist schwer. Das gleiche Problem wird auch von britischen und französischen Autoren vorgetragen (siehe Jahrbuch Elektrotechnik 1983, VDE-VERLAG).

Die neuen Bestimmungen sollten für kleinere Anlagen, z. B. für Hausinstallationen, möglichst weitgehend alle Einzelheiten regeln; allgemein, insbesondere aber für größere Anlagen, sollten die Bestimmungen eine Auswahl von Maßnahmen zur Verfügung stellen. Die technisch-physikalischen Grundlagen und die „Regeln der Technik" müssen angegeben werden, an Hand deren der Fachmann mit seinem allgemeinen Wissen die technisch richtige Lösung finden kann. Dies gibt dem Fachmann einen größeren Freiraum, aber auch eine größere Verantwortung; es gibt ihm auch die Möglichkeit, eigene Vorstellungen bezüglich der Übereinstimmung mit den Grundanforderungen der klar festgelegten Bestimmungen zu treffen. Der Planer, der diesen Vorteil nutzen will, wird aber mehr technische Angaben über die in der Anlage einzusetzenden elektrischen Betriebsmittel benötigen als in der Vergangenheit, z. B. aus den Normen und VDE-Bestimmungen für die Betriebsmittel oder aus verbindlichen technischen Angaben der Gerätehersteller. Vergleiche z. B. Teil 430 (Überstromschutz) und Teil 523 (Strombelastbarkeit) in DIN 57 100/VDE 0100 sowie die in Zukunft vier Teile von DIN 57 298/VDE 0298 (Verwendung von Kabeln und Leitungen).

Dieses Buch wendet sich an alle an dem Themenkreis „Errichtung und Sicherheit elektrischer Anlagen" interessierten Personen: an Planer, Errichter und Betreiber elektrischer Anlagen, aber auch an Kaufleute und Mitarbeiter in der Verwaltung, die bei ihrer beruflichen Tätigkeit mit Fachleuten der Elektrotechnik zu tun haben. Es richtet sich aber auch an Schüler, Studenten und Lehrer der beruflichen Schulen, Fachschulen und Hochschulen.

Der Autor hat sich bemüht, einerseits die elektrotechnischen Hintergründe für die Bestimmungen aufzuzeigen, und andererseits in einigen Abschnitten dieses Buches allgemeinverständliches Wissen für den nichtelektrotechnischen Personenkreis (siehe oben) zu vermitteln!

Für die am Export interessierten Fachleute wird an vielen Stellen des Buches aufgezeigt

– wie andere Länder ihre Errichtungsbestimmungen harmonisieren,
– wie weit die Übernahme internationaler Richtlinien und Normen in die jeweilige nationale Norm fortgeschritten ist,
– welche besonderen Probleme, Lösungen und Kompromisse bei diesem Anpassungsprozeß entstanden sind,
– welche besonderen nationalen Eigentümlichkeiten, Gewohnheiten und Begriffe durch die internationalen Richtlinien und Normen betroffen sind, geändert oder fortgeführt werden.

Literaturhinweise sollen dabei weitere Unterstützung geben. Jedem „Teil" dieser Erläuterungen ist dafür ein Abschnitt „Schrifttum" zugeordnet.

Der Autor ist seit mehr als zehn Jahren Mitarbeiter im Komitee für VDE 0100 und deutscher Delegierter für IEC-TC 64, sowie für mehrere Arbeitsgruppen dieses TC's. Er ist wesentlich beteiligt an der Neugestaltung der „VDE 0100" und an der Umsetzung der internationalen Bestimmung in die deutsche Norm DIN 57 100/VDE 0100. Handwerkliche Lehre als Elektroinstallateur und 25 Jahre Erfahrung im Export elektrischer Anlagen haben den Inhalt dieses Buches gleichermaßen beeinflußt.

Dort wo es möglich ist, berichtet der Autor vom Entstehen dieser Bestimmungen, aus dem Erlebnis in den Sitzungen:

– von der Diskussion der Grundlagen bei VDE und IEC,
– vom Entstehen der Kompromisse,
– vom Einfließen der deutschen Meinung bei IEC,
– vom Rückfluß über CENELEC zu DIN/VDE,
– von Problemen und vom Erfolg der internationalen Normungsarbeit.

An einigen Stellen wird auch auf die britischen, französischen und amerikanischen Errichtungsbestimmungen eingegangen.

Sicher ist es für viele deutsche Fachleute neu, in Erläuterungen zu „VDE 0100"
auch Verweise auf internationale Bestimmungen und nationale Regeln anderer
Länder zu finden. Dies hat mehrere Gründe:

- Die Grundlagen der elektrotechnischen Errichtungsbestimmungen werden
  seit Ende der sechziger Jahre bei der Internationalen Elektrotechnischen
  Kommission (IEC) im Technischen Komitee (TC 64), „Elektrische Anlagen
  von Gebäuden", bearbeitet. Die Ergebnisse dieser internationalen Arbeit fließen seitdem in die deutschen Normen und in die VDE-Bestimmungen ein,
  ebenso auch in die nationalen Regeln anderer Länder.
- In der Vergangenheit wurde bei deutschen Veröffentlichungen nur wenig beachtet, daß etwa 30 % der deutschen elektrotechnischen Produktion – davon ein großer Teil als elektrische Anlagen – direkt für den Export in viele Länder der Welt bestimmt sind. Häufig ist die Vergabe eines Auftrags von der
  Forderung abhängig, ob komplette Anlagen oder Teile davon nach internationalen, amerikanischen, britischen, französischen oder anderen nationalen
  Bestimmungen geplant und ausgeführt werden können.
- Das Ziel der weltweiten Harmonisierung von elektrotechnischen Normen,
  insbesondere für das Errichten elektrischer Anlagen, ist für die deutsche
  Wirtschaft von besonderer Bedeutung; sie hängt wesentlich vom internationalen Warenaustausch ab, d. h. vom Export und Import, aber auch von der
  Anlagenberatung, der Anlagenplanung und Anlagenausführung. Dafür werden internationale Normen für das Errichten elektrischer Anlagen dringend
  benötigt.
- Alle an solchen Auslandsaufträgen beteiligten Fachleute, Planer und Errichter, bauleitende Monteure und kaufmännisches Führungspersonal müssen
  Kenntnisse über die jeweils anzuwendenden Normen und Bestimmungen
  haben, um die Verträge technisch einwandfrei und wirtschaftlich erfolgreich
  abwickeln zu können.

Die Arbeiten von IEC und CENELEC für die Errichtungsbestimmungen sind noch
lange nicht beendet. Einige Teile werden dort bereits überarbeitet. Unabhängig
davon müssen die harmonisierten Ergebnisse von den nationalen Komitees der
jeweiligen Länder veröffentlicht werden. Erläuterungen dazu müssen geschrie-
ben werden. Diese „gleitende Umstellung" bringt den Normungsgremien und
den Autoren der Erläuterungen einige Probleme. Über viele Entwürfe ist noch
nicht entschieden. Einige Normen/VDE-Bestimmungen befinden sich in einem
Zwischenstadium; sie wurden aus der „alten VDE 0100" redaktionell überarbeitet in die neue DIN 57 100/VDE 0100 übernommen, obwohl sie in abseh-
barer Zeit durch internationale Bestimmungen ersetzt werden. Daher hat der
Autor für dieses Buch einige Schwerpunkte gesetzt und nicht alle Themen bearbeiten können. Sicher ist in einigen Jahren eine Ergänzung und Überarbeitung
dieser „Erläuterungen" nötig. Anregungen hierzu aus dem Kreis der Leser dieses
Buches werden gerne entgegengenommen.

An dieser Stelle möchte der Autor all den Herren aus der IEC-Arbeit, aus dem Komitee 221 und den Mitarbeitern von AEG-Telefunken danken, die bereit waren, Teile des Manuskriptes durchzusehen. – Meiner Familie danke ich unter anderem für die große Geduld und für viel Verständnis bei der Bearbeitung dieses Buches.

Frankfurt/Main, im Juli 1983   Wilhelm Rudolph

Zur Orientierung in diesem Buch

1. Die Gliederung dieses Buches ist an die Gliederung von DIN 57 100/VDE 0100 und der IEC-Publikation 364 angepaßt. Die Gliederung dieser Normen folgt einem international vereinbarten logischen Konzept (siehe Teil 1), das soweit als möglich konsequent angewendet wird. In den Erläuterungen wird innerhalb der Teile an einigen Stellen davon abgewichen, – um den erläuternden Text leichter gestalten zu können.

2. Normalerweise werden in den Erläuterungen die Bestimmungstexte nicht wiederholt (schon wegen des Umfangs dieses Buches). Die jeweilige Norm/VDE-Bestimmung sollte beim Lesen der Erläuterung zur Verfügung stehen.

3. Ab Teil 310 wird neben der Überschrift zu jedem Teil und zu jedem Abschnitt die Nummer des entsprechenden Abschnittes von DIN 57 100/VDE 0100 angegeben. Ferner wird das zugehörige Kapitel oder der zugehörige Abschnitt der IEC-Publikation 364 genannt. So ist es dem Leser leicht möglich, die entsprechende Stelle in den VDE-Bestimmungen oder die Texte im Bezugsdokument von IEC und CENELEC zu finden. Die IEC-Bezugsnummer ist ferner eine gute Hilfe, die entsprechenden Festlegungen in den britischen und französichen Regeln zu finden (siehe Teil 1).

4. Ab Teil 410 befindet sich am Anfang des jeweiligen Teiles – nach der Gliederung der Abschnitte – eine Zusammenstellung von zuzuordnenden nationalen und internationalen Bestimmungen und Normen. Am Ende des jeweiligen Teiles befindet sich ein Schrifttumverzeichnis. Beides soll dem Leser die Möglichkeit geben, sich intensiver mit der Materie zu beschäftigen. Zur Feststellung der jeweils gültigen Norm sollten immer die neuesten Verzeichnisse der Verlage, z. B. von VDE, DIN oder IEC, hinzugenommen werden.

5. Verweise auf Normen und VDE-Bestimmungen. Viele VDE-Bestimmungen sind inzwischen „als VDE-Bestimmung gekennzeichnete DIN-Norm" erschienen. Diese haben in ihrer Nummer einen DIN- und einen VDE-Teil: z. B. DIN 57 100/VDE 0100. Derartige Nummern sind normalerweise vollständig zu zitieren. Das Wortgebilde „als VDE-Bestimmung gekennzeichnete Norm" ist im Sprachgebrauch sehr umständlich. Abgekürzt kann es mit dem Wort „Norm" dargestellt werden, auch das Wort „VDE-Bestimmung" ist hier üblich. Um das lange Wortgebilde mit den Nummern in diesen Erläuterungen zu kürzen werden folgenden Kurzformen angewendet: z. B.: „siehe VDE 0100 Teil 430" Kurzform für: siehe DIN 57 100 Teil 430/VDE 0100 Teil 430/6.81

„es gilt VDE 0298 Teil 2"
Kurzform für: es gilt DIN 57 298 Teil 2/VDE 0298 Teil 2/11.79
„siehe Teil 410 von DIN 57 100/VDE 0100"
Kurzform für: siehe DIN 57 100 Teil 410/VDE 0100 Teil 410/...82

6. Als Kurzform des Titels dieses Buches wird das Wort „Erläuterungen" angewendet. Verweise innerhalb des Buches werden wie folgt vorgenommen: z. B. „siehe Abschnitt 5 des Teiles 530 dieser Erläuterungen".
7. Die Benummerung der Bilder und Tabellen in diesen Erläuterungen.
Bilder; z. B.: Bild 430-1, Bild 430-2, Bild 430-3
d. h., die Bilder werden mit der Nummer des Teiles und einer Zahl entsprechend der üblichen Zahlenfolge bezeichnet.
Tabellen; z. B.: Tabelle 430-A, Tabelle 430-B
d. h., die Tabellen werden mit der Nummer des Teiles und einem Buchstaben der üblichen Buchstabenfolge bezeichnet.
So kann man bei einem Verweis auf Bilder und Tabellen dieses Buches sofort erkennen, welchem Teil und welchem Thema diese zugeordnet sind.
8. Nach Fertigstellung des Drucksatzes dieser Erläuterungen wurden im für DIN 57 100/VDE 0100 zuständigen Komitee einige redaktionelle Grundsätze beschlossen, die in diesem Buch nicht mehr an allen Stellen nachgebessert werden konnten.
So soll in Zukunft nur noch der Ausdruck „Schutzeinrichtung" und nicht mehr „Schutzorgan" angewendet werden. – Der Ausdruck „k-Faktor" ist bei den Schutzmaßnahmen (seither § 9 von VDE 0100/5.73) gestrichen und soll auch in anderem Zusammenhang nicht verwendet werden. Der Faktor „k" zur Berechnung des Kurzschlußschutzes (siehe Teil 430) und zur Berechnung von Schutzleiterquerschnitten (siehe Teil 540) wird „Materialbeiwert" genannt.
Die neuerdings international getroffene Vereinbarung der Anwendung von N und n als Index von Formelzeichen konnte in diesem Buch ebenfalls nicht mehr berücksichtigt werden. In diesem Buch steht daher N und n noch für „Nennwert".
International wurde folgende Regelung vereinbart und auch in die Teile 410 und 540 von DIN 57 100/VDE 0100 übernommen:
– Nennwert (e: nominal value): n
– Bemessungswert (e: rated value): r, N
Die nationale Einführung in DIN 1304 ist zur Zeit in Arbeit. Begriffsfestlegungen für Nennwert und Bemessungswert siehe DIN 40 200.
9. Anschriften für das Beschaffen von Normen
VDE: VDE-VERLAG GmbH, Bismarckstraße 33, 1000 Berlin 12.
DIN: Beuth Verlag, Burggrafenstraße 4–10, 1000 Berlin 30.
IEC: VDE-VERLAG GmbH, Merianstraße 29, 6050 Offenbach/Main.
CENELEC: VDE-VERLAG GmbH, Merianstraße 29, 6050 Offenbach/Main
Ausländische Normen: siehe Abschnitt „Schrifttum zum Teil 1"

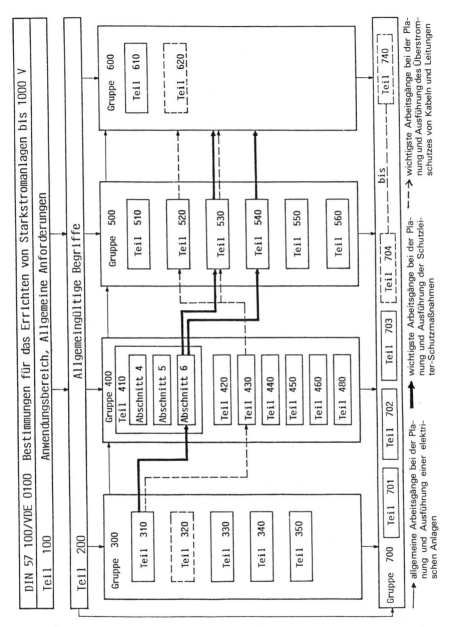

Bild 000-1
Diagramm zur Gliederung der Norm DIN 57 100/VDE 0100

Tabelle 000-A Zusammenstellung der gültigen Teile der DIN 57 100/VDE 0100
Stand: 01. Juni 1983

Teile	Titel	abgelöste §§ der VDE 0100/5.73 bzw. der Änderungen g und m von 7.76
VDE 0100/5.73	Bestimmungen für das Errichten von Starkstromanlagen mit Nennspannungen bis 1000 V	siehe die Angaben bei den Teilen
VDE 0100g/7.76	Änderung g zu VDE 0100/5.73	
DIN 57 100/VDE 0100	Errichten von Starkstromanlagen mit Nennspannungen bis 1000 V	
Reiblatt 1/11.82	– Entwicklungsgang der Errichtungsbestimmungen	
Beiblatt 2/11.82	– Verzeichnis der einschlägigen Normen	
Beiblatt 3/03.83	– Struktur der Normenreihe DIN 57 100/VDE 0100; Gegenüberstellung der bisherigen und der neuen Aufteilung.	
Teil 100/05.82	– Anwendungsbereich; Allgemeine Anforderungen	Teil 100 löst ab § 1, § 2
Teil 200/04.82	– Allgemeingültige Begriffe	Teil 200 löst ab § 3
Teil 310/04.82	– Allgemeine Angaben, Kenngrößen der elektrischen Anlagen	
Teil 430/06.81	– Schutz von Leitungen und Kabeln gegen zu hohe Erwärmung	Teil 430 löst ab § 41b
Teil 510/03.83	– Auswahl und Errichtung elektrischer Betriebsmittel; Allgemeines	
Teil 523/06.81	– Bemessung von Leitungen und Kabeln, Mechanische Festigkeit, Spannungsabfall und Strombelastbarkeit	Teil 523 löst ab § 41a
Teil 559/03.83	– Leuchten und Beleuchtungsanlagen	Teil 559 löst ab § 32
Teil 702/11.82	– Überdachte Schwimmbecken (Schwimmhallen und Schwimmanlagen im Freien)	
Teil 703/11.82	– Sauna-Anlagen	
Teil 705/11.82	– Landwirtschaftliche Betriebsstätten	Teil 705 löst ab § 56
Teil 706/11.82	– Begrenzte leitfähige Räume	Teil 706 löst ab § 32a) 2 u. 3
Teil 720/03.83	– Feuergefährdete Betriebsstätten	Teil 720 löst ab § 50
Teil 721/11.80	– Caravans, Boote und Jachten sowie ihre Stromversorgung auf Camping- bzw. Liegeplätzen	

Tabelle 000-A (Fortsetzung)

Teile	Titel	abgelöste §§ der VDE 0100/5.73 bzw. der Änderungen g und m von 7.76
Teil 724/06.80	– Elektrische Anlagen in Möbeln und ähnlichen Einrichtungsgegenständen, z. B. Gardinenleisten, Dekorationsverkleidung	
Teil 726/03.83	– Hebezeuge	Teil 726 löst ab § 28
Teil 730/06.80	– Verlegen von Leitungen in Hohlwänden sowie in Gebäuden aus vorwiegend brennbaren Baustoffen nach DIN 4102	
Teil 732/03.83	– Hauseinführungen	Teil 732 löst ab § 42h
Teil 733/04.82	– Stromschienensysteme	
Teil 734/05.82	– Verlegen von Kabeln und Leitungen in Beton	

Anmerkung 1: Die Regelung der Übergangsfristen ist in jedem Teil angegeben.
Anmerkung 2: Diese Tabelle wird beim Erscheinen neuer Teile dem jeweils neuen Stand angepaßt in der etz veröffentlicht.
Anmerkung 3: Nach Redaktionsschluß sind am 1. November 1983 folgende Teile erschienen:
    Teil 410 Schutz gegen gefährliche Körperströme
    Teil 540 Erdung, Schutzleiter, Potentialausgleichsleiter

Teil 1: Allgemeine Einführung

1 Elektrotechnische Sicherheit für die 80er Jahre

Die Sicherheitsbestimmungen des Verbandes Deutscher Elektrotechniker (VDE) e. V. werden in gewissen Zeitabständen dem neuesten Stand der Technik angepaßt, so auch die Bestimmungen für das Errichten von Niederspannungsanlagen (DIN 57 100/VDE 0100). Diese Bestimmungen enthalten wesentliche Aussagen zum Schutz von Menschen, Tieren und Sachwerten. Seit Beginn der 80er Jahre werden diese elektrotechnischen Bestimmungen erneut überarbeitet, – basierend auf international vereinbarten technischen Festlegungen.

Die folgenden **Erläuterungen** sollen in die Grundsätze der neuen Bestimmungen einführen und wichtige Einzelheiten für den Personenschutz und Brandschutz (Schutz von Sachwerten) darlegen.

Schutzmaßnahmen in elektrischen Anlagen sollen Schäden von Menschen, Tieren und Sachwerten abwenden, sie sollen zugleich auch so angewendet werden, daß sie den technischen Fortschritt nicht einengen. Die Sicherheitstechnik ist – ganz allgemein betrachtet – ein wesentliches Element des Arbeits- und des Verbraucherschutzes.

Die elektrische Energie ist eine Energieart, die bei fachgerechter Anwendung keine negativen Auswirkungen hat, sie ist daher prädestiniert, zur Verbesserung der Lebensqualität beizutragen. Der Verband Deutscher Elektrotechniker (VDE) e. V. bemüht sich seit Jahrzehnten um **Sicherheitsbestimmungen**, die das nahezu gefahrlose Anwenden der elektrischen Energie ermöglicht; diese Bestimmungen wurden und werden ständig dem neuesten Erkenntnisstand und den technischen Erfordernissen angepaßt. Die große Zahl von elektrotechnischen Geräten, z. B. in unseren Wohnungen, in Büros, Gewerbe und Industrie, sowie die Zunahme der Zahl der Geräte während der vergangenen Jahre zeigt das große Vertrauen der Öffentlichkeit zu den Sicherheitsmaßnahmen der Elektrotechnik.

Die rückläufige Tendenz in der Statistik der Elektrounfälle ist ebenfalls ein positives Zeichen für die Bedeutung der elektrotechnischen Sicherheitsnormen (siehe **Tabellen 100-K, 100-L, 100-M**).

Wichtig ist, daß dieser Sicherheitsstand auf Dauer erhalten bleibt. Die Fachleute der Elektrotechnik sind daher ständig aufgefordert, sich durch Informationsaustausch und Schulung darum zu bemühen, den neuesten Stand der Sicherheitstechnik zu kennen.

In neuerer Zeit hat auch die Europapolitik auf die Schutzmaßnahmen der Elektrotechnik Einfluß genommen.

Mit der Bildung der Europäischen Wirtschaftsgemeinschaft (EWG, 1957) und der Europäischen Gemeinschaft (EG, 1973) haben sich deren Mitgliedsländer verpflichtet, Handelshemmnisse abzubauen, um so den zwischenstaatlichen Handel zu erleichtern. Nationale Normen oder nationale Sicherheitsbestimmungen können solche Handelshemmnisse festlegen, die dann den internationalen Warenaustausch sowie die grenzüberschreitende Planungs- und Montagetätigkeit behindern.

Die zuständigen Institutionen der betroffenen Länder haben sich daher zusammengetan, um zu untersuchen, inwieweit ihre Normen und Sicherheitsbestimmungen für elektrische Betriebsmittel und für das Errichten elektrischer Anlagen voneinander abweichen. Das Ziel ihrer Arbeit soll die Anpassung (Harmonisierung) der betreffenden Normen und Sicherheitsbestimmungen sein.

Die Elektrotechniker in den Mitgliedsländern der Europäischen Gemeinschaft müssen sich darum bemühen, die Grundsätze und Einzelheiten der „harmonisierten" Schutzmaßnahmen kennenzulernen. Alle entsprechenden Harmonisierungsdokumente werden verbindliche deutsche Sicherheitsbestimmungen (DIN-Normen oder VDE-Bestimmungen). Darüber hinaus bemühen sich die nationalen Elektrotechnischen Komitees von etwa 43 Ländern um eine weltweite Anpassung der elektrotechnischen Sicherheitsbestimmungen in der Internationalen Elektrotechnischen Kommission (IEC).

Von der sorgfältigen Durchführung der Schutzmaßnahmen in elektrischen Anlagen hängt es wesentlich ab, daß der Energieträger „Elektrizität" in der Öffentlichkeit ein gutes Image hat. Dieses gute Image trägt zur Weiterentwicklung der Elektrotechnik und damit zur Verbesserung der Lebensqualität der Menschen bei.

Von den Schutzmaßnahmen in der Elektrotechnik hängt aber auch – was noch bedeutender ist – Leben und Gesundheit all derer ab, die die Elektrizität anwenden, gleich ob im beruflichen oder privaten Bereich. Hier trifft die Elektrofachleute eine große Verantwortung. Die vorliegenden „Erläuterungen" sollen diesen Fachleuten eine Unterstützung bei ihrer verantwortungsvollen Aufgabe sein.

2 Entstehung und Gestaltung der „Neuen VDE 0100"

Seit der ersten Ausgabe des Vorläufers der VDE 0100, den „Sicherheitsvorschriften für elektrische Starkstromanlagen"[1]) (Niederspannungsvorschriften), im Jahre 1896 ist in regelmäßigen Abständen, meist alle 10 bis 20 Jahre, eine grundsätzliche Neuordnung der Errichterbestimmungen vorgenommen worden, zuletzt im Jahre 1958.

Durch die Weiterentwicklung der Technik und die sich damit ändernden sicherheitstechnischen Anforderungen an elektrische Anlagen, wird es auch in Zukunft erforderlich sein, DIN 57 100/VDE 0100 nach gewisser Zeit dem neuesten Stand der Technik anzupassen und – falls nötig – auch die Gliederung zu ändern.

---

siehe Anhang zu diesen Erläuterungen, Seite 310

Ein wesentlicher Einfluß auf die Ordnung der „Neuen VDE 0100" geht von der internationalen Bearbeitung der Errichtungsbestimmungen im Rahmen von CENELEC (Europäisches Komitee für elektrotechnische Normung, zuständig für die Länder der Europäischen Gemeinschaft) und IEC (Internationale Elektrotechnische Kommission, zuständig für die weltweite elektrotechnische Normung, seit 1904) aus. Seit der Gründung der „Europäischen Wirtschaftsgemeinschaft" (EWG) im Jahre 1957 gilt die politische Forderung, zwischen den westeuropäischen Ländern Handelshemmnisse abzubauen. Die Forderung wird seit 1973 in der „Europäischen Gemeinschaft" (EG) verstärkt vorgetragen.

Die zuständigen Normen-Institutionen der betroffenen Länder haben Anfang der 60er Jahre vereinbart, Sicherheitsbestimmungen für elektrische Betriebsmittel und für das Errichten elektrischer Anlagen zu „harmonisieren", d. h. einander anzupassen.
Inzwischen liegen für VDE 0100 mehrere CENELEC-Harmonisierungsdokumente unter der Nr. HD 384 vor, die weitgehend der IEC-Publikation 364 „Elektrische Anlagen von Gebäuden" entsprechen. Es handelt sich deshalb nicht nur um eine europäische Harmonisierung, sondern um eine Angleichung an internationale, weltweit erarbeitete Normen. Für die Gliederung der neuen DIN 57 100/VDE 0100 ist die Ordnung der IEC-Publikation 364 von wesentlicher Bedeutung.
Mitte der 70er Jahre wurde dort ein neues Einteilungsschema eingeführt, das weitgehend der Hauptgliederung der VDE 0100/5.73 entspricht:
1 Anwendungsbereich, Allgemeine Anforderungen,
2 Begriffserklärungen,
3 Allgemeine Angaben,
4 Schutzmaßnahmen,
5 Auswahl und Errichtung elektrischer Betriebsmittel,
6 Prüfungen,
7 Zusatzbestimmungen für Betriebsstätten, Räume und Anlagen besonderer Art.
Die Reihenfolge in dieser neuen Ordnung entspricht dem Vorgehen bei der Planung und Ausführung elektrischer Anlagen, **Bild 000-1**, Seite 25.
Sie berücksichtigt auch die von deutschen Fachleuten vorgebrachte Kritik an der Einteilung von VDE 0100/5.73, z. B. daß Grundsatzaussagen aus dem § 29 „Allgemeines" am Anfang des Abschnittes „Auswahl und Errichtung elektrischer Betriebsmittel" genannt werden sollen.
Das Komitee 221 hat die Frage einer neuen Ordnung sehr engagiert diskutiert. Schließlich wurde die Übernahme des weitgehend aus den deutschen Bestimmungen abgeleiteten IEC-Schemas beschlossen. Drei wichtige Gesichtspunkte sprachen für die Übernahme dieser Einteilung:
– Die Harmonisierungsdokumente können nach redaktioneller Überarbeitung unmittelbar in die entsprechenden Teile oder Abschnitte der neuen VDE 0100 übernommen werden.

– Es ist ein unmittelbarer Vergleich zwischen den internationalen Bestimmungen (IEC oder CENELEC) und den VDE-Bestimmungen (DIN 57 100/ VDE 0100) möglich.

– Weiterhin ist ein unmittelbarer Vergleich mit den nationalen Bestimmungen anderer Länder möglich, wenn diese, was zum Teil auch schon geschehen ist, z. B. in Frankreich, in den Niederlanden und in Großbritannien, das IEC-Schema übernehmen.

In den Jahren 1980/81 wurde damit begonnen, VDE 0100 in einer neuen Aufteilung mit einer neuen Gliederung zu veröffentlichen. Die neue VDE 0100 erscheint als DIN 57 100/VDE 0100. Sie ist damit eine als VDE-Bestimmung gekennzeichnete Norm. Zugleich wird eine dezimale Benummerung der Teile und Abschnitte eingeführt.

Aus der Fachöffentlichkeit ist wiederholt angeregt worden, die VDE 0100 in „Loser Blattsammlung" herauszugeben. Eine solche Regelung ist verlagstechnisch nicht möglich. Das in der Deutschen Elektrotechnischen Kommission (DKE) für VDE 0100 zuständige Komitee (K 221) hat deshalb beschlossen, die VDE 0100 in Zukunft in einzelnen Teilen zu veröffentlichen, die sich jeweils auf bestimmte Themen oder Themengruppen beziehen.

Durch die Entscheidung, die Bestimmungen in Teilen zu veröffentlichen, ergibt sich auch der Vorteil, sie in Zukunft schneller dem neuesten Stand der Technik anpassen zu können. Weiterhin besteht die Absicht, bei Änderungen immer den davon betroffenen gesamten Teil neu zu veröffentlichen, damit der Anwender der Bestimmungen wieder einen in sich abgeschlossenen „Teil" vor sich hat.

Von den Anwendern der VDE 0100 wurden häufig eine gewisse Unübersichtlichkeit beanstandet, insbesondere wenn Änderungen in Entwürfen erschienen sind. Auch aus diesem Grund war eine neue Aufteilung und Gliederung der VDE 0100 erforderlich.

3 Probleme der Harmonisierung

Die elektrotechnischen Sicherheitsbestimmungen in den europäischen und überseeischen Industrieländern waren seit Ende des vorigen Jahrhunderts weitgehend unabhängig voneinander entstanden. Es hatten sich sehr unterschiedliche Sicherheitslösungen entwickelt; auch Aufbau und Gliederung der Bestimmungen oder Normen wichen stark voneinander ab. Ein Unterschied im Sicherheitsniveau, belegbar durch entsprechende Statistiken, war kaum nachweisbar und aus politischen Gründen auch nicht zu vertreten. Der eine schwor auf die Nullung; der andere auf die Anwendung des Fehlerstromschutzschalters; der dritte auf die Schutzerdung. Probleme gab es schon bei der Übersetzung dieser Ausdrücke in eine andere Sprache; dann stellte sich heraus, daß die technischen Begriffe, trotz guter Übersetzungen, in den verschiedenen Ländern und Sprachen vom Inhalt her nicht deckungsgleich waren. Alle Fachleute wandten die gleichen physikalischen und elektrotechnischen Grundsätze an und ergänzten ihre Bestimmungen mit guten praktischen Erfahrungen.

So stand am Beginn der Harmonisierungsarbeiten für die Schutzmaßnahmen in elektrischen Anlagen das Bemühen, aus den nationalen Bestimmungen die sicherheitstechnischen **Grundsätze** herauszuarbeiten und sie zu koordinieren. Man mußte den größten gemeinsamen Nenner finden, und dabei im Interesse der internationalen Anpassung oft auf vertraute Ausdrücke, Begriffe und Systeme verzichten. Neue Begriffe und Systeme mußten entwickelt oder solche aus anderen Ländern übernommen werden.

4 Struktur der „Neuen VDE 0100"

4.1 Grobstruktur

Die DIN 57 100/VDE 0100 ist in der Grobstruktur wie folgt gegliedert:
100 Anwendungsbereich, Allgemeine Anforderungen
200 Allgemeingültige Begriffe
300 Allgemeine Angaben
400 Schutzmaßnahmen
500 Auswahl und Errichtung elektrischer Betriebsmittel
600 Prüfungen
700 Bestimmungen für Betriebsstätten, Räume und Anlagen besonderer Art

Nach den derzeitigen Überlegungen werden nur die Gruppen 100 und 200 je in einem Teil erscheinen:
– Teil 100 „Anwendungsbereich; Allgemeine Anforderungen",
– Teil 200 „Allgemeingültige Begriffe".

Die anderen hier genannten Nummern 300 bis 700 mit ihren Titeln sind zwar Teile (Parts) im Sinne der IEC-Gliederung, in der neuen DIN 57 100/VDE 0100 werden ihnen aber keine Sachaussagen unmittelbar zugeordnet. Das DKE-Komitee 221 betrachtet sie deshalb als Überschrift, die im Titelfeld der jeweiligen Norm veröffentlicht wird.
Die Gliederung in Teile ergibt sich aus dem folgenden Teileverzeichnis (Abschnitt 4.2).

4.2 Teileverzeichnis für DIN 57 100/VDE 0100

Zielvorstellung am 1. Januar 1983

In Klammern jeweils der Bezug zu den Paragraphen von VDE 0100/5.73.

100 Anwendungsbereich, Allgemeine Anforderungen (§ 1, § 2, z. T. § 29)

200 Allgemeingültige Begriffe (§ 3)

Gruppe 300*)
Teile 310 bis 350 – Allgemeine Angaben
310 Struktur der elektrischen Anlage
    Leistungsbedarf
    Netzformen
320 Äußere und elektrische Einflüsse (zum Teil § 29)
330 Kompatibilität
340 Wartbarkeit
350 Klassifikation der Stromversorgung für Sicherheitszwecke

Gruppe 400
Teile 410 bis 480 – Schutzmaßnahmen
410 Schutz gegen gefährliche Körperströme (§§ 4 bis 14)
420 Schutz gegen thermische Einflüsse
430 Überstromschutz von Kabeln und Leitungen (§ 41b)
440 Schutz bei Überspannungen (§ 17, § 18)
450 Schutz bei Unterspannungen
460 Schutz durch Trennen und Schalten (zum Teil § 31)
470 Anwendung von Schutzmaßnahmen (wird in die Teile 410 bis 460 eingearbeitet)
480 Auswahl von Schutzmaßnahmen unter Berücksichtigung der äußeren Einflüsse (zum Teil §§ 43 bis 48, z. T. § 50)

Gruppe 500
Teile 510 bis 560 – Auswahl und Errichtung elektrischer Betriebsmittel
510 Allgemeines (zum Teil §§ 6, 29, 30, 40)
520 Verlegen von Kabeln und Leitungen (§ 41 a, § 42)
530 Schalt- und Steuergeräte (zum Teil § 31)
540 Erdung, Schutzleiter, Potentialausgleichsleiter
    (zum Teil §§ 6, 10, 12, 20, 21; zum Teil VDE 0190)
550 Sonstige elektrische Betriebsmittel (§§ 25, 26, 30, 32 bis 38)
560 Notstrom- und Ersatzstromversorgung (zum Teil § 53)

600 *Prüfungen* (§§ 22 bis 24)

---

*) Siehe auch die Anmerkung zur „Gruppe 300", Seite 92 dieser Erläuterungen.

Gruppe 700
Teile 701 bis etwa 750 – Bestimmungen für Betriebsstätten, Räume und Anlagen besonderer Art

701 Räume mit Badewanne oder Dusche (§ 49)
702 Schwimmbäder (§ 49)
703 Saunen (§ 49)
704 Baustellen (§ 55)
705 Landwirtschaftliche Betriebsstätten (§ 56)
706 Begrenzte leitfähige Räume (zum Teil § 32 und § 33)
707 Erdungen für Datenverarbeitungsanlagen
708 bis 719 zur Zeit frei für weitere Abschnitte aus der IEC-Publikation 364

720 Feuergefährdete Betriebsstätten (§ 50)
721 Caravans, Boote und Jachten sowie ihre Stromversorgung auf Camping-- bzw. an Liegeplätzen
722 Fliegende Bauten, Wagen und Wohnwagen nach Schaustellerart (§ 57)
723 Unterrichtsräume mit Experimentierständen (§ 54)
724 Elektrische Anlagen in Möbeln und ähnlichen Einrichtungsgegenständen
725 Hilfsstromkreise (§ 60)
726 Hebezeuge (§ 28)
727 Antriebe und Antriebsgruppen (§ 27)
728 Ersatzstromversorgungsanlagen und andere Stromversorgungsanlagen für vorübergehenden Betrieb (zum Teil § 53).
729 Schaltanlagen und Verteiler (§ 30)
730 Verlegen von Leitungen in Hohlwänden sowie in Gebäuden aus vorwiegend brennbaren Baustoffen nach DIN 4102 (zum Teil § 42)
731 Elektrische Betriebsstätten und abgeschlossene elektrische Betriebsstätten (§ 43 und § 44)
732 Hauseinführungen (zum Teil § 42)
733 Stromschienensysteme (zum Teil § 42)
734 Verlegen von Kabeln und Leitungen in Beton (zum Teil § 42)
735 Transportable Stromversorgungsanlagen für vorübergehenden Betrieb
736 Niederspannungsstromkreis in Starkstromanlagen mit Nennspannungen über 1 kV

750 Schutz gegen direktes Berühren bei gelegentlichem Handhaben in der Nähe berührungsgefährlicher Teile (Bezug zu UVV der VBG 4) (Der Teil 750 ist jetzt der DIN 57 106/VDE 0106 als Teil 100/3.83 zugeordnet).

Anmerkung: Zur DIN 57 100/VDE 0100 werden drei „Beiblätter" herausgegeben, siehe Abschnitt 4.10, Seite 42, Beiblatt 3.

4.3 Besonderes zur Struktur der Gruppe 700 von DIN 57 100/VDE 0100

Im Teil 7 (Part 7) der IEC-Publikation 364 gibt es ausnahmsweise keine Untergliederung in Kapitel (Chapter), sondern nur in Abschnitte (Section). Die Abschnittsnummern beginnen mit 701, 702 usw. Entsprechend dieser Struktur werden in der Gruppe 700 von DIN 57 100/VDE 0100 die Teile fortlaufend mit 701 beginnend numeriert.

Die Teile 701 bis 719 sind zur Zeit für Schriftstücke aus der IEC-Arbeit vorgesehen. Die Teile 720 bis 740 behandeln Bestimmungen aus der nationalen Arbeit, d. h. neue Ergebnisse aus der Arbeit des Komitees 221 und seinen Unterkomitees bzw. überarbeitete Paragraphen aus VDE 0100/5.73.

Eine Ausnahme bildet der Teil 721 „Caravans, Boote und Yachten sowie ihre Stromversorgung auf Camping- bzw. an Liegeplätzen." Hier handelt es sich zwar um die Übernahme von Arbeiten des IEC-TC 64 (siehe auch Abschnitt „Einführung in die IEC-Publikation 364" in diesen Erläuterungen), die aber nicht in der Publikation 364, sondern in dem IEC-Bericht 585-1 als Leitfaden erschienen sind (IEC-Report 585-1, Guide for Caravans etc.).

Weiterhin sollte zu den Teilen der Gruppe 700 bemerkt werden, daß einige dieser Teile wieder mit anderen Teilen z. B. der Gruppen 400 oder 500 zusammengefaßt werden. Zur Zeit bietet es sich an, diese Teile, um sie kurzfristig veröffentlichen zu können, in der Gruppe 700 anzusiedeln.

Ein Beispiel hierfür ist der Teil 750, der als DIN 57 106 Teil 100/VDE 0106 Teil 100/3.83 erscheint. Aber auch die Teile 730, 732 bis 734 können hierzu gerechnet werden; sie behandeln Themen, die endgültig zum Teil 520, Verlegen von Kabeln und Leitungen, gehören.

In der Gruppe 700 werden **zusätzliche** Bestimmungen für Betriebsstätten, Räume und Anlagen besonderer Art behandelt. Grundsätzlich gelten auch die Bestimmungen der Gruppen 300 bis 600. In der Gruppe 700 sollen nur die Maßnahmen genannt werden, die von den Festlegungen in den Gruppen 300 bis 600 abweichen, sei es, daß bestimmte Maßnahmen unbedingt angewendet werden müssen oder daß andere Maßnahmen nicht angewendet werden dürfen.

Im Grunde müßte bei der Bearbeitung eines Teiles der Gruppe 700 alle Bestimmungen der Gruppen 300 bis 600 durchgesehen und drei Entscheidungen getroffen werden

– Bestimmung gilt, d. h. kein Text in dem betreffenden Teil der Gruppe 700
– Bestimmung muß beachtet werden, andere Lösung nicht möglich, d. h. entsprechenden Text für die Gruppe 700 formulieren
– Bestimmung darf nicht angewendet werden, d. h. entsprechenden Text für die Gruppe 700 formulieren.

Die Konsequenz daraus ist, daß die Teile der Gruppe 700 in der Gliederung genauso ausgeführt werden sollten wie die Gliederung der gesamten DIN 57 100/VDE 0100.

Der Anwender, der dieses Schema kennt, würde sich dann in den einzelnen Bestimmungen sehr leicht zurechtfinden. Grundlegende Bestimmungen dürfen in der Gruppe 700 nicht enthalten sein, sie gehören in die Teile der Gruppen 300 bis 600.

Ein erstes Beispiel, das konsequent nach diesen Grundsätzen bearbeitet ist, ist der Teil 701, „Räume mit Badewanne oder Dusche", zur Zeit (Dezember 1982) Entwurf im sogenannten Kurzverfahren[2]). Die Gliederung des Teiles 701 sei hier zur Erläuterung dieser Grundsätze aufgeführt:

1.   Anwendungsbereich
2.   Begriffe
3.   Allgemeine Anforderungen
4.   Schutzmaßnahmen
4.1 Schutz gegen gefährliche Körperströme
4.2 Zusätzlicher (örtlicher) Potentialausgleich
5.   Auswahl und Errichten elektrischer Betriebsmittel
5.1 Allgemeines
5.2 Verlegen von Kabeln und Leitungen
5.3 Schalter und Steckdosen
5.4 Sonstige elektrische Betriebsmittel

Ein zur Zeit ebenfalls vorliegender internationaler Entwurf zum gleichen Thema ist ähnlich strukturiert, so daß der Bezug zwischen beiden Entwürfen leicht herzustellen ist.

4.4 Benummerung der Teile von DIN 57 100/VDE 0100

Die Teile-Nr. der DIN 57 100/VDE 0100 ist grundsätzlich dreistellig, so daß auch dem ungeübten Anwender der neuen VDE 0100 oder einem Registrator die Einordnung leicht möglich ist.
Daraus ergibt sich:
Teil 2 von IEC wird hier Teil 200,
Kapitel 31 von IEC wird hier Teil 310,
Kapitel 41 von IEC wird hier Teil 410,
Abschnitt 703 von IEC wird hier Teil 703.

So wird vermieden, daß z. B. Teil 56 vor Teil 523 abgelegt wird, da Teil 56 nach dieser Vereinbarung in Zukunft Teil 560 ist. Leider gibt es hier einige Abweichungen aus der Zeit vor August 1980.
Umgekehrt kann auch der Bezug von den Teilen der DIN 57 100/VDE 0100 zu IEC hergestellt werden. Hier ergeben sich z. B. folgende Bezüge:
Teil 310 entspricht Kapitel 31 von IEC und
Teil 410 entspricht Kapitel 41 von IEC, einschließlich der Abschnitte 411 bis 413 mit den zugehörigen Unterabschnitten.

---

[2])   Kurzverfahren ohne Veröffentlichung eines Norm-Entwurfs, gemäß DIN 820.

Wird ein kompletter „Teil" (Part) aus der IEC-Publikation 364 als „Teil" von DIN 57 100/VDE 0100 veröffentlicht, erhält er eine dreistellige Zahl mit zwei Nullen (z.B. Teil 200). Wenn ein Kapitel (Chapter) aus IEC ein Teil von DIN 57 100/VDE 0100 wird, erhält dieser Teil eine dreistellige Zahl mit einer Null (z. B. Teil 410). Wird ein Abschnitt (Section) aus IEC als Teil von DIN 57 100/ VDE 0100 übernommen, so erhält dieser Teil die dreistellige Nummer des IEC-Abschnittes, z. B. Teil 523.

Nach DIN 820 gibt es auch die Möglichkeit, ins Deutsche übersetzte IEC-Publikationen unverändert mit der IEC-Numerierung zu übernehmen – ähnlich wie es für Entwürfe auf rosa Papier geschieht. Dies ist dann eine DIN-IEC-/VDE-Norm; die Bezeichnung DIN 57 100 würde dann entfallen (vgl. Abschnitt 4.7 von Teil 1 dieser Erläuterungen).

Zur Zeit ist es nicht vorgesehen, IEC-Publikationen in dieser Form unverändert in die neue VDE 0100 zu übernehmen. Wegen der Überarbeitung der IEC-Schriftstücke zu CENELEC-Harmonisierungsdokumenten, die dann die endgültige Basis für die Übernahme nach VDE 0100 sind, ist diese Form (DIN-IEC-/VDE-Norm) auch nicht möglich.

4.5 Gliederung der Abschnitte

Innerhalb jedes Teiles von DIN 57 100/VDE 0100 werden die Abschnitte dekadisch numeriert, d. h. von 1 bis z. B. 9, 10 oder 11.

Um eine gewisse Einheitlichkeit zu erreichen, werden die Abschnitte 1, 2 und 3 für Formalaussagen verwendet; Angaben zur Gültigkeit der Norm werden vorausgestellt:

    Beginn der Gültigkeit (ohne Benummerung)
1 Anwendungsbereich
2 Begriffe
3 Allgemeine Anforderungen
4 Bestimmungstext
5 Bestimmungstext
6 Bestimmungstext
    Zitierte Normen und andere Unterlagen (ohne Benummerung)

Von Abschnitt 4 an folgen technische Festlegungen, d. h. der eigentliche Bestimmungstext. Am Ende der Norm werden zitierte Normen und andere Unterlagen aufgelistet.

Bei einigen der bereits erschienenen Teile, die vor Oktober 1980 redaktionell fertiggestellt waren, konnte dieser Grundsatz noch nicht verwirklicht werden. Die Reihenfolge der Abschnitte in DIN 57 100/VDE 0100 wird bei harmonisierten Bestimmungen – wo immer es sich ermöglichen läßt – an die Reihenfolge der IEC-Gliederung angepaßt. Bei dieser Gliederung und Benummerung besteht auch die Möglichkeit, zusätzliche Aussagen aus dem nationalen Bereich, z. B. aus der noch gültigen VDE 0100/5.73 in sinnvoller Form und richtig plaziert, in die neue Gliederung einzuordnen.

DIN 57 100/VDE 0100 wird bearbeitet entsprechend den Festlegungen in DIN 820 (Normungsarbeit) und DIN 1421 (Benummerung der Abschnitte). DIN 1421 entspricht der internationalen Norm ISO 2145, Documentation − Numbering of divisions and subdivisions in written documents.

4.6 Randverweis auf IEC und CENELEC

Wenn die Abschnitte der neuen DIN 57 100/VDE 0100 dem Inhalt der jeweiligen IEC-Publikation entsprechen, wird am rechten Rand in einer eckigen Klammer die Abschnittsnummer der IEC-Publikation angegeben, z. B. [413.5]. So sind die zugehörigen IEC-Festlegungen leicht zu finden, ebenso die entsprechenden Aussagen des CENELEC-Harmonisierungsdokumentes 384, das die Inhalte der IEC-Publikation 364 für den CENELEC-Bereich behandelt. Dies gilt sowohl für die Zuordnung von Teilen, Kapiteln oder Abschnitten aus der IEC-Publikation, aber auch für die Entwurfsveröffentlichung nur eines Satzes. Ein passendes Beispiel gibt es in dem Entwurf DIN IEC 64(CO)84/VDE 0100 Teil 313.2/...80 (ausnahmsweise vierstellige Teile-Nr.!). Die in diesem Entwurf veröffentlichten kurzen Texte sind dem 1976 im Entwurf VDE 0100x/...76 (IEC 64) aufgeführten Abschnitt 313.2 zuzuordnen. Das Auffinden des Haupttextes ist in diesem Fall sogar dem geübten Anwender der VDE 0100 schwergefallen. In Zukunft wird dies durch den Randverweis und die grundsätzliche Gliederung nach dem IEC-Schema wesentlich einfacher.

4.7 Entwürfe zu DIN 57 100/VDE 0100

Es gibt Entwürfe auf rosa Papier und Entwürfe auf gelbem Papier;
rosa: Entwürfe aus der internationalen Normungsarbeit.
gelb: Entwürfe aus der nationalen Normungsarbeit,
(weiß: gültige Normen).
Die Entwürfe aus der internationalen Arbeit (IEC) erscheinen als DIN-IEC-/VDE-Entwürfe auf rosa Papier. In diesen Fällen werden die übersetzten IEC-Entwürfe oder IEC-Publikationen unverändert mit der IEC-Benummerung veröffentlicht. Ein solcher Entwurf ist z. B. „DIN-IEC 64(CO)81/VDE 0100 Teil 537/...80". Im oberen Titelfeld des rosa Entwurfes wird der Bezug zum IEC-Schriftstück hergestellt, im darunter angeordneten Titelfeld wird die Teilenummer von VDE 0100 genannt.
Die Entwürfe aus der nationalen Arbeit erscheinen als DIN-/VDE-Entwürfe auf gelbem Papier. Dies gilt auch für Entwürfe, die redaktionell und organisatorisch veränderte Inhalte von IEC- oder CENELEC-Schriftstücken enthalten, z. B. DIN 57 100 Teil 540/VDE 0100 Teil 540/...82 Entwurf 1: Erdung, Schutzleiter, Potentialausgleichsleiter.
In diesem Entwurf wurde der früher zum gleichen Thema veröffentlichte IEC-Entwurf VDE 0100 Teil 101/...78 (IEC 64) (altes Benummerungssystem) in die für DIN 57 100/VDE 0100 vorgesehene Form umgesetzt. Ferner wurden die

wenigen, von der Harmonisierung nicht betroffenen Festlegungen zum Thema „Erdung, Schutzleiter" aus VDE 0100/5.73 und die Festlegungen zum Potentialausgleich aus VDE 0190/5.73 in den Entwurf zum Teil 540 übernommen. Um auf jeden Fall formale Fehler zu vermeiden, hat das Komitee 221 beschlossen, diese Bestimmung nochmals als Entwurf zu veröffentlichen – und aus besagten Gründen erfolgt dies auf gelbem Papier. Gegliedert ist der Entwurf zum Teil 540 in Anlehnung an die IEC-Publikation 364-5-54, unter Berücksichtigung der Grundsätze nach DIN 820 und der Benummerung nach DIN 1421. Da die Ordnung der gültigen Bestimmungen von DIN 57 100/VDE 0100 (auf weißem Papier) und der nationalen Entwürfe (auf gelbem Papier) an die Einteilung der IEC-Publikation 364 angepaßt ist, wird es in Zukunft auch den bisher mit der IEC-Arbeit noch nicht vertrauten Fachleuten möglich sein, die richtige Zuordnung der deutschen Übersetzungen von IEC-Entwürfen (auf rosa Papier) zu finden. Was noch wichtiger ist: Fachleute werden künftig in der Lage sein, die IEC-Arbeit für elektrische Gebäudeinstallationen zu verfolgen und auch kritisch dazu Stellung zu nehmen. Beweise hierfür liegen aus neuerer Zeit vor.

4.8 Überschriften, Titel der Teile

Im Titelfeld jedes Teiles von DIN 57 100/VDE 0100 müßte sowohl der Titel von VDE 0100, die Überschrift (Titel) des Teiles (Part), des Kapitels (Chapter) und gegebenenfalls des Abschnittes (Section) entsprechend der IEC-Publikation 364 stehen.

So zum Beispiel für den Teil 410:
Errichten von Starkstromanlagen mit Nennspannungen bis 1000 V;
Schutzmaßnahmen;
Schutz gegen gefährliche Körperströme,

oder für den Teil 460:
Errichten von Starkstromanlagen mit Nennspannungen bis 1000 V;
Schutzmaßnahmen;
Schutz durch Trennen und Schalten,

oder für den Teil 537:
Errichten von Starkstromanlagen mit Nennspannungen bis 1000V;
Auswahl und Errichtung elektrischer Betriebsmittel;
Schalt- und Steuergeräte;
Geräte zum Trennen und Schalten.

Für Teil 410 hat man bisher den ausführlichen Text beibehalten. Für die Teile 460 und 573 hat man im Entwurf folgende Kurzform angewendet:
Teil 460:
Errichten von Starkstromanlagen mit Nennspannungen bis 1000 V;
Trennen und Schalten;

Teil 537:
Errichten von Starkstromanlagen mit Nennspannungen bis 1000 V;
Trenn- und Schaltgeräte.

Bei Teil 460 muß man sich die Überschrift (Titel) des Part 4 (VDE 0100, Gruppe 400), bei Teil 537 die Überschrift des Part 5 (VDE 0100, Gruppe 500) und des Chapters 53 (VDE 0100, Teil 530) hinzudenken. Dies ist wichtig, um den Text im Titelfeld richtig zu verstehen und richtig zuzuordnen.

In Gruppe 700 müßte das Titelfeld z. B. für Teil 720 wie folgt lauten:
Errichten von Starkstromanlagen mit Nennspannungen bis 1000 V;
Bestimmungen für Betriebsstätten, Räume und Anlagen besonderer Art;
Feuergefährdete Betriebsstätten.

Im Titelfeld des Entwurfes DIN 57 100 Teil 720/VDE 0100 Teil 720/...80[3])
wurde der Gruppentitel der Gruppe 700 weggelassen, d. h., für die in der Gruppe 700 aufgeführten Teile wird auf die Nennung einer allgemeinen Überschrift verzichtet. Hier wird lediglich der Titel der Norm genannt. Als Beispiel sei hier der Teil 705 für die Gruppe 700 aufgeführt:
„Errichten von Starkstromanlagen mit Nennspannungen bis 1000 V;
Landwirtschaftliche Betriebsstätten''.
Eine einheitliche Regelung für die Texte wird vom Komitee 221 angestrebt.

4.9 VDE 0100/5.73, Schritt für Schritt ungültig

Mit der Veröffentlichung eines Teiles der DIN 57 100/VDE 0100 als gültige Norm wird VDE 0100/5.73 mit den Änderungen g, m und v_1 Schritt für Schritt ersetzt und für ungültig erklärt.
Werden Bestimmungstexte aus der seither gültigen VDE 0100 (z. B. aus VDE 0100/5.73) in die neue DIN 57 100/VDE 0100 übernommen, so geschieht dies nach folgenden Grundsätzen:
– Liegen für Paragraphen der alten VDE 0100 keine Änderungen aus der Komiteearbeit vor, so wird geprüft, ob der Inhalt noch dem Stand der Technik entspricht. Ist dies der Fall, folgt ein redaktionelles Überarbeiten und eine Veröffentlichung als Teil der neuen Norm und VDE-Bestimmung.
  In diesem Fall muß die Öffentlichkeit im sogenannten „Kurzverfahren'' durch die Elektrotechnische Zeitschrift (etz: VDE-VERLAG Berlin und Offenbach) und die DIN-Mitteilungen (Beuth Verlag, Berlin) von der Umstellung informiert werden. Während einer kurzen Frist haben Interessenten die Möglichkeit, sich das Druckmanuskript der neuen Norm/VDE-Bestimmung bei der Geschäftsstelle der DKE (Deutsche Elektrotechnische Kommission) in Frankfurt zu besorgen und zu dem Inhalt Stellung zu nehmen.

---

[3] jetzt gültige Norm, als Teil 720/3.83.

– Sind in einem Paragraphen der alten VDE 0100 nach Ansicht des Komitees 221 kleine Änderungen erforderlich, so ist beabsichtigt, den noch gültigen Paragraphen als Teil der neuen DIN 57 100/VDE 0100 als Norm/VDE-Bestimmung zu veröffentlichen. Zeitgleich soll dann ein Entwurf mit den Änderungen erscheinen.

– Wenn das Komitee 221 der Auffassung ist, der alte Paragraph müsse wegen umfangreicher Änderungen vollständig zum Einspruch gestellt werden, so wird natürlich der neue Teil mit dem geänderten Text des früheren Paragraphen als Entwurf veröffentlicht.

In jedem Teil der neuen DIN 57 100/VDE 0100 werden die Übergangsfristen bezüglich der Gültigkeit der alten VDE-Bestimmung und der neuen Norm/VDE-Bestimmung angegeben.

Anmerkung: Zu diesem Abschnitt siehe auch Tabelle 000-A, Seite 26/27.

4.10 Beiblatt 1, 2 und 3 zu DIN 57 100/VDE 0100

In drei Beiblättern zu DIN 57 100/VDE 0100 wird der Aufbau dieser neuen Norm und VDE-Bestimmung erläutert. Diese Möglichkeit der Erläuterung ist in DIN 820 vorgesehen. Die Beiblätter tragen folgende Titel:

Beiblatt 1 zu DIN 57 100/VDE 0100
  – Entwicklungsgang der Errichtungsbestimmungen
    (von 1896 bis 1977).   *(Vergangenheit)*
Beiblatt 2 zu DIN 57 100/VDE 0100
  – Verzeichnis der einschlägigen Normen.   *(Gegenwart)*
Beiblatt 3 zu DIN 57 100/VDE 0100
  – Struktur der Normenreihe;
    Gegenüberstellung der bisherigen und der neuen Aufteilung.

(Zukunft)

Das Beiblatt 1 zeigt den Entwicklungsgang der VDE 0100 und deren Vorgänger von 1896 (siehe Anhang, Seite 310) bis 1977 (Umstellung auf DIN/VDE). Das Beiblatt 1 ist für die Fälle von Bedeutung, in denen nachgewiesen werden muß, daß in der Vergangenheit errichtete elektrische Anlagen den zur Zeit der Errichtung (z. B. 1952) gelten Bestimmungen entsprechen. Der Entwicklungsgang ab 1977/1980 wird in den jeweiligen Teil der euen DIN 57 100/VDE 0100 angegeben.

Das Beiblatt 2 soll dem Anwender der VDE 0100 die Möglichkeit geben, sich jederzeit über den aktuellen Stand der Norm bzw. der VDE-Bestimmung und deren Entwürfe zu informieren. Es wird in kurzen Zeitabständen aktualisiert.

Das Beiblatt 3 gibt eine Übersicht zur Norm mit den derzeitigen Zielvorstellungen des Komitees 221 zur Neuordnung der DIN 57 100/VDE 0100 wieder. Es

wird nur dann geändert, wenn wesentliche Ergänzungen oder Änderungen der Gliederung nötig geworden sind.
Der Vorteil dieser Beiblätter ist, daß sie genauso beschafft werden können wie die Normen, VDE-Bestimmungen oder Entwürfe. Abonnenten werden die Beiblätter automatisch erhalten. Die Beiblätter sollten in der Sammlung der Normen bzw. VDE-Bestimmungen abgelegt werden, und sind damit genauso zugänglich und verfügbar wie die Norm bzw. die VDE-Bestimmung selbst.

5 Die IEC-Publikation 364 „Elektrische Anlagen von Gebäuden"

Die DIN 57 100/VDE 0100 wird sich in ihrer Struktur und in wesentlichen Aussagen an der IEC-Publikation 364 orientieren. Es ist daher sinnvoll, die Fachöffentlichkeit über die für die Sicherheit in elektrischen Niederspannungsanlagen so bedeutende IEC-Publikation zu informieren. Ein weiter Anlaß zu diesem Abschnitt der „Allgemeinen Einführung" ist, daß der Umfang und der Inhalt der inzwischen erschienenen Teile der Publikation deren Anwendung bei der Planung und Ausführung internationaler Projekte (Anlagen) rechtfertigt.
Das Ziel der weltweiten Harmonisierung von elektrotechnischen Normen, insbesondere für das Errichten elektrischer Anlagen, ist für den internationalen Warenaustausch, d. h. für den Export und Import elektrischer Betriebsmittel, von besonderer Bedeutung, aber auch für die Anlagenberatung, -planung und -ausführung. Hierfür werden internationale Normen für das Errichten elektrischer Anlagen dringend benötigt. An dieser Stelle sei darauf hingewiesen, daß in jeder IEC-Publikation im „Preface" (Einleitung) die Länder genannt sind, die für die jeweilige Publikation gestimmt haben, so daß man sich im internationalen Geschäftsverkehr darauf beziehen kann.

5.1 Aufgaben des TC 64 der IEC

Die IEC-Publikation 364 mit dem englischen Titel „Electrical Installations of Buildings" wird von dem Technischen Komitee TC 64 der IEC seit 1967 in bis zu 22 Arbeitsgruppen bearbeitet. Das IEC-TC 64 führt den gleichen Namen wie die Publikation 364.
Die Aufgabenstellung des TC 64 lautet:
Ausarbeitung internationaler Normen für die Sicherheit und damit zusammenhängende Fragen für elektrische Anlagen von Gebäuden, insbesondere auch die Koordinierung zwischen diesen Normen und den Normen der zu errichtenden Betriebsmittel. Der Zweck dieser Normen soll sein, eine allgemeine Unterstützung für solche Länder zu geben, die einen Bedarf an Bestimmungen für elektrische Gebäudeinstallationen haben, und den internationalen Warenaustausch zu erleichtern, der durch Unterschiede in nationalen Normen und Bestimmungen behindert sein kann.

Die erarbeiteten Normen sollen nicht einzelne Betriebsmittel, sondern deren Auswahl unter den Gesichtspunkten einer zweckmäßigen Anwendung behandeln.

Die Aufgabenstellung des TC 64 weicht vom Geltungsbereich der VDE 0100 ab: es sollen alle elektrischen Anlagen von Gebäuden behandelt werden, z. B. auch Fernmeldeanlagen, Anlagen über 1000 V, Anlagen aus dem Bereich von VDE 0108 (Menschenansammlungen).

In der IEC-Publikation 364 werden die Anlagen unter 1000 V behandelt, soweit sie die feste Installation von Gebäuden betreffen. Bestimmungen für Anlagen über 1000 V wurden bisher noch nicht erarbeitet. Es ist vorgesehen, zu gegebener Zeit hierfür eine besondere Publikation zu veröffentlichen. Auch einige andere Themen, deren Bearbeitung das TC 64 als Grundlage für die Publikation 364 für notwendig erachtet, werden in besonderen IEC-Publikationen veröffentlicht (siehe **Tabelle 100-F**).

Blitzschutzanlagen, elektrische Fördergeräte und öffentliche Straßenbeleuchtungen werden in der Publikation 364 nicht behandelt. Eine spätere Bearbeitung durch das TC 64, eventuell gemeinsam mit anderen TCs der IEC, und eine Veröffentlichung in einer besonderen IEC-Publikation ist jedoch möglich.

Das Thema „Elektrische Anlagen für medizinisch genutzte Räume" wird zur Zeit federführend von einer Arbeitsgruppe des IEC-TC 62 (Elektromedizinische Geräte) gemeinsam mit Fachleuten des TC 64 bearbeitet.

Die sogenannten „nicht fabrikfertigen" Schaltanlagen (bisher § 30b von VDE 0100/5.73) werden nicht vom TC 64, sondern vom IEC-SC 17D (zuständig für Niederspannungsschaltanlagen) gemeinsam mit Fachleuten des TC 64 bearbeitet; siehe Entwurf DIN IEC 17D (Sec)54/VDE 0660 Teil 60/...81.

5.2 Einfluß der Vereinten Nationen (UN) auf die Gründung des TC 64

Aus der Aufgabenstellung geht deutlich die Forderung der Vereinten Nationen – UNESCO (United Nations Educational and Scientific and Cultural Organization) und UNIDO (United Nations Industrial Development Organization) – hervor, mit der Erarbeitung von elektrotechnischen Errichtungsbestimmungen durch die IEC technische Hilfe für die Länder der dritten Welt zu leisten. Die UNESCO und die UNIDO sowie einige Industrieländer haben wesentlich zur Gründung des IEC-TC 64 im Jahre 1967 beigetragen.

5.3 Pilotfunktion des TC 64

Seit einigen Jahren hat das TC 64 bei IEC eine Leitfunktion zur Bearbeitung von Schutzmaßnahmen gegen Berühren (Schutz gegen gefährliche Körperströme) in elektrischen Anlagen.

Der IEC-Leitfaden (Guide) 104 legt die Zuständigkeit der IEC-Komitees mit Leitfunktion fest. Die vom TC 64 erarbeiteten Festlegungen zum Schutz gegen Berühren (insbesondere das Kapitel 41, Publikation 364-4-41) dienen den üb-

rigen Komitees als Referenznormen. Ziele dieser Koordinierung sollen insbesondere sein:
- Übereinstimmung von Normen verwandter Sachgebiete,
- Vermeiden widersprüchlicher Anforderungen,
- Verbessern der Verständigung zwischen den Technikern der unterschiedlichen Fachrichtungen.

Durch diese Koordinierung sollen insbesondere Kosten verringert werden. Positive Zeichen der Zusammenarbeit mit dem Pilotkomitee TC 64 zeigt die obengenannte Zusammenarbeit mit den Unterkomitees SC 17 D für Schalteranlagen und mit SC 62 A für medizinisch genutzte Räume.

5.4 Struktur der IEC-Publikation 364

Die IEC-Publikation 364 wird in sieben Teile gegliedert:
1 Anwendungsbereich, Gegenstand und Grundsätze,
2 Begriffe,
3 Festlegung allgemeiner Kenngrößen,
4 Schutzmaßnahmen,
5 Auswahl und Errichten elektrischer Betriebsmittel,
6 Prüfungen,
7 Zusatzbestimmungen für Betriebsstätten, Räume und Anlagen besonderer Art.

Die Reihenfolge dieser Gliederung entspricht dem Vorgehen bei der Planung und Ausführung elektrischer Anlagen, sie entspricht aber auch im wesentlichen der seit Jahrzehnten gewählten Aufteilung der VDE 0100.

5.5 Die „sieben Teile" (Parts)

Teil 1 (Part 1):
Der Anwendungsbereich gibt den technischen Rahmen, für den die Norm bearbeitet wird oder gelten soll.

Teil 2 (Part 2):
Begriffserklärungen (Definitionen) sollen wichtige technische Ausdrücke (Begriffe), die in der Norm angewendet werden, erklären, um so Mißverständnisse bei der Auslegung und Anwendung der Norm zu vermeiden. Die Begriffe der IEC sollen auch in internationalen Geschäftsfällen für Anlagenbeschreibungen und technische Angebote angewendet werden, um so eine sichere Verständigung herbeizuführen. Bei Exportprojekten können so beachtliche Kosten für Rückfragen, aber auch für Anlagenänderungen oder Nachlieferungen, vermieden werden. Es ist vorgesehen, bei der IEC nur solche Ausdrücke zu definieren, die nicht entsprechend der allgemeinen Umgangssprache angewendet werden.

Teil 3 (Part 3):

Festlegung allgemeiner Kenngrößen. Im Teil 3 der Publikation 364 werden allgemeine Grundsätze für elektrische Anlagen aufgeführt und klassifiziert:
- Beziehung der elektrischen Anlage zur Erde;
- Beziehung der Außenleiter zueinander (1-Phasen-, 2-Phasen-, 3-Phasensysteme usw.)
- zu beachtende Einflüsse aus der Umgebung (z. B. Wärme, Nässe, Flora, Fauna);
- Klassifizierung der Einflüsse aus der Anwendung (z. B. durch Fachleute, bei Behinderten, bei reduziertem Widerstand des menschlichen Körpers);
- Einflüsse aus der Konstruktion der Gebäude (z.b. Konstruktionen aus brennbaren Baustoffen, Gebäude mit schwierigen Fluchtwegen, Gebäude für größere Menschenansammlungen);
- Verträglichkeit der elektrischen Anlagen untereinander (z. B. Energietechnik mit Fernmeldetechnik);
- Verträglichkeit elektrischer Anlagen mit anderen technischen Einrichtungen;
- Grundsätze der Wartung, die bereits bei der Planung und Errichtung elektrischer Anlagen beachtet werden müssen;
- Grundsätze zur Notstromversorgung.

Teil 4 (Part 4):

Der Teil 4, Schutzmaßnahmen, behandelt die Bestimmungen für den Schutz von Personen und Sachwerten, einschließlich Nutztieren, also die Maßnahmen zum Schutz gegen gefährliche Körperströme (Berührungsspannung, direktes und indirektes Berühren), Schutz bei Überströmen (Kurzschlußschutz, Überlastschutz), Überspannungs- und Unterspannungsschutz, nicht zuletzt auch den Brandschutz und den Schutz gegen Verbrennungen (Brandverletzungen durch zu hohe Temperaturen). In zwei Kapiteln (47 und 48) folgen besondere Bestimmungen zur Anwendung der Schutzmaßnahmen und zur Auswahl bestimmter Schutzmaßnahmen unter besonderen Umgebungsbedingungen (vgl. hierzu die Festlegungen in VDE 0100/5.73, §§ 43 bis 48 und § 50).

Teil 5 (Part 5):

Im Teil 5, Auswahl und Errichtung elektrischer Betriebsmittel, werden die Maßnahmen angegeben, die bei der Planung der Anlagen, insbesondere bei der Auswahl und Errichtung der Geräte, der Kabel, Leitungen, Verbrauchsmittel usw. beachtet werden müssen, um die Grundsätze aus den Teilen 3 und 4 einzuhalten. Das Kapitel 51 enthält allgemeine Bestimmungen zur Auswahl und Errichtung, z. B. bezüglich der Einflüsse aus der Umgebung und der Einflüsse aus der elektrischen Anlage (vgl. auch VDE 0100/5.73, § 29); es enthält auch die Festlegungen zur Kennzeichnung von Anlagen und Betriebsmitteln sowie Bestimmungen wegen deren Zugänglichkeit (Wartbarkeit). Die Kapitel 52 bis 56 behandeln bestimmte Gruppen von elektrischen Betriebsmitteln, so z. B. Kapitel 54 die Festlegungen für Erdungen, Schutzleiter und Potentialausgleichsleiter und Kapitel 56 die Bestimmungen für Auswahl und Errichtung der Betriebsmittel der Notstrom- und Ersatzstromversorgung.

Teil 6 (Part 6):
Nachdem die elektrischen Anlagen mit ihren Schutzmaßnahmen geplant und die Betriebsmittel ausgewählt und errichtet sind, müssen die betriebsbereiten Anlagen geprüft werden. Hierfür folgt in der IEC-Publikation 364 der Teil 6 Prüfungen, z. B.: Prüfung der Schutzmaßnahmen, Prüfung der Isolation, Durchsicht der Anlagen.

Teil 7 (Part 7):
Im Teil 7 werden Zusatzbestimmungen für besondere Betriebsstätten und Räume, z.B. für Landwirtschaft, Baderäume, Schwimmbäder, Baustellen, begrenzte, leitfähige Räume, behandelt. Hier werden die Maßnahmen genannt, die abweichend von den allgemein gültigen Bestimmungen der Teile 3 bis 6 bei bestimmten Situationen unbedingt angewendet werden müssen oder nicht angewendet werden dürfen. Durch die Benummerung der einzelnen Abschnitte des Teils 7 soll der Bezug zwischen der Abweichung und den Grundsatzbestimmungen hergestellt werden, z. B. gibt der Abschnitt 704-521 Abweichungen von den Festlegungen im Abschnitt 521 an.

5.6 Nummernsystem der IEC-Publikation 364

Bald nach der Gründung des TC 64 wurde klar, daß die zu bearbeitende Publikation nicht in einem einzigen Dokument (wie z. B. die VDE 0100 in den vergangenen Jahren) zu veröffentlichen ist. Um die Arbeitsergebnisse kurzfristig veröffentlichen zu können, mußte die Publikation in vielen einzelnen Teilen herausgegeben werden. Damit verbunden war, daß gleiche Abschnittsnummern in der Publikation 364 wiederholt vorkommen. Bei Verweisen auf andere Abschnitte war ein langer Text erforderlich, z. B. „siehe Publ. 364-2, Section 1, clause 2, sub-clause 3." Schweizer Delegierte haben 1973 ein Nummernsystem vorgeschlagen, das die Handhabung wesentlich vereinfacht und weitgehend dem System der Schweizer Errichtungsbestimmungen für Starkstromanlagen entspricht. Seit 1977 wird die IEC-Publikaton 364 entsprechend diesem System veröffentlicht. Dieses System beruht auf der Gliederung nach Teilen, Kapiteln, Abschnitten und Unterabschnitten mit der Zahlen-Zuordnung aus **Tabelle 100-C.**
Teil: eine Ziffer, z. B. Teil 4,
Kapitel: zwei Ziffern, z. B. Kapitel 41,
Abschnitt: drei Ziffern, z. B. Abschnitt 413,
Unterabschnitt: vier Ziffern, z.B. Unterabschnitt 413.5.
Eine weitere Unterteilung ist möglich: z.B. 413.5.2.1 oder 413.5.2.10.
Aus dieser Benummerung geht klar hervor, daß diese Unterabschnitte aus dem Teil 4, dem Kapitel 41 und dort dem Abschnitt 413 stammen. Bei einem Verweis genügt die Aussage „siehe Unterabschnitt 413.5.2.1", und man weiß, daß

dieser Unterabschnitt in Teil 4 und Kapitel 41 der Publikation 364 zu finden ist. Aus der Benummerung der Publikationen ist zu erkennen, ob es sich um die Veröffentlichung eines ganzen Teiles, eines Kapitels oder eines Abschnittes handelt, z. B.:

IEC-Publikation 364-3 behandelt den Teil 3,
IEC-Publikation 364-4-41 behandelt vom Teil 4 das Kapitel 41,
IEC-Publikation 364-4-473 behandelt vom Teil 4 den Abschnitt 473 aus dem Kapitel 47.

Wichtig ist, daß man beim Lesen der Teil-Publikationen immer die Zuordnung innerhalb der gesamten Publikation 364 beachtet. Die IEC-Publikation 364 wird nach den Teilen und Kapiteln aus **Tabelle 100-D** gegliedert.

6 Anpassung nationaler Normen und Bestimmungen an die IEC-Publikation 364

Errichtungsbestimmungen in anderen Ländern

Soweit dem Autor bekannt, werden inzwischen die Errichtungsbestimmungen für Niederspannungsanlagen in Deutschland (DIN 57 100/VDE 0100), in Frankreich (UTE, C 15-100 von 1977[4])) in Großbritannien (IEE Wiring Regulations, 15th Edition, 1981), und in den Niederlanden (Nederlandse Norm Ontwerp NEN 1010, Veiligheidseisen voor laagspanningsinstallaties) nach dem Grundsatzschema der IEC-Publikation 364 organisiert. So ist der Vergleich der Errichtungsbestimmungen dieser Länder untereinander und mit den entsprechenden Festlegungen der IEC wesentlich erleichtert. Das Jahrbuch Elektrotechnik '83 (VDE-Verlag) bringt zu diesem Thema unter anderem je einen Bericht zur Einführung in die britischen, französischen und amerikanischen Errichtungsbestimmungen.

In den Vereinigten Staaten von Amerika (USA) sind die der IEC-Publikation 364 entsprechenden Festlegungen im National Electrical Code (NEC), zur Zeit Ausgabe 1981, enthalten. Der NEC von 1981 enthält noch keine wesentliche Anpassung an die IEC-Publikation 364. – Amerikanische Fachleute sind dennoch aktive Mitarbeiter bei IEC-TC 64.

In dem vorliegenden Buch wird in den Erläuterungen zu den einzelnen Teilen auch auf die britischen, französischen und amerikanischen Errichtungsbestimmungen teilweise eingegangen.

In den **Tabellen 100-N, 100-0 und 100-P** werden die Gliederungen der genannten nationalen Bestimmungen wiedergegeben.

Die der CENELEC angehörenden Länder (EG und EFTA) haben sich verpflichtet, bzw. sind vertraglich gezwungen (EG), ihre nationalen Normen zu harmonisieren.

---

4) neueste Ausgabe von 1982

Zu diesem Zweck werden Europäische Normen (EN) und Harmonisierungsdokumente (HD) herausgegeben. In den Ländern der EG müssen die Europäischen Normen inhaltlich und redaktionell unverändert in die nationalen Normen der Mitgliedsländer übernommen werden. Harmonisierungsdokumente müssen in den EG-Ländern inhaltlich voll und unverändert übernommen werden, textliche Reihenfolge und redaktionelle Änderungen sind zulässig. In den EFTA-Ländern ist die Handhabung etwas freier. Die Errichtungsbestimmungen werden bei CENELEC bisher nur in Harmonisierungsdokumenten behandelt.

7 CENELEC-Harmonisierungsdokument 384

Aufgrund der „römischen Verträge" aus dem Jahre 1957 müssen zwischen den Ländern der Europäischen Gemeinschaft (EG) Handelshemmnisse abgebaut werden. Nationale Sicherheitsbestimmungen und Normen können solche Handelshemmnisse sein. Die CENELEC hat es übernommen, elektrotechnische Normen im Bereich der EG einander anzupassen, d. h. zu harmonisieren.
Als Arbeitsgrundlage der Technischen Komitees von CENELEC werden im allgemeinen die Publikationen der IEC herangezogen. Damit wird nicht nur eine europäische, sondern zugleich eine weltweite Harmonisierung erreicht. Im Bereich des TC 64 (gleiche Bezeichnung bei IEC und CENELEC) wurden bisher die in **Tabelle 100-G** genannten Harmonisierungsdokumente herausgegeben oder zur Herausgabe vorbereitet. Weitere Teile des HD 384 sind für 1983 zur Beschlußfassung vorbereitet.
Wie aus Tabelle 100-G hervorgeht, hat CENELEC für die Benummerung der HD das Nummernsystem der IEC-Publikation 364 übernommen, was sicher zur Erleichterung der Harmonisierungsarbeit beiträgt.
Die IEC-Publikation 364 erscheint in französischer und englischer Sprache, die CENELEC-HD auch in deutscher Sprache. Bei Beachtung von gemeinsamen CENELEC-Änderungen steht so auch ein deutscher Text für die einzelnen Teile der IEC-Publikation 364 zur Verfügung.

8 Anmerkungen zur Statistik elektrischer Unfälle

Fachleute fragen immer wieder nach dem Zusammenhang zwischen der Unfallstatistik und dem großen Aufwand für das Erarbeiten der Sicherheitsnormen. Die Tendenz der Unfallstatistik ist positiv. Bei ständig steigender Stromerzeugung und Elektrizitätsanwendung gehen die Todesfälle zahlenmäßig zurück (z. B. 1970: 256 tödliche Elektrounfälle; 1978: 171 tödliche Elektrounfälle; laut Statistischem Bundesamt in Wiesbaden; siehe **Tabelle 100-K** und **Bild 100-1**). Die französische Unfallstatistik zeigt einen ähnlichen Verlauf (siehe **Tabelle 100-L** und **Tabelle 100-M** sowie **Bild 100-2** und **Bild 100-3**). Trotzdem gilt:

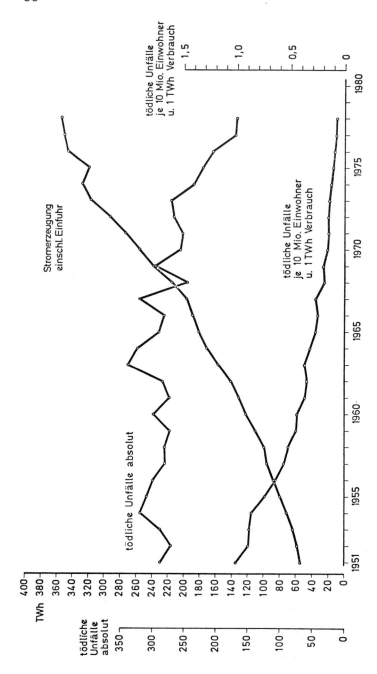

Bild 100-1. Tödliche Elektrounfälle und Stromerzeugung in der Bundesrepublik Deutschland 1951 bis 1978

Quelle: Fachberichte 32, VDE-VERLAG GmbH, Berlin

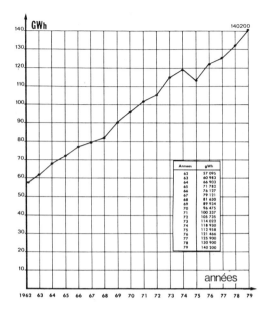

Annees	gWh
62	57 095
63	60 983
64	66 903
65	71 782
66	76 137
67	79 121
68	81 630
69	89 934
70	96 475
71	100 337
72	105 735
73	114 022
74	118 930
75	112 958
76	121 466
77	125 900
78	130 900
79	140 200

Bild 100-2
Entwicklung des elektrischen
Energieverbrauchs in Frankreich
(Hochspannung)
(Energiebilanz der EdF, staatli-
ches französisches Elektrizitäts-
versorgungsunternehmen)

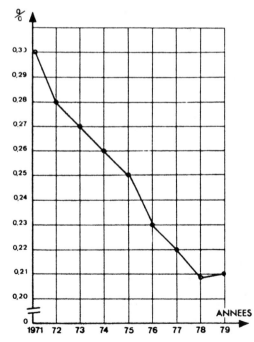

Bild 100-3
Kurve der Prozentsätze der Elektrounfälle, bezogen auf alle Arbeitsunfälle in Frankreich

Quelle:
3E No 475 Décembre 1981 Janvier 1982
Rédaction, 71, Boulevard Richard-Lenoir,
75011 Paris

Jeder Tote ist zuviel; alle Fachleute müssen sich bemühen, die Zahl der elektrischen Unfälle weiter zu senken.

Erste IEC-Umfrage zur Unfallstatistik:
Auf Vorschlag eines amerikanischen Delegierten hat IEC-TC 64 im August 1981 bei allen nationalen Komitees der IEC eine Umfrage nach statistischen Daten über Elektrounfälle eingeleitet, siehe IEC-Schriftstück 64 (Secretariat) 326. Das TC 64 erhofft sich von dieser Statistik einige Informationen über die Auswirkungen der von ihm erarbeiteten Sicherheitsbestimmungen auf die Zahl und die Schwere der Elektrounfälle. Zum ersten Mal wäre auch ein internationaler Vergleich der Unfallstatistiken möglich. Falls ausreichend verwertbare Daten eingehen, soll der Zusammenhang zwischen der Gefahr, die von elektrischen Anlagen oder von der Anwendung der Elektrizität in bestimmten Räumen ausgeht, und den dort anzuwendenden Bestimmungen untersucht werden. Der Schwerpunkt der künftigen Arbeit des TC 64 soll dann diesen Erkenntnissen angepaßt werden.

9 Schrifttum zu Teil 1

- Warner, A.: Einführung in das VDE-Vorschriftenwerk (1983), VDE-VERLAG GmbH, Berlin/Offenbach
- Verzeichnis der IEC-Publikationen
  Catalogue of Publications, 1983 (bzw. neueste Ausgabe)
  IEC Central Office, Genf
- Kahnau, H. W. und Rudolph, W.: 1980 eine neue VDE 0100.
  etz 101 (1980) H. 5. S. 303–306
- Rudolph, W.: Elektrische Anlagen von Gebäuden.
  etz 101 (1980) H. 23, S. 1260–1263 (Einführung in die IEC-Publikation 364)
- Kahnau, H. W. und Rudolph, W.: Neugestaltung der
  DIN 57 100/VDE 0100. etz Bd. 102 (1981) H. 12/13 S. 641–643
- IEC-Schriftstück 64 (Secretariat)1, Juli 1968: Überlegungen der IEC zur Gründung des TC 64
- IEC-Schriftstück 64(Secretariat)81, März 1974, Nummernsystem für die IEC-Publikation 364
- NF C15-100, Installations électriques à basse tension.
  Union technique de l'électricité, 12 place des Etats-Unis,
  75783 Paris 16
  Deutsche Übersetzung: ZVEI, Stresemannallee 19, 6000 Ffm 70
- Rémond, C. Les Installations électriques dans le batiment. Commentaires de la norme NF C15-100.
  Editions Eyrolles (1977) 61, boulevard Saint-Germain, 75005 Paris.
- IEE Wiring Regulations 15th Edition, Institution of Electrical Engineers, P.O.B. No.8, Hitchin, Herts, SG5 1RS, England

- Jenkins, B. D. Commentary on the 15th Edition of the IEE Wiring Regulations. Published by Peter Peregrinus Ltd., Stevenage, UK, and New York on behalf of the Institution of Electrical Engineers, London.
- Whitfield, J. F. A guide to the 15th Edition of the IEE Wiring Regulations. Published by Peter Pereginus Ltd.
- National Electrical Code (USA) 1981 Edition (nächste Ausgabe: 1984) National fire protection ausociation, 470 Atlantic Ave., Boston, Mass. 02210
- Jahrbuch Elektrotechnik '83, VDE-Verlag GmbH, Berlin/Offenbach
- Kieback, Die zeitliche Entwicklung tödlicher Stromunfälle in der Bundesrepublik Deutschland etz Bd. 101 (1980) H.1, S. 23–26.
- Edwin, Jakli, Thielen: Zuverlässigkeitsuntersuchungen an Schutzmaßnahmen in Niederspannungsverbraucheranlagen. Forschungsbericht Nr. 221 der Bundesanstalt für Arbeitsschutz und Unfallforschung, Dortmund 1979.
- Fachberichte 32 – Sicherheitsgerechtes Verhalten. – Ein Beitrag zur Bekämpfung elektrischer Unfälle (1980). VDE-VERLAG GmbH, Berlin.
- Republik Österreich: Zweite Durchführungsverordnung (1981) zum Elektrotechnikgesetz. Bundesgesetzblatt für die Republik Österreich, Jahrgang 1981, 128. Stück, 14. Juli 1981. – P.b.b. Erscheinungsort Wien, Verlagspostamt 1030 Wien.
- In Teil 1 zitierte Normen:
  - DIN 820, Normungsarbeit
  - DIN 1421, Benummerung von Abschnitten
  - ISO 2145 Documentation – Numbering of divisions and subdivisions in written documents.
  - DIN 57 100/VDE 0100 Errichten von Starkstromanlagen bis 1000 V
  - DIN 57 106/VDE 0106 Klassifizierung von elektrischen und elektronischen Betriebsmitteln im Hinblick auf den Schutz gegen gefährliche Körperströme.

Anmerkung 1:
Die IEC-Publikationen, die IEC-Entwürfe und die CENELEC-Harmonisierungsdokumente können über den VDE-VERLAG in Offenbach bezogen werden.

Anmerkung 2:
Es wird besonders auf den regelmäßig in der etz erscheinenden Abschnitt „Mitteilungen der DKE" verwiesen. Hier werden die neuen Normen/VDE-Bestimmungen, IEC-Publikationen und deren Entwürfe, die Kurzverfahren, das Zurückziehen von VDE-Bestimmungen und Entwürfen bekanntgegeben, Stellungnahmen von Komitees zu VDE-Bestimmungen werden hier veröffentlicht (siehe z. B. etz Bd. 102 (1981) Heft 7, Seite 400 und etz Bd. 103 (1982) Heft 21, Seite 1226 und 1227).

Zusammenstellung der Tabellen zum Teil 1 und zum Teil 100

Tabelle 100-A. Stand der Bearbeitung der Teile zu DIN 57 100/VDE 0100 am 1. April 1983

Zusammenstellung der Bestimmungen und Entwürfe mit Erscheinungsdatum[1])

Teil 100	Anwendungsbereich, Allgem. Anforderungen	Mai 1982
Teil 200	Allgemeingültige Begriffe	April 1982
Teil 200 A1	Allgemeingültige Begriffe	Entwurf, Juni 1982
	Allgemeine Angaben	
Teil 310	Kenngrößen der elektrischen Anlagen	April 1982
Teil 311	Leistungsbedarf	Entwurf, Juli 1980
Teil 313.2	Stromversorgung von Betriebsmitteln für Sicherheits- und Ersatzstromzwecke	Entwurf, Juli 1980
Teil 320	Äußere Einflüsse	–
	Anmerkung: Der Teil 320 wurde als Entwurf veröffentlicht in: – VDE 0100 s/...75 (IEC 64) – VDE 0100 w/...76 (IEC 64) Eine Übernahme nach DIN 57 100/VDE 0100 ist nicht vorgesehen.	
Teil 330	Kompatibilität (Verträglichkeit der Betriebsmittel)	–
Teil 340	Wartbarkeit (Maßnahmen zur Wartung)	–
	Anmerkung: Der Teil 330 und der Teil 340 wurden als Entwurf veröffentlicht in: – VDE 0100x/...76 (IEC 64).	
Teil 350	Elektrische Anlagen für Sicherheitszwecke (Allgemeines und Einteilung der Stromerzeuger)	Entwurf, Juli 1980 als Teil 35
	Schutzmaßnahmen	
Teil 410	Schutz gegen gefährliche Körperströme	Entwurf, Januar 1982[2])
Teil 420	Schutz gegen thermische Einflüsse	Entwurf, Juli 1980
Teil 430	Schutz von Leitungen und Kabeln gegen zu hohe Erwärmung	Juni 1981
Teil 430 A1	Schutz von Kabeln und Leitungen gegen zu hohe Erwärmung; Änderung 1	Entwurf, Juni 1983
Teil 460	Trennen und Schalten	Entwurf, Juli 1980 als Teil 46
Teil 470	Anwendung von Schutzmaßnahmen, ersetzt durch Teil 410	Entwurf, August 1982
Teil 482	Auswahl von Schutzmaßnahmen; Brandschutz	Entwurf, April 1982
	Auswahl und Errichtung elektrischer Betriebsmittel	
Teil 510	Allgemeines (Teil 516, Entwurf, wurde eingearbeitet)	März 1983
Teil 510 A1	Allgemeines	Entwurf, April 1983
Teil 520	Verlegen von Kabeln und Leitungen	Entwurf, Mai 1983

[1]) Die Angabe „1983" bedeutet, daß nach den derzeitigen Dispositionen des zuständigen DKE-Komitees (K 221) der betreffende Teil voraussichtlich im Laufe des Jahres 1983 oder 1984 erscheinen wird.

[2]) Die gültige Norm/VDE-Bestimmung hierzu ist 1983 oder 1984 zu erwarten.

Tabelle 100-A (Fortsetzung)

Zusammenstellung der Bestimmungen und Entwürfe mit Erscheinungsdatum[1])

Teil 523	Bemessung von Leitungen und Kabeln; Mechanische Festigkeit, Spannungsfall, Strombelastbarkeit	Juni 1981
Teil 523 A1	Bemessung von Leitungen und Kabeln; Strombelastbarkeit	Entwurf, Juni 1981 ersetzt durch Teil 523 A2
Teil 523A2	Verlegen von Kabeln und Leitungen; Strombelastbarkeit	Entwurf, Juli 1982
Teil 530	Auswahl und Errichtung von elektrischen Betriebs- mitteln, Schalt-und Steuergeräten	Entwurf, April 1982
Teil 537	Trenn- und Schaltgeräte	Entwurf, August 1980
Teil 540	Erdung, Schutzleiter, Potentialausgleichs- leiter	Entwurf, Jan. 1982[2])
Teil 559	Leuchten und Beleuchtungsanlagen	Entwurf, März 1983
Teil 560	Auswahl und Errichtung elektrischer Betriebs- mittel für Sicherheitszwecke	Entwurf, Sept. 1980

	Bestimmungen für Betriebsstätten, Räume und Anlagen besonderer Art	
Teil 701	Räume mit Badewanne oder Dusche	Entwurf, Juni 1982
Teil 701	Räume mit Badewanne oder Dusche z. Z. Kurzverfahren	Norm in Vorbereitung
Teil 702	Überdachte Schwimmbecken (Schwimmhallen) und Schwimmanlagen im Freien	November 1982
Teil 702 A1	Schwimmbäder	Entwurf, Juli 1982
Teil 703	Saunaanlagen	November 1982
Teil 704	Baustellen	Entwurf, April 1983
Teil 705	Landwirtschaftliche Betriebsstätten	November 1982
Teil 705 A1	Landwirtschaftliche Betriebsstätten	Entwurf, Nov. 1982
Teil 706	Begrenzte leitfähige Räume (Umgebung) (entstanden aus Teil 559, Entwurf, Abschnitt 3.3)	November 1982
Teil 706 A1	Begrenzte leitfähige Räume	Entwurf, Juli 1982
Teil 720	Feuergefährdete Betriebsstätten	März 1983
Teil 721	Caravans, Boote und Jachten sowie ihre Strom- versorgung auf Camping- bzw. Anlegeplätzen	November 1980
Teil 722	Fliegende Bauten, Wagen und Wohnwagen nach Schaustellerart	Entwurf, Juli 1980[2])
Teil 723	Unterrichtsräume und Experimentierstände	2. Entwurf, Mai 1980[2])
Teil 724	Elektrische Anlagen in Möbeln und ähnlichen Ein- richtungsgegenständen, z. B. Gardinenleisten, Dekorationsverkleidungen	Juni 1980
Teil 726	Hebezeuge	März 1983
Teil 727	Antriebe und Antriebsgruppen	1983
Teil 728	Ersatzstromversorgungsanlagen und andere Stromversorgungsanlagen für den vorübergehen- den Betrieb	Entwurf, Juli 1980[2])
Teil 729	Schaltanlagen und Verteiler	Entwurf, Juli 1980[2])
Teil 730	Verlegen von Leitungen in Hohlwänden sowie in Gebäuden aus vorwiegend brennbaren Baustoffen nach DIN 4102	Juni 1980
Teil 731	zur Zeit frei	–
Teil 732	Hauseinführung	März 1983
Teil 733	Stromschienensysteme	April 1982
Teil 734	Verlegen von Kabeln und Leitungen in Beton	Mai 1982
Teil 735	Transportable Stromversorgungsanlagen für vor- übergehenden Betrieb (entstanden aus Teil 728, Entwurf, Abschnitt 5)	1983

Tabelle 100-A. (Fortsetzung)

Zusammenstellung der Bestimmungen und Entwürfe mit Erscheinungsdatum[1])

Teil 736	Niederspannungsstromkreise in Hochspannungs- anlagen	in Vorbereitung
Teil 750	Schutz gegen direktes Berühren bei gelegent- lichem Handhaben in der Nähe berührungsgefähr- licher Teile (Bezug zu UVV der VBG 4) (jetzt DIN 57 106 Teil 100/VDE 0106 Teil 100/03.83)	

Anmerkung: Es ist vorgesehen, den Stand der Bearbeitung der Teile zu DIN 57 100/ VDE 0100 jeweils im „Jahrbuch Elektrotechnik", VDE-VERLAG GmbH, in ähnlicher Form zu veröffentlichen. Eine Orientierungshilfe sollen auch die Beiblätter zu DIN 57 100/VDE 0100 geben.

[1]) siehe Seite 54

Tabelle 100-B. Gegenüberstelllung der Gliederung von VDE 0100/5.73 und der Grobstruktur von DIN 57 100/VDE 0100

„Alte"	„Neue"
VDE 0100/5.73	DIN 57 100/VDE 0100
I. Gültigkeit § 1 Geltungsbeginn § 2 Geltungsbereich	Teil 100 Anwendungsbereich; Allgemeine Anforderungen
II. Begriffserklärungen § 3 a) Anlage und Netz b) Betriebsmittel und Anschlußarten c) Leiter und leitfähige Teile d) Elektrische Größen und ähnliche Begriffe e) Erdung f) Raumarten g) Fehlerarten h) Maßnahmen zum Schutz bei in- direktem Berühren i) Nennbetriebsarten k) Hebezeuge	Teil 200 Allgemeingültige Begriffe
III. Allgemeines **A. Schutzmaßnahmen** 1. Verhütung von Unfällen § 4 Schutz gegen direktes Berühren § 5 Schutz bei indirektem Berühren § 6 Anwendung und Allgemeines zur Aus- führung der Maßnahmen zum Schutz bei indirektem Berühren § 7 Schutzisolierung § 8 Schutzkleinspannung § 9 Schutzerdung § 10 Nullung § 11 Schutzleitungssystem § 12 Fehlerspannungs(FU)-Schutzschaltung § 13 Fehlerstrom(FI)-Schutzschaltung § 14 Schutztrennung	Gruppe 300 Allgemeine Angaben z.T. nach Teil 540 Gruppe 400 Schutzmaßnahmen

Tabelle 100-B. (Fortsetzung)

„Alte"	„Neue"
VDE 0100/5.73	DIN 57 100/VDE 0100

2. Schutz gegen Überspannung
§ 15   Vermeidung von Spannungserhöhung über 250 V gegen Erde auf der Unterspannungsseite
§ 16   bleibt frei
§ 17   Erdungen in Kraftwerken und Umspannanlagen zur Energielieferung an Verbraucher mit Nennspannungen bis 1 kV
§ 18   Schutz elektrischer Anlagen gegen Überspannungen infolge atmosphärischer Entladungen

4. Erder
§ 20   Allgemeine Bestimmungen für Erder und Erdungen
§ 21   Anordnung und Ausführung von Erdern und Ausführung der Erdungsleitungen

Teil 540

5. Prüfungen
§ 22   Prüfung der Schutzmaßnahmen mit Schutzleiter
§ 23   Prüfung des Isolationszustandes von Verbraucheranlagen
§ 24   Prüfung des Isolationszustandes von Fußböden

Gruppe 600
Prüfungen

B. Elektrische Maschinen, Transformatoren und Drosselspulen, Hebezeuge
§ 25   Elektrische Maschinen
§ 26   Transformatoren und Drosselspulen
§ 27   Antriebe und Antriebsgruppen
§ 28   Hebezeuge

nach Gruppe 700

C. Sonstige elektrische Betriebsmittel
§ 29   Allgemeines
§ 30   Schaltanlagen und Verteiler
§ 31   Schaltgeräte (Schalter, Steckvorrichtungen, Überstromschutzorgane)
§ 32   Leuchten und Beleuchtungsanlagen
§ 33   Elektromotorisch angetriebene Verbrauchsmittel, Werkzeuge
§ 34   Elektrowärmegeräte
§ 35   Elektrozaungeräte
§ 36   Fernmelde-, Rundfunk- und Fernseh-Geräte
§ 37   Elektromedizinische Geräte
§ 38   Schweißgeräte
§ 39   bleibt frei

Gruppe 500
Auswahl und Errichtung elektrischer Betriebsmittel

D. Beschaffenheit und Verlegung von Leitungen und Kabeln
§ 40   Isolierte Starkstromleitungen und Kabel
§ 41   Bemessung von Leitungen und Kabeln und deren Schutz gegen zu hohe Erwärmung
§ 42   Verlegung von Leitungen und Kabeln

z. T. nach Teil 430

58

Tabelle 100-B. (Fortsetzung)

„Alte"	„Neue"
VDE 0100/5.73	DIN 57 100/VDE 0100

IV. Zusatzbestimmungen für Betriebsstätten und Räume sowie Anlagen besonderer Art

§ 43 Elektrische Betriebsstätten
§ 44 Abgeschlossene elektrische Betriebsstätten
§ 45 Feuchte und nasse Räume
§ 46 bleibt frei
§ 47 bleibt frei
§ 48 Anlagen im Freien
§ 49 Baderäume und Duschecken
§ 50 Feuergefährdete Betriebsstätten
§ 51 Niederspannungsstromkreise in Starkstromanlagen mit Nennspannungen über 1 kV

§ 52 Ladestationen und Ladeeinrichtungen für Akkumulatoren
§ 53 Ersatzstromversorgungsanlagen
§ 54 Elektrische Prüffelder, Justierräume, Laboratorien und Einrichtungen für Versuche
§ 55 Baustellen
§ 56 Landwirtschaftliche Betriebsstätten
§ 57 Fliegende Bauten, Wagen nach Schaustellerart und Wohnwagen
§ 58 bleibt frei
§ 59 bleibt frei
§ 60 Hilfsstromkreise

Gruppe 700
Zusatzbestimmungen für Betriebsstätten, Räume und Anlagen besonderer Art

Anhang,
Tabellen 1 und 2
Stichwortverzeichnis

Anhang

Anmerkung: Eine genaue Gegenüberstellung der bisherigen und der neuen Aufteilung ist im Beiblatt 3 zu DIN 57 100/VDE 0100/03.83, Tabelle 2, enthalten.

Tabelle 100–C. Nummernsystem zur Gliederung der IEC-Publikation 364

		Beispiele:
Teil	Gekennzeichnet durch eine einzige Nummer	4
Kapitel	Gekennzeichnet mit der zugeordneten Teil-Nummer und einer folgenden Einzel-Nummer, ohne zwischengefügten Punkt	41
Abschnitt	Gekennzeichnet mit der zugeordneten Teil- und Kapitel-Nummer und einer folgenden Einzel-Nummer, ohne zwischengefügten Punkt	413
Unter-abschnitt	Gekennzeichnet mit der zugeordneten Teil-, Kapitel- und Abschnitts-Nummer, danach ein Punkt und die Einzelnummer für den Unterabschnitt	413.5
Anmerkung:	Die Unterabschnitte können die Zahl 9 überschreiten	413.12
Anmerkung:	Wenn zur Einführung eins Teiles, Kapitels oder Abschnitts nur Unterabschnitte angewendet werden sollen, so wird dies durch Einfügen jeweils einer Null angegeben	400.1 410.1 510 510.1

Tabelle 100-D. Gliederung der IEC-Publikation 364: Elektrische Anlagen von Gebäuden

Teil 1	Geltungsbereich, Gegenstand und Grundsätze
Teil 2	Begriffe
Teil 3	Festlegung allgemeiner Kenngrößen
Kapitel 31	Stromversorgungen und Aufbau der Anlagen
Kapitel 32	Klassifikation von äußeren Einflüssen
Kapitel 33	Kompatibilität (z. B. Verträglichkeit von Starkstrom- und Fernmeldeanlagen)
Kapitel 34	Wartbarkeit (Grundsätze zur Errichtung elektrischer Anlagen unter Berücksichtigung der Wartung)
Kapitel 35	Notstromversorgungssysteme (Klassifikation der Stromquellen und der Umschaltautomatik)
Teil 4	Schutzmaßnahmen
Kapitel 41	Schutz gegen gefährliche Körperströme (Schutz gegen direktes Berühren und bei indirektem Berühren)
Kapitel 42	Schutz gegen thermische Einflüsse von Betriebsmitteln bei Normalbetrieb (Brandschutz)
Kapitel 43	Überstromschutz (bei Kabeln und Leitungen)
Kapitel 44	Schutz bei Überspannung
Kapitel 45	Schutz bei Unterspannung
Kapitel 46	Schutz durch Trennen und Schalten
Kapitel 47	Anwendung der Schutzmaßnahmen
Kapitel 48	Auswahl der Schutzmaßnahmen aufgrund bestimmter äußerer Einflüsse

60

Tabelle 100-D. (Fortsetzung)

Teil 5	Auswahl und Errichtung elektrischer Betriebsmittel
Kapitel 51	Allgemeine Regeln (z. B. Grundsätze zur Auswahl und Errichtung, Grundsätze zur Kennzeichnung der Betriebsmittel)
Kapitel 52	Leitungsverlegung
Kapitel 53	Schaltgeräte und Steuergeräte
Kapitel 54	Erdung und Schutzleiter (auch Potentialausgleichsleiter)
Kapitel 55	Sonstige elektrische Betriebsmittel
Kapitel 56	Notstromversorgung (Auswahl und Errichtung der Betriebsmittel für die Notstromversorgung)
Teil 6	Prüfungen
Kapitel 61	Abnahmeprüfungen (vor Inbetriebnahme der Anlagen)
Teil 7	Zusatzbestimmungen für Anlagen und Räume besonderer Art
	Anmerkung: Der Teil 7 wird abweichend von den Teilen 1 bis 6 nicht in Kapitel, sondern nur in Abschnitte unterteilt, um für diese Zusatzbestimmungen mehr als 9 Abschnitte zur Verfügung zu haben
Abschnitt 701	Räume mit Badewanne oder Dusche
Abschnitt 702	Schwimmbäder
Abschnitt 703	Räume mit Saunaheizgeräten
Abschnitt 704	Baustellen
Abschnitt 705	Landwirtschaftliche Betriebsstätten
Abschnitt 706	Begrenzte leitfähige Räume
Abschnitt 707	Erdungen für Datenverarbeitungsanlagen
Abschnitt 708	Campingplätze und Wohnwagen
Abschnitt 709	Bootsanlegestellen und Boote
Abschnitt 710	Fliegende Bauten, Festplätze, Ausstellungen

Tabelle 100-E. Stand der Bearbeitung der IEC-Publikation 364 (April 1983)

Publikation-Nr. (Ausgabe-Jahr)	Teil Kapitel Abschnitt	Titel
	Teil 1	**Geltungsbereich, Gegenstand, Grundsätze**
364-1 (1972)		derzeitiger Titel: Teil 1, Geltungsbereich, Gegenstand und Begriffe
364-1 Änderung Nr. 1 (Juni 1976)		Titel: wie Publikation 364-1 (1972) *Anmerkung:* Dieser Nachtrag enthält eine Änderung des Geltungsbereiches (Nichtanwendung der Publikation 364 auf öffentliche Verteilungsnetze, Stromerzeugung und -übertragung)
364-2 (1970)		derzeitiger Titel: Teil 2, Grundsätze *Anmerkung:* Die Publikationen 364-1 und 364-2 stammen aus der Zeit bevor die neue Einteilung der Publikation 364 festgelegt wurde (1975). Nach einer Überarbeitung der Publikationen 364-1 und 364-2 wird 364-1 dem Teil 1, „Geltungsbereich, Gegenstand und Grundsätze" und 364-2 dem Teil 2 „Begriffe" zugeordnet.
	Teil 2	**Begriffe**
Publikation 50(826)-(1982)		Begriffe für Elektrische Anlagen von Gebäuden *Anmerkung:* Einige Begriffsbestimmungen sind z. Z. in der IEC-Publikation 364-1 enthalten. Der Publikation 50(826) lag folgender Entwurf vom Januar 1981 zugrunde: – 1(IEV 826) (Central Office)1153, gemeinsam bearbeitet vom IEC-TC1 und IEC-TC64.
	Teil 3	**Festlegung allgemeiner Kenngrößen**
364-3 (1977)	Teil 3	Festlegung allgemeiner Kenngrößen *Anmerkung:* Die Publikation 364-3 (1977) enthält vom Teil 3 die Kapitel 31 bis 34:
	Kapitel 31	– Stromversorgungen und Aufbau der Anlagen
	Kapitel 32	– Klassifikation von äußeren Einflüssen
	Kapitel 33	– Kompatibilität (z. B. Verträglichkeit von Starkstrom- und Fernmeldeanlagen)
	Kapitel 34	– Wartbarkeit (Grundsätze zur Errichtung elektrischer Anlagen unter Berücksichtigung der Wartung)
364-3A (1979)	Abschnitt 311	Leistungsbedarf (erste Ergänzung zur Publikation 364-3).
364-3 Änderung Nr. 1 (Dezember 1980)	Abschnitt 313.2	Ergänzung zum Kapitel 31 bezüglich der Stromversorgung von Betriebsmitteln für Sicherheits- und Ersatzstromzwecke.
364-3B (1980)	Kapitel 35	Stromversorgungssysteme für Sicherheitszwecke (zweite Ergänzung zur Publikation 364-3).

Tabelle 100-E. (Fortsetzung)

Publikation-Nr. (Ausgabe-Jahr)	Teil Kapitel Abschnitt	Titel
	Teil 4	**Schutzmaßnahmen**
364-4-41 zweite Ausgabe (1982)	Abschnitt 400.1 Kapitel 41	Einführung zum Teil 4 Schutz gegen gefährliche Körperströme *Anmerkung:* Die dritte Ausgabe wird zur Zeit für 1984/85 vorbereitet.
364-4-42 (1980)	Kapitel 42	Schutz gegen thermische Einflüsse
364-4-43 (1977)	Kapitel 43	Überstromschutz (bei Kabeln und Leitungen)
364-4-46 (1981)	Kapitel 46	Schalten und Trennen
364-4-47 (1981)	Kapitel 47	Anwendung der Schutzmaßnahmen
	Abschnitt 470	Allgemeines
	Abschnitt 471	Schutz gegen gefährliche Körperströme
–	Abschnitt 472	*Anmerkung:* siehe z. Z. Abschnitt 482
364-4-473 (1977)	Abschnitt 473	Überstromschutz
	Kapitel 48	Auswahl der Schutzmaßnahmen:
364-4-482 (1982)	Abschnitt 482	Schutz gegen thermische Einflüsse (Brandschutz)
	Teil 5	**Auswahl und Errichtung elektrischer Betriebsmittel**
364-5-51 (1979)	Kapitel 51	Allgemeine Regeln
364-5-51 Änderung Nr.1 (Juli 1982)	Abschnitt 514.3	Kennzeichnung von Neutralleitern und Schutzleitern (einschl. PEN-Leitern)
364-5-523 (19...) (zur Zeit im Druck)	Kapitel 52 Abschnitt 523	Verlegen von Kabeln und Leitungen: Strombelastbarkeit von Leitern
364-5-537 (1981)	Kapitel 53 Abschnitt 537	Schaltgeräte und Steuergeräte: Geräte zum Trennen und Schalten
364-5-54 (1980)	Kapitel 54	Erdung und Schutzleiter (einschl. Potentialausgleichsleiter).
364-5-54 Änderung Nr. 1 (Juli 1982)	Abschnitt 546.2.1	Querschnitt für PEN-Leiter aus Aluminium
364-5-56 (1980)	Kapitel 56	Einrichtungen für Sicherheitszwecke
	Teil 6	**Prüfungen**
	Teil 7	**Zusatzbestimmungen für Anlagen und Räume besonderer Art** *Anmerkung:* Zu den Teilen 6 und 7 sind noch keine Publikationen erschienen. Publikationen sind 1983 in Vorbereitung für die Teile 701, 702 und 706.

Tabelle 100-E. (Fortsetzung)

Publikation-Nr. (Ausgabe-Jahr)	Teil Kapitel Abschnitt	Titel
	Teil 7	(Fortsetzung)

Für den Teil 7 liegen z.Z. folgende Entwürfe vor:

Abschnitt 701	Räume mit Badewanne oder Dusche	64(CO)123,
Abschnitt 702	Schwimmbäder	64(CO)124,
Abschnitt 703	Räume mit Saunaheizgeräten	64(CO)131
Abschnitt 704	Baustellen zur Zeit 64(Sec)303 und 333	64(CO)...
Abschnitt 705	Landwirtschaft	64(CO)132
Abschnitt 706	Begrenzte leitfähige Räume	64(CO)125
Abschnitt 707	Erdungsbestimmungen für Datenverarbeitungsanlagen	64(CO)133

Anmerkung: Es ist vorgesehen, den neuesten Stand dieser Tabelle 100-E jeweils im „Jahrbuch Elektrotechnik", VDE-VERLAG, zu veröffentlichen.

Tabelle 100–F. Weitere von IEC-TC 64 erarbeitete Publikationen

IEC-Publikation 448 (1974):
Strombelastbarkeit von Leitern für elektrische Anlagen von Gebäuden
Zur Zeit in Überarbeitung, Schriftstück 64(Central Office)115, Abschnitt 523 der Publ. 364

IEC-Publikation 449 (1973) mit Ergänzung Nr. 1 (1979):
Spannungsbereiche für elektrische Anlagen von Gebäuden

IEC-Publikation 479 (1974):
Wirkung des elektrischen Stroms auf den menschlichen Körper
Anmerkung:
Die Publikation 479 wird z. Z. überarbeitet. Die neue Ausgabe wird in 6 Teile gegliedert:
Teil 1:   Wirkung von Wechselstrom im Bereich von 15 bis 100 Hz
           (Schriftstück 64(Central Office)128
Teil 2:   Wirkung von Wechselstrom über 100 Hz
Teil 3:   Wirkung von Gleichstrom
           (Schriftstück 64(Central Office)129)
Teil 4:   Wirkung von Wechselstrom mit Gleichstromkomponenten, einschließlich Wechselstrom mit Phasenanschnittsteuerung und Wellenpaketsteuerung
Teil 5:   Wirkung von Impulsströmen (Schriftstück 64(Secretariat)368)
Teil 6:   Widerstand des menschlichen Körpers
           (Schriftstück 64(Central Office)130)

IEC-Publikation 536 (1976):
Klassifizierung von elektrischen und elektronischen Betriebsmitteln bezüglich des Schutzes gegen elektrischen Schlag (gefährliche Körperströme)
Anmerkung 1:   Diese Publikation wird z. Z. von der Arbeitsgruppe 17 des TC 64 überarbeitet.
Anmerkung 2:   Die IEC-Publikation 536 ist in Deutschland als DIN 57 106 Teil 1/ VDE 0106 Teil 1/05.82 veröffentlicht

IEC-Publikation 585-1 (1977), IEC-Report (Guide):
Leitfaden für elektrische Anlagen
– Wohnwagen, Boote und Jachten
Anmerkung:
Die IEC-Publikation 585 ist zur Veröffentlichung von sogenannten „Leitfäden" (Guides) zur IEC-Publikation 364 vorgesehen. Bisher ist nur der Leitfaden für Wohnwagen, Boote und Jachten bearbeitet. Dieser Leitfaden soll nach Überarbeitung und Erweiterung durch die zuständige Arbeitsgruppe (WG 7) in zwei Teilen (Abschnitt 708 und 709) als Standard (Norm) innerhalb des Teiles 7 veröffentlicht werden.
Der Inhalt der IEC-Publikation 585-1 (1977) ist in Deutschland in DIN 57 100 Teil 721/VDE 0100 Teil 721/11.80 veröffentlicht.

Tabelle 100-G. Zusammenstellung der Teile des Harmonisierungs-
dokuments 384, die z. Z. herausgegeben oder zur Verabschiedung vorbereitet sind (März 1983)

HD-Nr.	Titel
384.1	Geltungsbereich
384.3	Allgemeine Kenngrößen
384.4.41	Schutz gegen gefährliche Körperströme
384.4.42	Schutz gegen thermische Einflüsse (Brandschutz)
384.4.43	Überstromschutz
384.4.473	Anwendung des Überstromschutzes
384.5.51	Auswahl und Errichtung elektrischer Betriebsmittel – Allgemeine Bestimmungen
384.5.56	Einrichtungen für Sicherheitszwecke

Folgende Teile, Kapitel und Abschnitte sind z. Z. im schriftlichen Abstimmungsverfahren
für Harmonisierungsdokumente:

Kapitel	46	
Abschnitt	470	
Abschnitt	471	
Abschnitt	482	
Abschnitt	514.3	Titel siehe Tabelle 100-E
Abschnitt	537	
Kapitel	54	
Abschnitt	546.2.1	
Abschnitt	7...	Elektrische Anlagen in Möbeln

Tabelle 100-H. Das Komitee 221 (K) und seine Unterkomitees (UK)

K 221	Errichten von Starkstromanlagen bis 1000 V
UK 221.1	Industrie
UK 221.2	Internationale Zusammenarbeit
UK 221.3	Schutzmaßnahmen
UK 221.5	Errichtung elektrischer Anlagen in der Landwirtschaft
UK 221.6	Koordinierung Starkstromanlagen-Fernmeldeanlagen
UK 221.8	Verlegen von Kabeln und Leitungen

Das UK 221.4 wurde 1980 in das neue K 227, Errichten und Prüfen von elektrischen
Anlagen in medizinisch genutzten Räumen, umgewandelt.
Dem Komitee bzw. den Unterkomitees gehören durchschnittlich 15 ehrenamtliche
Mitglieder an, die von Fachverbänden entsandt werden. Hinzu kommt ein hauptamtlicher
Referent der Geschäftsstelle der Deutschen Elektrotechnischen Kommission im DIN und
VDE (DKE).

Tabelle 100-I. Arbeitsgruppen*) des IEC–TC 64
Stand April 1983

WG 1	Begriffsbestimmungen
WG 2	Strombelastbarkeit von Leitern und entsprechender Überstromschutz
WG 3	Äußere Einflüsse
WG 4	Einwirkung des elektrischen Stromes auf den Körper des Menschen
WG 7	Versorgung von Caravans, Booten und Jachten
WG 8	Erdungsprobleme bei Datenverarbeitungsanlagen
WG 9	Schutz gegen gefährliche Körperströme, insbesondere neue Bearbeitung des Kapitels 41, nötigenfalls auch des Abschnittes 471 und des Kapitels 54
WG 12	Prüfungen
WG 16	Anlagen auf Baustellen
WG 17	Klassifizierung von elektrischen und elektronischen Betriebsmitteln bezüglich des Schutzes gegen gefährliche Körperströme (direktes und indirektes Berühren).
WG 18	Gleichstromkomponenten
WG 19	Auswahl und Errichtung von Kabel- und Leitungsanlagen
WG 20	Überprüfung von Brandschutzbestimmungen (insbesondere bezüglich der Ausbreitung von Bränden)
WG 22	Vorbereitung des Kapitels 53: Auswahl und Errichtung von Schalt- und Steuergeräten

*) Arbeitsgruppe, englisch: Working Group (WG)
    französisch: Grupe de Travail (GT)

Tabelle 100-K. Tödliche Unfälle durch elektrischen Strom
in der Bundesrepublik Deutschland
Quelle: Stat. Bundesamt Wiesbaden

Tödliche elektrische Unfälle	1970	1971	1972	1973	1974	1975	1976	1977	1978
in Wohnungen	87	71	88	77	87	87	82	73	74
in Betrieb und Industrie	69	81	66	60	55	46	46	34	39
in anderen Bereichen	44	35	39	54	29	34	44	34	26
ohne weitere Bereichsangabe	56	65	73	79	64	54	33	36	32
Gesamt	256	252	266	270	235	221	205	177	171

Vgl. Bericht von H. Zürneck, Darmstadt „Bedeutung sicherheitsgerechten Verhaltens, – Folgerungen aus der Unfallforschung –". Fachberichte 32, VDE-VERLAG GmbH, Berlin.

Tabelle 100-L. Französische Statistik der elektrischen Arbeitsunfälle
veröffentlicht von der Nationalkasse der Krankenversicherung

Jahr	Unfälle mit Arbeitsausfall (Arbeitsunfähigkeit)	Schwere Unfälle*)
Année	Accidents avec arrêt	Accidents graves
1960	3 141	
1961	3 311	
1962	3 355	
1963	3 704	
1964	3 972	
1965	3 669	
1966	3 585	
1967	3 506	
1968	3 090	381
1969	3 251	355
1970	3 449	361
1971	3 393	343
1972	3 192	386
1973	3 132	331
1974	3 063	366
1975	2 793	360
1976	2 471	359
1977	2 257	320 (179)
1978	2 119	275 (166)
1979	2 088	255 (165)
1980	1 883	247 (149)

*) Anmerkung: Die Zahl der schweren Unfälle von 1960 bis 1967 ist nicht bekannt.
In Klammern die tödlichen Unfälle nach IEC 64(France)83, August 1982.

Quelle: 3E No. 484 Décembre 1982
        Rédaction, Boulevard Richard-Lenoir,
        75011 Paris

Tabelle 100-M. Statistischer Vergleich der Elektrounfälle mit allen Arbeitsunfällen in Frankreich

Années	Total accidents du travail	Total des accidents d'origine électrique	Pourcentage %
1970	1 110 173	3 449	0,31
1971	1 115 245	3 393	0,30
1972	1 125 134	3 192	0,28
1973	1 137 804	3 132	0,27
1974	1 154 371	3 063	0,26
1975	1 113 124	2 793	0,25
1976	1 072 345	2 471	0,23
1977	1 025 968	2 257	0,22
1978	1 014 051	2 119	0,209
1979	979 578	2 088	0,213
1980	979 301	1 883	0,19
Jahr	Arbeitsunfälle, gesamt	davon Elektrounfälle	Prozentsatz

Quelle: 3E No. 484 Décembre 1982
Rédaction, Boulevard Richard-Lenoir,
75011 Paris

Tabelle 100-N. IEE Wiring Regulations (British)
Regulations for Electrical Installations, 15th Edition 1981

Contents

70

Tabelle 100-O. (1. Seite) Französische Norm für Niederspannungsanlagen

NORME FRANÇAISE HOMOLOGUÉE	Installations électriques à basse tension RÈGLES	**N F** **C 15-100** Février 1981

Édition 1982

SOMMAIRE

Homologuée par arrêtés du 29 juillet 1977 et 20 janvier 1981 (J.O. du 7 août 1977 et J.O. du 1er février 1981)	Adoptée le 7 mai 1976 et modifiée les 29 avril 1977 (add 1) et 17 juin 1980 (add 2)	⊣UTE

Ets BUSSON. impr. 75018 PARIS (n° 7491. 3e t. 1982) - N° 8091 - NF C 15-100 - 10.000 - 8/82

Low-voltage electrical installations
REQUIREMENTS

Tabelle 100-O. (2. Seite) Französische Norm für Niederspannungsanlagen

PARTIE 3. — Détermination des caractéristiques générales des installations.

Chapitre 31. — Structure des installations.

Chapitre 32. — Influences externes.

Chapitre 33. — Compatibilité.

Chapitre 34. — Maintenabilité.

Chapitre 35. — Installations de sécurité et alimentations de remplacement.

Chapitre 36. — Installations temporaires.

PARTIE 4. — Protection pour assurer la sécurité.

Chapitre 41. — Protection contre les chocs électriques.

Chapitre 42. — Protection contre les effets thermiques en service normal.

Chapitre 43. — Protection contre les surintensités.

Chapitre 44. — Protection contre les surtensions.

Chapitre 45. — Protection contre les baisses de tension.

Chapitre 46. — Sectionnement et commande.

Chapitre 47. — Application des mesures de protection.

Chapitre 48. — Choix des mesures de protection.

PARTIE 5. — Choix et mise en œuvre des matériels.

Chapitre 51. — Règles communes.

Chapitre 52. — Canalisations.

Chapitre 53. — Appareillage.

Chapitre 54. — Prises de terre et conducteurs de protection.

Chapitre 55. — Autres matériels.

PARTIE 6. — Vérification et entretien des installations.

Chapitre 61. — Principe des vérifications.

Chapitre 62. — Mesures et vérifications.

Chapitre 63. — Entretien des installations.

72

Tabelle 100-P. National Electrical Code (USA) 1981

TABLE OF CONTENTS

Tabelle 100-P.   (Fortsetzung)

Tabelle 100-R. Informationen zur IEC

International Electrotechnical Commission (IEC)
Internationale Elektrotechnische Kommission

Sitz:
Sekretariat: 1, rue de Varembé, CH-1212 Genf 20

Wirkungsbereich:
weltweit; – 200 Technische Komitees und Unterkomitees (1981)

Gründung: 1906
Von 1947 bis 1976 fungierte die IEC unter Wahrung ihrer funktionellen und finanziellen Selbständigkeit als elektrotechnische Abteilung der International Organization for Standardization (ISO). Seit 1976 arbeiten ISO und IEC auf freiwilliger Basis als rechtlich selbständige Organisation zusammen.

Mitglieder: 1981
Ägypten, Argentinien, Australien, Belgien, Brasilien, Bulgarien, China (VR), Dänemark, Deutschland, Deutsche Demokratische Republik, Finnland, Frankreich, Großbritannien, Indien, Indonesien, Iran, Irland, Israel, Italien, Japan, Jugoslawien, Kanada, Korea-Nord, Korea-Süd, Kuba, Mexico, Neuseeland, Niederlande, Norwegen, Österreich, Pakistan, Polen, Portugal, Rumänien, Schweden, Schweiz, Spanien, Südafrikanische Union, Tschechoslowakei, Türkei, UdSSR, Ungarn, USA, Venezuela.

Die IEC kennt keine korrespondierende Mitgliedschaft, bietet jedoch Abonnement auf alle IEC-Veröffentlichungen und Schlußentwürfe (sogenannte Subscriber Service)

Deutsche Vertretung: DK-IEC in der DKE (Frankfurt/Main 70)

Verhandlungssprachen:
Englisch, Französisch, Russisch

Aufgaben, Ziele:
Förderung der internationalen Zusammenarbeit in allen Normungsfragen und verwandten Sachgebieten im Bereich der Elektrotechnik und Elektronik, um so zur internationalen Verständigung in Wirtschaft und Gesellschaft beizutragen.

Arbeitsergebnisse, Veröffentlichungen:
Standards (vor 1975 Recommendations)
Technische Berichte einzelner TC
Jahresberichte
IEC-Bulletin

Quelle: – ZVEI-Arbeitskreis „Normung in Übersee"
(Frankfurt/Main 70)
– IEC-Jahrbuch 1981

Tabelle 100–S. Informationen zu CENELEC

European Committee for Electrotechnical Standardization (CENELEC) Europäisches Komitee für Elektrotechnische Normung
Sitz: Rue de Bréderode 2, Brüssel
Wirkungsbereich: EG- und EFTA-Länder
Gründung: 1. Januar 1973 (als Zusammenfassung von CENEL und CENELCOM)
Mitglieder: Mitglieder sind die Nationalen Elektrotechnischen Komitees der folgenden Länder: Belgien, Dänemark, Deutschland, Finnland, Frankreich, Griechenland, Großbritannien, Irland, Italien, Luxemburg, Niederlande, Norwegen, Österreich, Portugal, Schweden, Schweiz, Spanien
Deutsche Vertretung: DKE (Frankfurt/Main 70)
Verhandlungssprachen: Deutsch, Englisch, Französisch
Aufgaben, Ziele: Harmonisierung des technischen Inhalts der nationalen Normen nach Maßgabe der Beseitigung aller dadurch hervorgerufenen nennenswerten Handelshemmnisse zwischen den CENELEC-Mitgliedsländern. Das Ziel, harmonisierte Normen in die nationalen Normenwerke zu übernehmen, folgt aus der für die Errichtung des Gemeinsamen Marktes erforderlichen Angleichung der nationalen Rechts- und Verwaltungsvorschriften (EWG-Vertrag Art. 100) oder aus einem durch die CENELEC-Mitgliedschaft bekundeten gemeinsamen Handelsinteresse.
Arbeitsergebnisse, Veröffentlichungen: Europäische Normen (EN) und Harmonisierungsdokumente (HD). Die Harmonisierungsarbeiten führen die Technischen Komitees von CENELEC durch.
Organisation und Mitglieder: Lenkungsausschuß (GA) Technisches Büro (BT) Generalsekretariat (SG) Technische Sekretariate Prüfzeichenkomitee (MC) Technisches Komitee (TC) Europäische Normenkomitees (NK) Komitee für Bauelemente der Elektronik (CECC)

Quelle: – ZVEI-Arbeitskreis „Normung in Übersee''
(Frankfurt/Main 70)

76

Tabelle 100-T. Österreichische Bestimmungen für das Errichten elektrischer Anlagen bis ~1000 V und = 1500 V
  - entnommen dem Bundesgesetzblatt für die Republik Österreich, Jahrgang 1981, 128. Stück, 14. Juli 1981

Verordnung des Bundesministers für Bauten und Technik vom 4. Juni 1981 über die Normalisierung, Typisierung und Sicherheit elektrischer Betriebsmittel und Anlagen sowie sonstiger Anlagen im Gefährdungs- und Störungsbereich elektrischer Anlagen [2. Durchführungsverordnung (1981) zum Elektrotechnikgesetz]

ÖVE-EN 1, Teil 1/1975 + ÖVE-EN 1, Teil 1a/1978 (eingearbeitet)	Errichtung von Starkstromanlagen mit Nennspannungen bis ~1000 V und = 1500 V. Teil 1: Begriffe und Schutzmaßnahmen
ÖVE-EN 1, Teil 1b/1980	Nachtrag b zu den Vorschriften über Errichtung von Starkstromanlagen mit Nennspannungen bis ~1000 V und = 1500 V. Teil 1: Begriffe und Schutzmaßnahmen, ÖVE-EN 1, Teil 1/1975
ÖVE-EN 1, Teil 2/1978	Errichtung von Starkstromanlagen mit Nennspannungen bis ~1000 V und = 1500 V. Teil 2: Elektrische Betriebsmittel
ÖVE-EN 1, Teil 3 (§ 41)/1981	Errichtung von Starkstromanlagen mit Nennspannungen bis ~1000 V und = 1500 V. Teil 3 (§ 41): Bemessung von Leitungen und Kabeln
ÖVE-EN 1, Teil 4 (§ 43–§ 50)/1980	Errichtung von Starkstromanlagen mit Nennspannungen bis ~1000 V und = 1500 V. Teil 4: Anlagen besonderer Art § 43–§ 50
ÖVE-EN 1, Teil 4 (§ 51)/1980	Errichtung von Starkstromanlagen mit Nennspannungen bis ~1000 V und = 1500 V. Teil 4: Anlagen besonderer Art § 51. Stromkreise mit Nennspannungen bis ~1000 V (Niederspannungsstromkreise) in Schaltfelder mit Nennspannungen über 1 kV
ÖVE-EN 1, Teil 4 (§ 55)/1978	Errichtung von Starkstromanlagen mit Nennspannungen bis ~1000 V und = 1500 V. Teil 4: Besondere Anlagen. § 55: Baustellen und Provisorien
ÖVE-EN 1, Teil 4 (§ 56)/1980	Errichtung von Starkstromanlagen mit Nennspannungen bis ~1000 V und = 1500 V. Teil 4: Anlagen besonderer Art § 56. Elektrische Anlagen in landwirtschaftlichen Anwesen
ÖVE-EN 2/1978	Errichtung und Betrieb von Starkstromanlagen in Versammlungsstätten, Waren- und Geschäftshäusern, Hochhäusern, Beherbergungsstätten, Krankenhäusern und geschlossenen Großgaragen

  - Österreichische Bestimmungen zum Thema Erdung: siehe Teil 540 dieser Erläuterungen (Zusammenstellung der Normen).

Vertrieb der Österreichischen Normen durch Österreichisches Normungsinstitut, Leopoldgasse 4, A-1020 Wien.

Teil 100: Anwendungsbereich bei VDE und IEC

1 Anwendungsbereich bei DIN 57 100/VDE 0100

Der Titel des Teiles 100 von DIN 57 100/VDE 0100 lautet:
Errichten von Starkstromanlagen mit Nennspannungen bis 1000 V; Anwendungsbereich, Allgemeine Anforderungen.
Im Teil 100 wird der Anwendungsbereich für die gesamte Norm angegeben. In einer späteren Ausgabe des Teils 100 sollen auch „Allgemeine Anforderungen" aufgeführt werden, die als Grundsätze über die ganze Norm gelten, ähnlich der Handhabung in der IEC-Publikation 364. Vergleiche hierzu Abschnitt 4 des Teiles 100 dieser Erläuterungen.
Der nachfolgende Text des Anwendungsbereiches für die neue DIN 57 100/ VDE 0100 ist von VDE 0100/5.73, § 2 übernommen, mit kleinen redaktionellen Änderungen (vgl. die Ausführungen zur Übernahme von Inhalten der alten VDE 0100 im Abschnitt 4.9 des Teiles 1 dieses Buches):

1.1 Diese Bestimmungen gelten für

Starkstromanlagen mit Nennspannungen zwischen beliebigen Leitern, die bei Wechselstrom bis 1000 V (Effektivwert) mit maximal 500 Hz, bei Gleichstrom bis 1500 V einschließlich betriebsmäßiger Oberschwingungen betragen.

Sie sind anzuwenden auf
1.1.1 das Errichten elektrischer Anlagen,
1.1.2 die Ausrüstung von Kraftfahrzeugen mit elektromotorischem Antrieb und für bewegliche, nicht schienengebundene elektrische Einrichtungen außer Oberleitungs-Fahrzeugen,
1.1.3 bestehende Anlagen bei Änderung der Raumart nach Abschnitt 9 von DIN 57 100 Teil 200/VDE 0100 Teil 200/4.82, bisher § 3f); siehe auch § 6a) 1.3[1]) und DIN 57 105 Teil 1/VDE 0105 Teil 1,
1.1.4 vorhandene Steckvorrichtungen nach VDE 0100/5.73 § 31a) 2.

1.2 Diese Bestimmungen gelten nicht für
1.2.1 elektrische Anlagen in bergbaulichen Betrieben unter Tage,
1.2.2 Förderanlagen in Tages- und Blindschächten,
1.2.3 elektrische Ausrüstung von Kraftfahrzeugen ohne elektrischen Antrieb, soweit diese Kraftfahrzeuge nach der Straßenverkehrs-Zulassungsordnung erfaßt sind,
1.2.4 Flugzeuge.

---

[1] Der Inhalt des § 6a) 1.3 von VDE 0100/5.73 wird ersetzt durch Abschnitt 3.1 von DIN 57 100, Teil 410/VDE 0100 Teil 410/...83.

1.3   Abweichungen sind zulässig
1.3.1 für elektrische Betriebsmittel in elektrochemischen Anlagen,
1.3.2 für Anlagen zur ausschließlichen Versorgung spezieller Verbrauchsmittel mit Nennströmen über 1000 A je Einheit, z. B. Elektro-Öfen (Spitzen-Vorheizer), Stromrichter-Anlagen.
Jedoch muß für die notwendige Sicherheit auf andere Weise gesorgt werden.

2 Anwendungsbereich der IEC-Publikation 364

Der Anwendungsbereich (Scope) der IEC-Publikation 364 ist in der Teilausgabe 364-1 (1972) und in der dazugehörigen Ergänzung Nr. 1 vom Juni 1976 aufgeführt. Er lautet (Übersetzung):

1.1 Diese Bestimmung ist anzuwenden für elektrische Anlagen von folgenden Einrichtungen:
a) Wohngebäude
b) Geschäftsgebäude,
c) öffentliche Gebäude und Betriebsstätten,
d) industrielle Betriebsstätten,
e) landwirtschaftliche Betriebsstätten, einschließlich Gärtnereien,
f) vorgefertigte Gebäude,
g) Caravans, Campingplätze und ähnliche Einrichtungen,
h) Baustellen, Ausstellungen, Festplätze und andere zeitweise Einrichtungen.

1.2 Sie berücksichtigt:
a) Stromkreise, die mit Nennspannungen bis 1000 V Wechselspannung oder 1500 V Gleichspannung versorgt werden.
b) Stromkreise, die mit Spannungen über 1000V betrieben werden, die aber von Anlagen mit einer Spannung bis zu 1000 V Wechselspannung versorgt werden, z. B. Entladungslampen, elektrostatische Sprühanlagen. Die interne Verdrahtung von Geräten ist ausgenommen.
c) Alle Leitungen und Verkabelungen, die nicht von den Normen der Betriebsmittel geregelt werden.
d) Feste Leitungen und Kabel für Fernmelde-, Signal- und Steueranlagen und ähnlichen Einrichtungen (ausschließlich der internen Verdrahtung von Geräten).

1.3 Diese Bestimmungen sind nicht anzuwenden auf:
a) elektrische Fördergeräte, Fahreinrichtungen,
b) elektrische Einrichtungen von Kraftfahrzeugen,
c) elektrische Einrichtungen an Bord von Schiffen,

d)   elektrische Einrichtungen von Flugzeugen,
e)   öffentliche Straßenbeleuchtungsanlagen,
f)   Anlagen in Gruben,
g)   Einrichtungen zur Funkentstörung, es sei denn, daß diese die Sicherheit der Anlage beeinflussen,
h)   Blitzschutzanlagen von Gebäuden.
     Anmerkung: Atmosphärische Erscheinungen sind eingeschlossen, jedoch nur insoweit, wie deren Auswirkungen die elektrischen Anlagen betreffen (z. B. Auswahl von Überspannungsableiter).

1.4   Es ist nicht vorgesehen, diese Norm anzuwenden:
–   in öffentlichen Stromverteilungsanlagen (-netzen),
–   bei der Stromerzeugung und Stromübertragung für diese Anlagen (Netze).
Anmerkung: Länder, die es wünschen, können diese Norm jedoch ganz oder teilweise für diesen Zweck anwenden.

1.5   Elektrische Betriebsmittel werden nur insoweit behandelt, wie deren Auswahl und deren Anwendung in der Anlage betroffen ist. Diese Regelung trifft auch für fabrikfertige Kombinationen zu, die entsprechend den zuständigen Normen typgeprüft sind.

Die Wiedergabe des Anwendungsbereiches der IEC-Publikation 364 im Rahmen dieser Erläuterungen wird für nötig gehalten, da im Rahmen dieses „Scopes" die Festlegungen für die Einzel-Publikationen bearbeitet werden und später als internationale Entwürfe (auf rosa Papier) bzw. als CENELEC-HDs in die VDE-Bestimmungen einfließen. Die Unkenntnis der Unterschiede im Anwendungsbereich von VDE und IEC hat schon wiederholt zu beachtlichen Mißverständnissen in der deutschen Fachöffentlichkeit geführt – insbesondere bei den Einsprüchen zu den internationalen Entwürfen (auf rosa Papier).

3   Teil 1 der IEC-Publikation 364

Der Teil 1 der IEC-Publikation 364 erhält den Titel „Anwendungsbereich, Gegenstand und Grundsätze" (vgl. Tabellen 100-D und 100-E).
Die Inhalte des vorgesehenen Teiles 1 sind z. Z. in den Publikationen 364-1, zweite Ausgabe (1972) mit Ergänzung Nr. 1 (1976) und 364-2 (1970), enthalten. Die Revision der beiden alten Publikationen – sie stammen aus der Zeit vor der Verabschiedung des neuen Planes (1975) für die IEC-Publikation 364 – ist im Schriftstück 64(Secretariat)134 behandelt. Es ist vorgesehen, die drei im Titel genannten Themen in einem Heft der IEC-Publikation 364 zu behandeln. Deswegen an dieser Stelle einige Anmerkungen hierzu:

3.1 Anwendungsbereich (e: Scope; f: Domaine d'application)

364-1 (1972) und Ergänzung Nr. 1.
Kapitel 11 der neuen Ordnung.
(Siehe vorausgegangenen Abschnitt 2 dieser Erläuterungen.)

3.2 Gegenstand (e: Object; f: Objet)

364-1 (1972).
Kapitel 12 der neuen Ordnung.
Es sei hier der Abschnitt 2.1 aus der Publikation 364-1 zitiert:
„Die Bestimmung enthält die Regeln für die Planung und Ausführung der elektrischen Anlagen unter dem Gesichtspunkt der Sicherheit und der zufriedenstellenden Funktion (Betrieb) für den beabsichtigten Gebrauch."
In zwei weiteren Abschnitten wird auf die damals bearbeiteten weiteren Teile hingewiesen.

3.3 Grundsätze (e: Fundamental principles; f: Principes fondamentaux)

364-2 (1970).
Kapitel 13 der neuen Ordnung.
Die Grundsätze werden zur Zeit in 25 Unterabschnitten von jeweils 5 bis 10 Zeilen in der Publikation 364-2 behandelt.
Sie sind in vier Abschnitten (Sections) zusammengefaßt:
1 Schutz für Sicherheit,
2 Planung,
3 Auswahl elektrischer Betriebsmittel,
4 Errichtung und Abnahmeprüfung.
Die 25 Grundsätze entsprechen im wesentlichen den Festlegungen von
VDE 0100/5.73
- für Schutzmaßnahmen in § 4a) 1 und § 5,
- für Überstromschutz § 41b), (VDE 0100m/7.76, jetzt Teil 430, Abschnitt 3)
- für Auswahl und Errichtung der Betriebsmittel in § 29a) und b) 1,
- für Prüfungen in § 22a), (VDE 0100g/7.76).
Texte siehe Abschnitt 4 dieser Erläuterungen.
In der Einführung zur Publikation 364-2 (1970) heißt es, daß die dort genannten Grundsätze für die Länder, die bisher keine nationalen Vorschriften für elektrische Anlagen haben, als Rahmen für gesetzliche Regelungen dienen können. Es heißt dort ferner, daß diese Grundsätze, auch bei Beachtung des technischen Fortschrittes, keiner häufigen Änderung unterliegen.
Eine redaktionelle Anpassung an die inzwischen vorliegenden, zahlreichen Teil-Publikationen 364 wäre bei der Umwandlung von 364-2 in den Teil 1 sicher sinnvoll.

Bezüglich der britischen und französischen Gliederung des Teils 1 siehe Inhaltsverzeichnis der entsprechenden nationalen Bestimmungen (**Tabelle 100-N** und
Tabelle 100-0 dieser Erläuterungen).

4 Grundsätze aus VDE 0100/5.73, Allgemeine Anforderungen

Folgende allgemeine Anforderungen aus VDE 0100/5.73 und aus den Änderungen g und m vom Juli 1976 können in Anlehnung an die in der IEC-Publikation 364-2 (1970) aufgeführten „Grundsätze" genannt werden, einige redaktionelle Änderungen sind eingefügt:

§ 4 *Schutz gegen direktes Berühren*
a) 1 Die aktiven Teile elektrischer Betriebsmittel müssen entweder in ihrem
ganzen Verlauf isoliert oder durch ihre Bauart, Lage, Anordnung oder
durch besondere Vorrichtungen gegen direktes Berühren geschützt sein.

§ 5 *Schutz bei indirektem Berühren*
a) Das Auftreten von Isolationsfehlern, z. B. Körperschluß, durch die Berührungsspannungen entstehen, muß in erster Linie durch zuverlässigen Bau
der Betriebsmittel, insbesondere unter Verwendung geeigneter Isolierstoffe
sowie durch einwandfreies Isolieren der aktiven Teile (Betriebsisolierung)
und durch sorgfältiges Errichten der elektrischen Anlagen durch Fachleute
(siehe VDE 0105 Teil 1) verhindert werden.
b) Darüber hinaus sind gemäß Teil 410 von DIN 57 100/VDE 0100 zusätzliche Maßnahmen erforderlich.
1 Das Anwenden zusätzlicher Maßnahmen befreit den Hersteller von
elektrischen Betriebsmitteln nicht von der Verpflichtung, die Betriebsmittel **einwandfrei** auszuführen; er darf sich in keinem Fall darauf verlassen, daß später beim Errichten von Anlagen noch Schutzmaßnahmen
angewendet werden.
2 Den Schutzmaßnahmen ist beim **Errichten** von Anlagen größte Aufmerksamkeit zu widmen, da sie im Falle eines Fehlers in der elektrischen
Anlage dem Auftreten oder Bestehenbleiben zu hoher Berührungsspannung vorbeugen sollen.

§ 41b) *Schutz der Leitungen und Kabel gegen zu hohe Erwärmung*
Leitungen und Kabel müssen mit Überstromschutzorganen gegen zu
hohe Erwärmung geschützt werden, die sowohl durch betriebsmäßige
Überlastung als auch durch vollkommenen Kurzschluß auftreten kann.

§ 29b) *Zugänglichkeit*
5 Betriebsmittel, die bedient oder gewartet werden müssen, müssen an leicht
zugänglichen Stellen angeordnet werden.

§ 29a) *Auswahl*

1. Es dürfen nur solche elektrischen Betriebsmittel verwendet werden, die für den vorgesehenen Verwendungszweck geeignet sind und die den für sie geltenden VDE-Bestimmungen entsprechen.

2 Bei der Auswahl der Betriebsmittel muß darauf geachtet werden, daß sie ein Ursprungszeichen tragen und, soweit erforderlich, mit den Nenngrößen gekennzeichnet sind.

3 Die Betriebsmittel müssen sowohl den zu erwartenden elektrischen Beanspruchungen als auch den äußeren Einflüssen am Verwendungsort gewachsen sein.

3.1 Die Nennspannung der Betriebsmittel muß mindestens gleich der Nennspannung des Netzes sein, in dem sie betrieben werden.

Die Betriebsmittel müssen ferner entsprechend der Kurzschlußbeanspruchung an der Einbaustelle ausgewählt werden.

Bei der Auswahl der Betriebsmittel muß der ungünstigste Betriebszustand zu Grunde gelegt werden.

3.2 Durch die Wahl einer geeigneten Bauart muß verhindert sein, daß Umgebungstemperatur, Feuchtigkeit, Staub, Gase, Dämpfe und mechanische Beanspruchung am Verwendungsort auf die Betriebsmittel schädigend einwirken können.

§ 29b) *Errichtung*

1 Die Betriebsmittel müssen so angeordnet und angebracht werden, daß weder die im Betrieb noch die im Überlastungs- und Kurzschlußfalle auftretenden Temperaturen die Anlage oder die Umgebung gefährden.

6 Durch fachgerechtes Errichten müssen gewährleistet sein:

6.1 die an den Betriebsmitteln vorgesehene Schutzart,

6.2 die vorgesehene Schutzmaßnahme gegen direktes Berühren,

6.3 die Wirksamkeit der anzuwendenden Maßnahmen zum Schutz bei indirektem Berühren.

§ 22 *Prüfungen der Schutzmaßnahmen*

a) Vor Inbetriebnahme einer Anlage ist vom Errichter festzustellen, daß die für die einzelnen Anlagenteile und Betriebsstätten geforderten Schutzmaßnahmen angewendet worden sind. Bei den angewendeten Schutzmaßnahmen ist zu prüfen, ob sie den für sie zutreffenden Bestimmungen entsprechen.

b) Die Prüfungen umfassen Besichtigung, Erprobung und Messung.

§ 23a) *Isolationswiderstand*

1 Vor Inbetriebnahme einer Anlage ist durch den Errichter der Isolationswiderstand zu prüfen.

Tabellen zum Teil 100
Die Tabellen zum Teil 100 sind gemeinsam mit den Tabellen von Teil 1 „Allgemeine Einführung" zwischen dem Teil 1 und dem Teil 100 eingeordnet.

Teil 200 Begriffe und Begriffserklärungen (Definitionen)

Im Jahr 1982 sind gleichzeitig eine Norm (VDE-Bestimmung) und ein Norm-Entwurf mit Begriffen zu den Bestimmungen für das Errichten von Starkstromanlagen bis 1000 V erschienen:
- die Norm
  DIN 57 100 Teil 200/VDE 0100 Teil 200/04.82,
- der Norm-Entwurf
  DIN IEC 1(CO)1153 Teil 826/VDE 0100 Teil 200 A1/...82, Entwurf.

Die genannte Norm enthält allgemeingültige Begriffe zu DIN 57 100/ VDE 0100, Errichten von Starkstromanlagen bis 1000 V.
Der Norm-Entwurf enthält Begriffe zur IEC-Publikation 364, Elektrische Anlagen von Gebäuden. Die IEC-Publikation 364 ist die Basis für die Teile der neuen deutschen Norm DIN 57 100/VDE 0100.
Im Teil 200 dieser Erklärungen sollen einige Grundsätze zu Begriffen und Begriffserklärungen (Definitionen) genannt werden. Ferner wird eine Einführung in die beiden obengenannten Dokumente gegeben und einiges zu Definitionen bei IEC gesagt.

1 Grundsätze zur Begriffserklärung

Viele Begriffe werden in einer Norm angewendet:
Begriffe aus der Umgangssprache, Begriffe aus der Fachsprache (meistens Fremdwörter), aber auch Kunstworte, die speziell für diese Norm gebildet wurden.
Alle diese Begriffe bedürfen einer Erklärung (Definition), um sie in der Norm sicher und eindeutig anzuwenden. In Normen wie der DIN 57 100/VDE 0100, werden einige hundert solcher Begriffe benötigt. Nicht alle Begriffe kann man in der Norm erklären (definieren), wenn nicht der Definitionsteil länger werden soll als die technischen Festlegungen.
Die Zahl der Begriffserklärungen muß daher begrenzt werden, ebenso der Umfang des jeweiligen Textes. Die Normungsgremien müssen sich Kriterien zur Begrenzung setzen. Welche Kriterien können das sein?
- Begriffserklärungen sollen kurz und klar sein, nicht länger als 3 Zeilen.
- Begriffserklärungen sollen keine technischen Beschreibungen sein.
- Begriffserklärungen, die einer „Anmerkung" (Interpretation) bedürfen, sind nicht gut.
- Begriffserklärungen mit Bild sind fragwürdig; entweder ist der Text nicht gut formuliert oder das Bild ist überflüssig.

- Begriffserklärungen dürfen keine technischen Festlegungen (Bestimmungen) enthalten; diese gehören in die Abschnitte der Bestimmungstexte.
- Es sollen nur Begriffe erklärt werden, die in der betroffenen Norm angewendet werden.
- Die Versuchung ist groß, auch andere Begriffe des zu bearbeitenden Sachgebietes zu erläutern, etwa weil sie im Geschäftsverkehr häufig angewendet werden (z. B. in Technischen Listen, in Betriebsanweisungen oder in Geschäftsbriefen).
- Es sollen keine Begriffe erklärt werden, die entsprechend der Umgangssprache angewendet werden.
- Erklärungen zur Umgangssprache können in entsprechenden Wörterbüchern der deutschen Sprache, z. B. im „Duden", herausgegeben vom Bibliographischen Institut in Mannheim, nachgelesen werden. Für andere Sprachen gibt es ähnliche Nachschlagewerke.
- Begriffe, die in der Norm nur selten (z. B. einmal) angewendet werden, sollte man nicht definieren.
- Man sollte sich bemühen, durch Hinzufügen eines oder mehrerer Wörter aus der Umgangssprache die technischen Festlegungen, d. h. den Text der Bestimmungen, sprachlich klar zu formulieren.
- Kunstworte (z. B. TN-, TT-, IT-Netz) sind oft nicht zu definieren; es sei denn, daß man die umfangreiche Beschreibung des Systems wiederholt.
Die zuständige Arbeitsgruppe von IEC hat sich jahrelang um eine Begriffserklärung dieser Netzformen bemüht: man kam zur Erkenntnis, daß die Definitionen nur eine andere Art der Systembeschreibungen im Abschnitt 312 der IEC-Publikationen 364 waren. Die drei Netzformen werden daher nicht in die „Begriffserklärungen" aufgenommen. In DIN 57 100/VDE 0100 werden die drei Netzformen im Teil 310, Kenngrößen der elektrischen Anlagen, beschrieben.
- Eine Begriffserklärung für „Maßnahmen" (z. B. von Schutzmaßnahmen) ist nur schwer oder gar nicht möglich. Eine gute Begriffserklärung würde den Umfang der technischen Festlegungen (Bestimmungen) erreichen. Das kann nicht der Sinn einer Begriffserklärung sein. So wurde z. B. das Bemühen der Arbeitsgruppe von IEC um eine Definition von „Schutzkleinspannung" und „Funktionskleinspannung" aufgegeben.
Diese Schutzmaßnahmen sind in DIN 57 100/VDE 0100 im Teil 410 genau festgelegt.

2 Koordinierung von Begriffen und Begriffserklärungen

Begriffserklärungen werden zum Verständnis der in einer Norm enthaltenen technischen Festlegungen erarbeitet. Viele Begriffe werden auch in Normen benachbarter Sachgebiete angewendet. Für gleiche Sachverhalte sollten gleiche Begriffe und gleiche Begriffserklärungen verwendet werden. Eine Koordinierung der Definitionen zwischen den betroffenen Normungsgremien ist erforderlich: eine positive Tendenz in der Bereitschaft zu dieser Koordinierung ist in den elektrotechnischen Gremien allgemein festzustellen. Die Abstimmung der Begriffe und Begriffserklärungen zwischen den Komitees ist erforderlich, damit die Fachleute, die die Normen anwenden werden, nicht für gleiche Sachverhalte unterschiedliche Vokabeln und Begriffserklärungen lernen müssen.

3 Begriffserklärungen in DIN 57 100/VDE 0100

Die genaue Bezeichnung dieser Norm lautet:
DIN 57 100 Teil 200/VDE 0100 Teil 200/04.82
Errichten von Starkstromanlagen mit Nennspannungen bis 1000 V;
Allgemeingültige Begriffe.

Im Teil 200 sind die in den gesamten Normen unter der Hauptnummer DIN 57 100/VDE 0100 wiederholt angewandten Begriffe erläutert. Begriffe, die nur in einem Teil der Normen benötigt werden, sind jeweils in Abschnitt 2 des betreffenden Teils erklärt.
DIN 57 100 Teil 200/VDE 0100 Teil 200/04.82 enthält im wesentlichen die Begriffe aus VDE 0100/5.73. Bereits 1973 und auch jetzt wurden einige Begriffe an die erkennbaren internationalen Tendenzen angepaßt. Eine grundsätzliche Überarbeitung dieses Teiles ist für später vorgesehen.

4 Begriffserklärungen in DIN IEC 1(CO)1153 Teil 826/ VDE 0100 Teil 200 A1/...82 (Entwurf 1)

Dieser Entwurf enthält die deutsche Übersetzung einer Vorlage der IEC (siehe auch Abschnitt 5 des Teiles 200 dieser Erläuterungen).
Die genaue Bezeichnung dieses Entwurfs lautet:
DIN IEC 1(CO)1153 Teil 826/VDE 0100 Teil 200 A1/...82, Entwurf 1
Internationales Elektrotechnisches Wörterbuch;
Errichten von Starkstromanlagen mit Nennspannungen bis 1000 V;
Teil 826: Elektrische Anlagen von Gebäuden; Begriffe [VDE-Bestimmung].

Der Entwurf behandelt die Erklärung der wichtigsten Begriffe der IEC-Publikation 364, Elektrische Anlagen von Gebäuden. Diese IEC-Publikation entspricht in Deutschland der Norm und VDE-Bestimmung DIN 57 100/VDE 0100; daher wird der IEC-Entwurf auch im Rahmen dieser deutschen Normen und VDE-Bestimmungen veröffentlicht.
Der Entwurf wird im Rahmen der DIN 57 100/VDE 0100 dem Teil 200 zugeordnet. Die Bezeichnung „Teil 826'' entspricht der Zuordnung im internationalen elektrotechnischen Wörterbuch (IEV) der IEC; sie hat nichts mit der Bezeichnung der Teile von DIN 57 100/VDE 0100 zu tun.

Neu ist in diesem Entwurf, daß zu dem deutschen Text noch die englischen und französischen Texte aufgeführt werden. So ist es dem sprachkundigen Leser des Entwurfs auch möglich, redaktionelle Anmerkungen zur Übersetzung des Entwurfs zu machen. Ferner hilft es dem Anwender der IEC-Publikation 364, den Zusammenhang mit der deutschen Norm DIN 57 100/VDE 0100 leichter herzustellen.

Es ist beabsichtigt, die Festlegungen des internationalen Entwurfs zu einem späteren Zeitpunkt in das deutsche Normenwerk nach DIN 57 100 Teil 200/ VDE 0100 Teil 200 zu übernehmen.

Soweit Begriffe des IEC-Entwurfs und der deutschen Norm vergleichbar sind, wird die entsprechende Abschnittsnummer aus dem Teil 200 der DIN 57 100/ VDE 0100 mit einem besonderen Kennzeichen (#) angegeben.

5 Begriffserklärungen für die IEC-Publikation 364 („Elektrische Anlagen von Gebäuden")

Seit etwa 1978 liegt die Regie für die Bearbeitung der Definitionen (Begriffserklärungen) für die IEC-Publikation 364, Elektrische Anlagen von Gebäuden, bei dem Technischen Komitee (TC)1, Terminologie. Das TC 1 hat für die Begriffserklärungen der IEC eine übergeordnete Funktion. Die mit dem TC 1 erarbeiteten Begriffe und Begriffserklärungen werden in das internationale Elektrotechnische Wörterbuch (IEV) und in den General Index der IEC aufgenommen, und erlangen dadurch eine gewisse Bedeutung für alle Normungsarbeiten der IEC.

Die Koordinierung der Begriffe für die IEC-Publikation 364 mit anderen Technischen Komitees der IEC wird bei der Arbeit des TC 1 in den Vordergrund gestellt. Die große Bedeutung dieses Vorgangs geht aus einem Aufruf des IEC-Aktionskomitees während der IEC-Generalversammlung im Juni 1980 in Stockholm hervor, nach dem der vorausgegangene Entwurf im Frühjahr 1980 keine ausreichende Mehrheit erhalten hatte:

„Das Aktionskomitee drängt die zuständige Arbeitsgruppe (WG 1 von TC 64) zu versuchen, eine Lösung der Probleme für den Entwurf des IEV, Kapitel 826, Elektrische Anlagen von Gebäuden, zu finden, so daß ein neues Schriftstück des TC1 unter der Sechsmonatsregel verteilt werden kann. Die Nationalen Komitees werden aufgefordert, bei der Umfrage in der Sechsmonatsregel zu dem Schriftstück konstruktiv Stellung zu nehmen; dabei soll man in Erinnerung haben, daß es für die Koordinierung der Arbeit der Sicherheitsbestimmungen von größter Bedeutung ist, das IEV, Kapitel 826, so schnell wie möglich zu veröffentlichen".

Die Begriffe für die IEC-Publikation 364 sind zur Zeit in dem Schriftstück 1(IEV 826) (Central Office)1153 vom Januar 1981 enthalten.

Es sei vermerkt, daß in der IEC-Publikation 364-1, zweite Ausgabe, 1972, einige Definitionen für den Bereich „Elektrische Anlagen von Gebäuden" enthal-

ten sind. Diese Begriffsbestimmungen aus dem Jahre 1972 werden in Kürze durch die Definitionen in oben genanntem Schriftstück 1153 ersetzt.
Seit März 1983 liegt die entsprechende IEC-Publikation 50(826) (1982) vor.

6 Anmerkung zum Internationalen Elektrotechnischen Wörterbuch (IEV) und zum „General Index" der IEC

Das Internationale Elektrotechnische Wörterbuch ist zur Zeit aufgeteilt in etwa 40 Teilpublikationen der verschiedenen Sachgebiete (Kapitel).
Stichwörter in neun Sprachen: Französisch, Englisch, Russisch, Deutsch, Spanisch, Italienisch, Niederländisch, Polnisch, Schwedisch. Erklärungen in drei Sprachen: Französisch, Englisch, Russisch (zum Teil).
Um den Gebrauch des IEV zu erleichtern, gibt IEC ein zweisprachiges Nachschlagewerk, den „General Index" heraus, mit französisch-englischem und englisch-französischem Stichwortverzeichnis.

7 Schlußbemerkung

Kurze und klare Begriffserklärungen sind zum leichten Verständnis der Normen und VDE-Bestimmungen notwendig. Sie tragen zur Erhöhung der Sicherheit, zur Vermeidung von Mißverständnissen und zur Kostenersparnis bei.
Mehrsprachige Begriffserklärungen sind erforderlich, um die Verständigung über die Grenzen der Länder zu erleichtern.
Im Abschnitt 9 des Teiles 200 dieser Erläuterungen folgt ein alphabetisches Verzeichnis der Begriffe aus Kapitel 826 des IEV (deutsche Übersetzung).
Im Teil 410 und im Teil 540 dieser Erläuterungen werden jeweils im Abschnitt 2 die wichtigsten dort benötigten Begriffe erläutert. Die entsprechenden Begriffsbestimmungen aus dem IEV, Kapitel 826, und aus der neuen VDE 0100 Teil 200 werden zum Vergleich einander zugeordnet.
In den anderen Teilen dieser Erläuterungen ist kein besonderer Abschnitt für Begriffsbestimmungen vorgesehen. Eine Reihe von Begriffen werden im Text an der jeweils passenden Stelle erklärt. Ansonsten wird empfohlen, falls nötig, die Originaldokumente von VDE oder IEC zur Begriffsklärung heranzuziehen.

8 Schrifttum

– IEC-Publikation 50(...), International Electrotechnical Vocabulary.
Einzelheiten siehe Verzeichnis der IEC-Publikationen 1982,
Catalogue of Publications 1982.
IEC, Central Office, Genf, zu beziehen über den VDE-VERLAG GmbH, Berlin und Offenbach.

- General Index for the
  International Electrotechnical Vocabulary (2sprachig)
  IEC, Central Office, Genf,
  zu beziehen über VDE-VERLAG GmbH, Berlin und Offenbach.
- Rudolph, W.: Begriffserklärungen für elektrische Anlagen. etz Bd. 103
  (1982) H. 12, S. 631–632.

9 Alphabetische Liste der deutschen Begriffe für das IEV Kapitel 826 Elektrische Anlagen von Gebäuden

Gruppe 300   Allgemeine Angaben

VDE: Entwurf VDE 0100x/...76(IEC 64)
IEC: Abschnitt 300.1

IEC-Abschnitt 300.1:

„Die folgenden Angaben zu den Anlagen sind entsprechend den genannten Kapiteln zu bestimmen:

– der Verwendungszweck der Anlage, ihr allgemeiner Aufbau und ihre Stromversorgung (Kapitel 31),
– die äußeren Einflüsse, denen die Anlage ausgesetzt sein wird (Kapitel 32),
– die Verträglichkeit ihrer Betriebsmittel (Kapitel 33),
– die Wartbarkeit (Kapitel 34).

Diese Angaben sind bei der Wahl der Schutzmaßnahmen und bei der Auswahl und Errichtung der Betriebsmittel zu beachten."

Von den hier genannten Kapiteln wird zur Zeit nur aus Kapitel 31 der Abschnitt 312, „Netzformen", in die neue VDE 0100 übernommen (als Teil 310). Die Übernahme der anderen Abschnitte oder Kapitel ist zur Zeit offen; sie wurden jedoch alle als internationale Entwürfe veröffentlicht.
Die Inhalte dieser Kapitel sind im allgemeinen keine „Festlegungen" im Sinne von Sicherheitsbestimmungen, sondern wie es die Überschrift ausdrückt – „Allgemeine Angaben" zu elektrischen Anlagen. Die VDE 0100 ist in den vergangenen Jahren ohne solche Aussagen ausgekommen. Die Installationsregeln anderer Länder enthielten auch in der Vergangenheit Festlegungen entsprechend dem Part 3 (Teil 3) der IEC-Publikation 364.

Bei der Harmonisierung muß man natürlich zugestehen, daß einzelne Länder auch „Regeln" in die internationale Normungsarbeit einbringen und durchsetzen, die nicht in das deutsche Normungskonzept passen. Dem deutschen Komitee gelingt Entsprechendes zuweilen auch:
Als Beispiel sei die Schutzmaßnahme „Nullung" genannt, die nur in den Ländern des deutschen Sprachraumes angewendet wurde. In Großbritannien gibt es seit etwa 1940 ein ähnliches System, das „PME-System" (Protective Multible Earthing). In Frankreich war eine solche Schutzmaßnahme wie die Nullung

durch eine staatliche Regelung ausdrücklich verboten. – Jetzt ist die Nullung über das System des TN-Netzes auch in die nationalen Bestimmungen anderer Länder aufgenommen worden.

Anmerkung:
Das Komitee 221 berät zur Zeit (1982/83) darüber, ob in DIN 57 100/VDE 0100 die Inhalte des IEC- und CENELEC-Teiles 3 (Kapitel 31 bis 35), mit Ausnahme der Tabelle der äußeren Einflüsse (Tabelle 320-B dieser Erläuterungen), in einem „Teil 300, Allgemeine Angaben", zusammengefaßt werden können. Der Umfang der einzelnen Kapitel 31 bis 35 rechtfertigt nicht die Herausgabe jeweils eines besonderen Teiles in der Normenreihe DIN 57 100/VDE 0100.

Teil 310: Netzformen und Konzeption der Anlagen

VDE: Teil 310
IEC: Kapitel 31

1 Gemeinsamkeiten der Netze (Netzformen nach der Art der Erdverbindungen)

Wenn man die in den verschiedenen Ländern angewendeten Netzformen und die entsprechenden Schutzleiter-Schutzmaßnahmen untersucht, so findet man, daß überall eine Koordinierung erforderlich ist zwischen:
- der Art der Erdverbindung des Neutralleiters (Mittelleiter),
- der Art der Erdverbindung der Körper der Betriebsmittel und
- der Kennwerte der Schutzorgane (Auslöse- oder Anzeigegeräte).

Eine Umfrage des TC 64 in den Mitgliedsländern der IEC hat diese Feststellung ergeben. Die Mitgliedsländer repräsentieren etwa 90 % des Stromverbrauches auf der Welt.
Hinsichtlich der Erdverbindungen in unseren Drehstrom-Netzen fand man, daß diese Netze zu folgenden drei bedeutenden Systemen zusammengefaßt werden können:
a)   Netze, in denen ein Punkt des Neutralleiters, meist in der Nähe der speisenden Stromquelle, direkt geerdet ist und die Körper der Betriebsmittel über Schutzleiter (z. B. den PEN-Leiter) mit diesem Punkt verbunden sind. Das sind Netze, in denen nach VDE 0100/5.73, § 10 die Schutzmaßnahme „Nullung" durchgeführt wurde.
b)   Netze, in denen ein Punkt des Neutralleiters, meist in und die Körper der Betriebsmittel mit anderen – d. h. von der Erdung des Neutralleiters unabhängigen – Erdern verbunden sind. Das sind Netze, in denen nach VDE 0100/5.73, § 9b)1 die Schutzmaßnahme „Schutzerdung" durchgeführt wurde.
c)   Netze, in denen kein Punkt des Mittelleiters direkt geerdet ist, die Körper der Betriebsmittel jedoch geerdet sind. Das sind Netze, in denen nach VDE 0100/5.73, § 11 die Schutzmaßnahme „Schutzleitungssystem" durchgeführt wurde.
Nahezu alle auf der Welt bekannten elektrischen Niederspannungs-Verteilungsnetze sowie Haus- und Industrieinstallationen entsprechen diesen drei Netzsystemen. Wie die Praxis zeigt können diese Netzsysteme auch für Einphasenwechselstrom- und für Gleichstromanlagen angewendet werden.

2 Bezeichnung der Netzformen

VDE: Abschnitt 4.2
IEC: Abschnitt 312.2

Für die Bezeichnung der drei Netzformen hätte man beliebige Namen wählen oder existierende Bezeichnungen aus bestimmten Ländern oder Sprachen übernehmen können. Da man international harmonsieren wollte, wurden entsprechend einer in der Technik weit verbreiteten Gepflogenheit Kurzzeichen (Kunstworte) entwickelt, die in allen Sprachen leicht auszusprechen sind. Als logische Kriterien für diese Kurzzeichen wählte man die oben beschriebenen Verbindungen zur Erde. Für die direkten Verbindungen zu einem Erder wurde der Buchstabe **T** gewählt, in Anlehnung an das französische Wort „terre" = Erde. Weiter wählte man für die Isolierung gegen Erde den Buchstaben **I**, in Anlehnung an die in vielen Sprachen ähnlich lautenden Ausdrücke für Isolierung. Ferner wurde für die Anwendung des Neutralleiters als Schutzleiter der Buchstabe **N** gewählt, in Anlehnung an das englische und französische Wort „neutral/neutre" und an den jetzt auch in Deutschland genormten Begriff „Neutralleiter". (DIN 40 705, Kennzeichnung isolierter und blanker Leiter; DIN 40 719, Teil 3, Schaltungsunterlagen; DIN 42 400, Kennzeichnung der Anschlüsse elektrischer Betriebsmittel). Aus diesen Kurzzeichen wurden folgende Bezeichnungen entwickelt:
a) TN-Netz
b) TT-Netz,
c) IT-Netz.

Der erste Buchstabe in der Bezeichnung gibt die Beziehung der Stromquelle, der zweite Buchstabe die Beziehung der Körper der elektrischen Betriebsmittel zur Erde an.
Das TN-Netz entspricht der Netzform, in der bisher die Nullung angewendet wird.
Das TT-Netz entspricht der Netzform, in der bisher die Schutzerdung und die Fehlerstrom-Schutzschaltung angewendet wird.
Das IT-Netz entspricht dem Schutzleitungssystem.
Im TN-Netz sind, wie bei der Nullung, folgende drei Varianten möglich:
– kombinierter Neutral- und Schutzleiter (PEN-Leiter)
  TN-C-Netz,
– getrennte Neutral- und Schutzleiter
  TN-S-Netz
– im ersten Teil des Netzes kombinierter, im zweiten Teil des Netzes getrennte Neutral- und Schutzleiter
  TN-C-S-Netz.
Eine Kombination von TN- und TT-Netz ist möglich, d. h. im vorderen Netzteil TN-Netz und im Verlauf des Netzes Übergang auf ein „örtliches TT-Netz".

Beispiel: Landwirtschaft; Versorgung des Anwesens mit TN-Netz; Übergang auf TT-Netz für den Bereich der Nutztierhaltung wegen $U_L = 25$ V (siehe Abschnitte 6.1.1 und 6.1.4.1 des Teiles 410 dieser Erläuterungen und Abschnitt 4 von DIN 57 100 Teil 705/VDE 0100 Teil 705/11.82).

Häufig sind die Stromerzeuger oder Transformatoren außerhalb der Gebäudeinstallation.
Aus diesen Gründen werden in der IEC-Publikation 364-3 und auch in anderen Schriftstücken die Transformatorsymbole bei der Darstellung der Netzsysteme weggelassen. Diese Form der Darstellung hat häufig zu Mißverständnissen geführt. Daher hat das Komitee 221 beschlossen, diese Symbole in den Bildern der Netzformen wieder einzufügen. Die britischen Wiring Regulations (Appendix 3) und die französische NF C15-100 geben diese Symbole ebenfalls an.

3 Grundsatzdarstellung der Netzformen

VDE: Abschnitt 4.2
IEC: Abschnitt 312.2

Die **Bilder 310-1** bis **310-5** sind erläuternde, schematische Darstellungen der Netzformen. Sie sind keine Wiedergabe von tatsächlich ausgeführten Anlagen, z. B. fehlen alle Überstrom-Schutzeinrichtungen oder ein Überwachungsgerät im IT-Netz.
Die Bilder 310-1 bis 310-5 sind Beispiele für übliche Drehstromnetze. Die Netzformen können auch auf Einphasenwechselstrom- oder Gleichstromsysteme angewendet werden.
Eine Darstellung der Netzformen ist im Teil 310, anwendungsbezogene Skizzen der Netzformen sind in einem Anhang zu Teil 410 der Norm DIN 57 100/VDE 0100 enthalten.
Anwendung der Netzformen im Zusammenhang mit den Schutzleiterschutzmaßnahmen: siehe Abschnitt 6.1 des Teiles 410 dieser Erläuterungen.

Bilder 310-1 bis 310-5 auf der folgenden Seite!

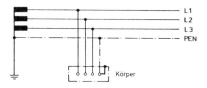

Bild 310-1. TN-Netz (TN-C)
Neutralleiter und Schutzleiter kombiniert
(PEN-Leiter)
(seither „Nullung")

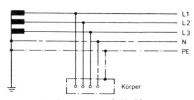

Bild 310-2. TN-Netz (TN-S)
Neutralleiter und Schutzleiter im ganzen
Netz getrennt

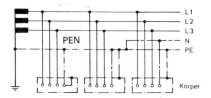

Bild 310-3. TN-Netz (TN-C-S)
Aufteilung des PEN-Leiters in Neutralleiter
und Schutzleiter im Verlauf des Netzes

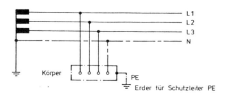

Bild 310-4. TT-Netz
(seither „Schutzerdung")

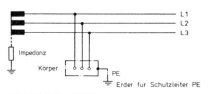

Bild 310-5. IT-Netz
(seither „Schutzleitungssystem")

Erläuterungen
für die Bilder 310-1 bis 310-5:
L1, L2, L3   Außenleiter
PE   Schutzleiter
N   Neutralleiter
PEN   PEN-Leiter
(P protection engl./franz.)
(E Erde/earth engl.)
(N neutral/neutre franz.)

Anmerkungen:
(1) Es gibt IT-Netze, die über eine Impedanz geerdet sind.
(2) Im Bild 31E der Publikation 364-3 (1977) ist infolge eines Druckfehlers der Außen-
     leiter L3 mit der Erde verbunden. Die Erdungsleitung muß dort zwischen dem
     Punkt L3 und der Impedanz unterbrochen sein.

Erläuterungen der Buchstaben T, I und N: siehe vorn, Abschnitt 2.
Erläuterung der Buchstaben C und S:
C   combined (englisch), combiné (französisch),
S   sparated (englisch), separé (französisch),
    separat (deutsch).

Mindestquerschnitte für PEN-Leiter siehe Tabelle 540-G und Abschnitt 8 des Teiles 540 dieser Erläuterungen (Seite 299 und 303).

In den Klammern ( ) bei den Bildern ist die seitherige „Schutzmaßnahme" angegeben, die der jeweiligen
Netzform **zuzuordnen** ist; die Erläuterungen auf den Seiten 94 und 95 sind unbedingt zu beachten.

4 Netzformen nach Art und Zahl der aktiven Leiter

VDE: Abschnitt 4.1
IEC: Abschnitt 312.1

Im Hinblick auf die aktiven Leiter werden in der IEC-Publikation 364 folgende Netzformen genannt:

Wechselstrom
Einphasen – 2-Leiter-Netze
Einphasen – 3-Leiter-Netze
Zweiphasen – 3-Leiter-Netze
Drehstrom – 3-Leiter-Netze
Drehstrom – 4-Leiter-Netze

Gleichstrom
2-Leiter-Netze
3-Leiter-Netze

Der Abschnitt 312.1 wurde nur als allgemeine Aussage nach VDE 0100 übernommen, da die obengenannte Aufzählung keine Bedeutung für die Sicherheitsbestimmungen in VDE 0100 hat.

5 Leistungsbedarf und Gleichzeitigkeitsfaktor

VDE: Entwurf DIN IEC 64(CO)66/VDE 0100 Teil 311/..80
IEC: Abschnitt 311

Für die Ermittlung des Leistungsbedarfs ist eine wirtschaftliche und sichere Konzeption (Planung) der Anlage innerhalb der zulässigen Grenzen der Erwärmung und des Spannungsfalls erforderlich.
Bei der Ermittlung des Leistungsbedarfs der Anlage oder eines Teils der Anlage kann der Gleichzeitigkeitsfaktor berücksichtigt werden.

Eine Übernahme dieser Aussagen in die neue VDE 0100 ist zur Zeit offen, da die obengenannten Texte keine Bedeutung als verbindliche Sicherheitsbestimmung haben.
Der maximale Leistungsbedarf (P_{max}) einer Anlage ergibt sich aus der Summe aller installierten Leistungen (P_i) mutipliziert mit dem zutreffenden Gleichzeitigkeitsfaktor (g):
$$P_{max} = P_i \cdot g$$
Der Gleichzeitigkeitsfaktor g wird in der IEC-Publikation 50 (691) (1973), Tariffs for electricity, (IEV-No 691-10-05) wie folgt definiert: Gleichzeitigkeitsfak-

tor (demand factor), ist z. B. das Verhältnis, ausgedrückt in einem numerischen Wert oder in einem Prozentsatz des maximalen Leistungsbedarfs einer Anlage oder einer Gruppe von Anlagen innerhalb einer bestimmten Periode zur entsprechenden gesamten installierten Leistung einer Anlage. Siehe IEC-Schriftstück 64(Secretariat)254, vom Februar 1979, Entwurf zur Bestimmung des maximalen Leistungsbedarfs mit Tabellen für Gleichzeitigkeitsfaktoren.

Das IEC-TC 64 hat im Oktober 1982 beschlossen, keine Gleichzeitigkeitsfaktoren zu veröffentlichen, da diese wesentlich von örtlichen Verhältnissen abhängig sind. In den IEE Wiring Regulations, 15. Ausgabe, 1981 (siehe Abschnitt „Schrifttum zum Teil 1") sind im „Anhang 4" Werte für Gleichzeitigkeitsfaktoren (Maximum demand and diversity) angegeben.
Der National Electrical Code (USA) enthält im Artikel 220 „Demand Faktors".
Das RWE Bau-Handbuch Technischer Ausbau 1983/84 (Energie-Verlag/Heidelberg) gibt auf Seite 572 Gleichzeitigkeitsfaktoren für Küchen an.

6 Kenngrößen der Stromversorgung

VDE: Entwurf VDE 0100x/...76(IEC 64); Entwurf DIN IEC 64(CO)84/
VDE 0100 Teil 313.2/...80
IEC: Abschnitt 313

Folgende Kenngrößen der Stromversorgung sind für jede Anlage wichtig:
- Stromart und Frequenz,
- Nennspannung(en),
- unbeeinflußter Kurzschlußstrom am Speisepunkt der elektrischen Anlage,
- Eignung im Hinblick auf die Anforderungen der Anlage,
- Leistungsbedarf.

Diese Kenngrößen sind bei fremder Stromversorgung zu ermitteln, bei Eigenversorgung durch den Betreiber der Anlage festzulegen. Dies gilt sowohl für die Hauptstromversorgung der Anlage als auch für die Notstrom- und Ersatzstromversorgung.

Notstrom- und Ersatzstromversorgung:
Falls eine Notstromversorgung von den für den Brandschutz zuständigen Behörden vorgeschrieben oder aufgrund anderer Bedingungen bezüglich der Räumung im Notfall erforderlich ist, oder wenn der Auftraggeber eine Ersatzstromversorgung verlangt, so sind die Kenngrößen der Notstrom- und Ersatzstromversorgung getrennt zu bestimmen.
Notstrom- und Ersatzstromversorgungsanlagen müsen hinsichtlich der Leistung und Zuverlässigkeit der Nenngrößen und Umschaltzeiten für den vorgeschriebenen Betrieb ausgelegt sein.

7 Aufteilung in Stromkreise

VDE: Entwurf VDE 0100x/...76(IEC 64)
IEC: Abschnitt 314

Aus IEC-Abschnitt 314
Jede Anlage muß in mehrere Stromkreise aufgeteilt werden, wenn sich dazu die Notwendigkeit aus folgenden Festlegungen ergibt:
– um Gefahren zu vermeiden,
– um Unannehmlichkeiten infolge von Fehlern zu begrenzen,
– um die Kontrolle, Prüfung und Wartung der Anlage sicher durchführen zu können.
Es sind die Gefahren zu berücksichtigen, die durch einen Fehler bei nur einem Stromkreis, z. B. bei nur einem Beleuchtungsstromkreis, entstehen können.
Besondere Verteilungsstromkreise müssen für die Teile der Anlage vorgesehen werden, die getrennt betrieben oder gesteuert werden müssen. Solche Stromkreise dürfen nicht durch den Ausfall anderer Stromkreise beeinträchtigt werden.

8 Schrifttum

Schrifttum zum „Leistungsbedarf" (Bedarfsfaktor, Gleichzeitigkeitsfaktor)

Floerke, H.: Leistungsbedarf elektrischer Anlagen. etz Bd. 104 (1983) Heft 12, Seite 586 bis 589.

Teil 320   Äußere Einflüsse

VDE: Entwürfe VDE 0100s/...75(IEC 64)
         VDE 0100w/...76(IEC 64)
IEC: Kapitel 32

1   Forderungen in VDE 0100/5.73

„Die Betriebsmittel müssen sowohl den zu erwartenden elektrischen Beanspruchungen als auch den **äußeren Einflüssen** am Verwendungsort gewachsen sein".

„Durch die Wahl einer geeigneten Bauart muß verhindert sein, daß Umgebungstemperatur, Feuchtigkeit, Staub, Gase, Dämpfe und mechanische Beanspruchung am Verwendungsort auf die Betriebsmittel schädigend einwirken können."

Die beiden zitierten Forderungen sind Abschnitte des § 29 in VDE 0100/5.73*), sie sind wichtige Festlegungen, die bei der Auswahl und Errichtung elektrischer Betriebsmittel beachtet werden müssen.

Im Kapitel 32 der IEC-Publikation 364-3 (1977) wird zum ersten Mal versucht, die für elektrische Anlagen zu beachtenden äußeren Einflüsse zu ordnen und einer systematischen Erfassung zugänglich zu machen.

2   Umgebungsbedingungen

Umgebungsbedingungen sind äußere Einflüsse, die aus der Umgebung auf die elektrischen Betriebsmittel und Anlagen einwirken. Diese Umgebungsbedingungen können von der Natur kommen, sie können aber auch durch die Zivilisation bedingt oder von Menschen beeinflußt sein.

Das Kapitel 32 wurde erarbeitet insbesondere unter den Gesichtspunkten des Errichtens und des anschließenden Betreibens der elektrischen Anlage.

Die Umgebungsbedingungen eines elektrischen Betriebsmittels können während des Transports, der Lagerung, des Errichtens oder des Betreibens sehr unterschiedlich sein. Bei einigen Einflußgrößen – z. B. Luftfeuchte (Abschnitt 321.2) und mechanische Beanspruchungen (Abschnitt 321.7) – sind noch keine Einzelangaben eingesetzt. Hier sollen die Ergebnisse der Arbeiten des IEC-TC 75 (Environmental Conditions) abgewartet werden. Das TC 75 befaßt sich übergeordnet mit Umgebungsbedingungen für die Elektrotechnik.

---

*)   vergleiche auch DIN 57 100/VDE 510/VDE 0100 Teil 510/03.83, Abschnitte 4.3 und 4.3.2.

3 Kombinierte Einflußgrößen

Kombinierte Einflußgrößen, z. B. Klima und Vereisung, sollen entsprechend der zu erwartenden Ergebnisse des TC 75 später im Kapitel 32 ergänzt werden.
Beispiele solcher kombinierten Einflüsse zeigen die in den Abschnitten 5 und 6 folgenden Beiträge „Klima und Atmosphäre" und „Umwelteinflüsse der Tropen". Diese Beiträge wurden hier eingefügt, da das Umweltklima allgemein, insbesondere das der Tropen, für die Elektrotechnik mehr und mehr an Bedeutung gewinnt. Stromerzeugungs-, Stromverteilungs- und Industrieanlagen werden dort in großem Maße eingerichtet. Der planende Ingenieur muß deshalb beachten, welche Klimabedingungen und besonderen Umwelteinflüsse dort auftreten.

4 Wärme als innerer und äußerer Einfluß

4.1 Vorbemerkung

Die Ausweitung der Elektrizitätsanwendung, die zunehmend kompakte Bauweise elektrischer Betriebsmittel und elektrischer Anlagen sowie die steigende Konzentration der Bauelemente unter zum Teil sehr extremen Umgebungsbedingungen bringen in steigendem Maße umfangreiche Wärmeprobleme (z. B. Brandgefahr) mit sich. Technische und wirtschaftliche Gründe fordern andererseits weitgehende Ausnützung elektrischer Betriebsmittel und Anlagen. Als Beispiele seien genannt:
– Elektrizitätsanwendung in Satelliten, in Atomreaktoren, in den Tropen, in der Arktis;
– kompakte Bauweise von Motoren, Transformatoren und Schaltgeräten;
– Konzentration von elektrischen Betriebsmitteln in Rechneranlagen, in Schaltanlagen, in Maschinenhäusern, bei Beleuchtungs- und Kabelinstallationen.

Man unterscheidet hierbei zwischen der Verlustwärme in den Betriebsmitteln selbst (innerer Einfluß) und der aus der Umgebung einwirkenden Wärme (äußerer Einfluß).

4.2 Innerer Einfluß

Die strombedingte Verlustwärme kann zu Störungen der Funktion und der Betriebssicherheit der Anlagen und Geräte führen. So können die Funktionen der Bauteile gestört und die Isolation beschädigt werden; in besonders schweren

Fällen können Brände entstehen; auch Menschen und Sachwerte sind unter Umständen gefährdet, eventuelle Betriebsstörungen verursachen erhebliche wirtschaftliche Verluste. Die Aufgabe der Elektroingenieure ist es, die Probleme der Wärmeeinflüsse in elektrischen Betriebsmitteln und Anlagen zu erkennen und durch Maßnahmen die Wärmeabfuhr zu sichern. Entsprechend der Anordnung und der Temperatur des Betriebsmittels kann die Wärme abgestrahlt, abgeleitet oder durch Konvektion an die Umgebung abgegeben werden. Mit Überwachungseinrichtungen kann man die Temperatur der Geräte und Anlagen kontrollieren und Gegenmaßnahmen einleiten, im einfachsten Falle z. B. abschalten (Schmelzsicherung oder Leitungsschutzschalter).

Um Wärme übertragen zu können, ist ein Temperaturunterschied zwischen dem stromdurchflossenen Leiter oder dem Betriebsmittel und dem kühlenden Medium erforderlich. Es muß daher für eine ausreichende Kühlung dieses Mediums gesorgt werden, z. B. durch Kühlung der Umluft, des Öls oder des Wassers oder in vielen Fällen durch Klimatisierung der Betriebsräume. Ist eine Wärmeableitung nicht in ausreichendem Maße möglich, so müssen besondere, für höhere Temperaturen geeignete, Werkstoffe angewendet werden, z. B. besondere Isolierstoffe (Silicone, Teflon und andere) oder auch besondere Kühlmittel (Flüssigmetalle wie Natrium, Kalium).

4.3 Äußerer Einfluß

Alle elektrotechnischen Erzeugnisse sind bei der Anwendung, aber auch beim Transport, bei der Lagerung und gegebenenfalls bei der Montage den Wärmeeinflüssen aus der Umgebung ausgesetzt. Bei der Planung werden vielfach diese stark unterschiedlichen Umgebungstemperaturen nicht beachtet – Umgebungstemperaturen, die vom Klima und von der geographischen Lage abhängig und dabei zum Teil starken tageszeitlichen und jahreszeitlichen Schwankungen unterworfen sind. Die Umgebungstemperatur für elektrische Betriebsmittel ergibt sich aus der klimatischen und zivilisationsbedingten Wärme (Heizung, Klimaanlage) sowie der Wärmeabgabe aller im Raum oder in der Nähe befindlichen technischen Geräte, Menschen, Tiere und Pflanzen. Auch die zu erwartende Wärmeabgabe des zu behandelnden Betriebsmittels ist bei der Ermittlung der Umgebungstemperatur zu berücksichtigen. Die Hersteller berücksichtigen zunächst die inneren Einflüsse der Wärme und geben an, in welchem Bereich der Umgebungstemperatur ihr Erzeugnis einwandfrei arbeitet. Der Planer und Errichter elektrischer Anlagen muß die geeigneten Betriebsmittel für die betreffende Umgebungstemperatur auswählen und gegebenenfalls besondere Maßnahmen (z. B. Belüftung) treffen, um negative äußere Einflüsse zu verhindern. Elektrische Anlagen bei extremen Umgebungstemperaturen – warm wie kalt – zu betreiben, kann meist nur durch Sonderkonstruktionen der Betriebsmittel gelöst werden. Oft müssen jedoch für den Betrieb solcher kritischen Anlagen oder Geräte klimatisierte Räume geschaffen werden.

4.4 Normung der Umgebungstemperatur

Gerade in letzter Zeit bemühen sich nationale und internationale Normungsgremien, die inneren und äußeren Einflüsse der Wärme auf elektrische Betriebsmittel und Anlagen zu erfassen und zu ordnen: Umgebungstemperaturen und Klimate werden klassifiziert, Normen für Wärmeprüfungen werden vereinbart und den verschiedenen Betriebsmitteln werden für den normalen Betriebsfall bestimmte Temperaturbereiche zugeordnet. Ziel dieser Normungsarbeit soll es sein, einheitliche Temperaturbedingungen für die gesamte Elektrotechnik zur Verfügung zu haben: für die Prüfung, für die Projektierung und die Anwendung, für alle klimatischen Zonen, gleich in welchem Land. Für die Hersteller und Anwender elektrotechnischer Erzeugnisse sollen so einheitliche und sichere Ausgangsdaten geschaffen und wirtschaftliche Lösungen von Wärmeproblemen in der Elektrotechnik ermöglicht werden.

Nach IEC-Publikation 364-3 (1977) ist die Umgebungstemperatur die Temperatur der umgebenden Luft oder eines anderen Mediums an der Einbaustelle des Betriebsmittels. Man geht dabei davon aus, daß die Umgebungstemperatur die Auswirkungen aller anderen Betriebsmittel im gleichen Raum einschließt.

Die für ein bestimmtes Betriebsmittel geltende Umgebungstemperatur ist die Temperatur an seiner Einbaustelle unter Berücksichtigung des Einflusses aller anderen Betriebsmittel, die im gleichen Raum in Betrieb sind, jedoch ausschließlich des thermischen Einflusses des betrachteten Betriebsmittels selbst.

Eine Anpassung dieser Aussage an die endgültige Begriffsbestimmung der Umgebungstemperatur (siehe Teil 200 dieser Erläuterungen, bzw. IEV 826-01-04) ist vorgesehen.

5 Klima und Atmosphäre

Das Klima als Einflußgröße für elektrische Betriebsmittel ist der physikalische und chemische Zustand der Atmosphäre im Freien oder in Räumen, einschließlich der tages- und jahreszeitlichen Veränderungen. Unter Atmosphäre im Sinn dieser Klimadefinition versteht man die Mischung von trockener Luft mit Wasserdampf, Staub und/oder korrosiven Bestandteilen. Das Klima berücksichtigt sowohl die natürlichen als auch zivilisationsbedingte Einflüsse. Beide dürfen nicht getrennt behandelt werden, da sie bei technischen Einrichtungen immer kombiniert auftreten.

Die Grundkomponenten des Klimas sind Temperatur und Luftfeuchte. Zur vollständigen Kennzeichnung einer Klimabeanspruchung gehören auch die von Fall zu Fall wirksam werdenden zusätzlichen Klimakomponenten, wie z. B. Niederschlag, Strahlung, biologische Einflüsse.

6 Umwelteinflüsse der Tropen

6.1 Vorbemerkung

Planungsingenieure elektrischer Anlagen müssen bei Projekten für außereuropäische Länder häufig Anlagen für die Anwendung in tropischem Klima planen. Für diese Planungsarbeit muß der Ingenieur die Klimate und besonderen Umgebungsbedingungen, die in den Tropen anzutreffen sind, berücksichtigen. Dieser Abschnitt gibt zu den dort herrschenden Umwelteinflüssen einen Überblick.

6.2 Tropen

Die Tropen*) sind die Zonen der Erde, in denen tagsüber ständig hohe Temperaturen, häufig verbunden mit hohen Niederschlägen, herrschen, und in denen es keine oder nur schwach ausgeprägte Jahreszeiten gibt. Im allgemeinen Sprachgebrauch versteht man unter Tropen im wesentlichen die Zone mit tropischem Klima, über deren Abgrenzung jedoch sehr unterschiedliche Angaben zu finden sind, z.B.:
- 20 °C Isotherme des kältesten Monats,
- nördliche und südliche Grenze der Passatwinde oder der Palmen,
- südliche und nördliche Grenze des Schneefalls,
- die Linien, an denen die jährlichen Temperaturschwankungen größer werden als die täglichen.

Das Klima der Tropen reicht vom feuchtwarmen Klima im tropischen Regenwald am Äquator bis zum trockenwarmen Klima in den Wüsten in der Nähe der Wendekreise. Auch findet man Gebiete, deren Klimate aufgrund der Höhenlage von den sonst üblichen Bedingungen dieser Breiten stark abweichen, z. B. die Sonneneinstrahlung und der Luftdruck oder Eis und Schnee auf den Gipfeln der Gebirge. Die Umgebungsbedingungen in den Tropen sind in manchen Gebieten durch sehr gleichmäßige Verhältnisse (z. B. Singapur), in anderen Gebieten durch sehr extreme Einflußgrößen gekennzeichnet (z. B. Rangun/Birma).

6.3 Ausgeglichene Bedingungen der Tropen

- minimale tägliche und jahreszeitliche Temperaturschwankungen, zum Teil Schwankungen von weniger als 1 °C oder von maximal 6 °C,
- ausgeglichene Tageslängen, zwischen 10,5 und 13,5 h,
- gleichmäßige Sonneneinstrahlung,
- gleichmäßige Bedingungen für eine vielfältige Tierwelt.

---

*) Tropen: Ursprünglich die Wendekreise (23° 28′ N. u.S.), später die Zonen zwischen ihnen.

6.4 Extreme Bedingungen der Tropen

- Niederschläge: in der Nähe des Äquators Regenschauer während des gesamten Jahres, in der Nähe des Wendekreises Regenschauer während bestimmter Perioden des Jahres.
- Tropische Wirbelstürme in Meeresgebieten: Windgeschwindigkeiten von 100 km/h mit Spitzenböen von mehr als 200 km/h, z. B. in den Taifunen im westlichen Pazifik und den Hurrikans in der karibischen See.
- Ungünstige Bodenverhältnisse: Auswaschung von Humus und Mineralien in Gebieten mit starken Regenfällen.
- Schnelles Austrocknen des Bodens in der Wüste infolge hoher Temperatur und starkem Wind.
- Üppige Vegetation im tropischen Regenwald, weniger üppiger Gebirgswald, Grasflächen in der Savanne und Steppe, fehlende Vegetation in der Wüste.

Diese extremen Bedingungen beeinflussen elektrische Anlagen – z. B. setzen Wassereinbrüche Anlagen außer Betrieb, Wassermassen und Bodenverschiebungen gefährden Kabel und Leitungen, ungünstige Bodenverhältnisse bedingen ungünstige Erdungswiderstände, atmosphärische Entladungen bringen Überspannungen in elektrische Netze.

6.5 Normung bei DIN

In DIN 50 019 Teil 3 wird eine Klimaübersicht gegeben; danach wären die Klimagebiete
032 warmtrocken, mildtropisch und winterkühl,
041 warmfeucht, mildtropisch und
042 warmfeucht, ausgeglichen
für die Tropen anzuwenden. Aus den zugehörigen Klimamodellen ist z. B. das vieljährige Jahresmittel der Klimagrößen Lufttemperatur (t) und Luftfeuchte (U) zu entnehmen:
032 $t = 23\ °C\quad U = 70\ \%$
042 $t = 23\ °C\quad U = 83\ \%$
042 $t = 25\ °C\quad U = 92\ \%$
Aus den Klimamodellen sind auch die wesentlichen Werte für Langzeit- und Kurzzeitbeanspruchungen elektrischer Betriebsmittel zu entnehmen. Ferner geben diese Klimamodelle in DIN 50 019 Teil 3 mittlere und absoluter Jahresextreme für Lufttemperatur und Luftfeuchte an. Farbig angelegte Landkarten in der Norm erleichtern die geographische Zuordnung der Klimagebiete.
Unter vierteljährigem Jahresmittel ist hier der vierteljährige Durchschnitt (arithmetisches Mittel) einer meteorologischen Größe zu verstehen, die selbst wieder ein Mittelwert sein kann; daher sollten die Beobachtungsergebnisse von mindestens 10 Jahren vorliegen.

Eine ins einzelne gehende Kennzeichnung der Klimagebiete mit zugehörigen Klimawerten wird in DIN 50 019 Blatt 2 (1963) angegeben. Dort sind auch absolute Extremwerte und Normalwerte der Jahresextreme zu finden. (siehe Abschnitt 9. Schrifttum; Normen zu „Klimate und ihre technische Anwendung")

Anmerkung: Angaben zur relativen Luftfeuchte U sind immer einer bestimmten Lufttemperatur t zugeordnet (siehe oben).

6.6 Normung bei IEC

In internationalen Normungsgremien (IEC-TC 75) bemüht man sich zur Zeit sehr eingehend, Klimate, die für elektrotechnische Erzeugnisse von Bedeutung sind, zu klassifizieren. Hier wird eine weitere Unterteilung der für die Tropen anwendbaren Klimaklassen vorgeschlagen: trockenwarm, extrem trockenwarm, feuchtwarm, extrem feuchtwarm.
(siehe Abschnitt 9, Schrifttum; IEC-Publikation 721)

6.7 Freiluft- oder Innenraumaufstellung der Anlagen

Bei der Anwendung elektrischer Betriebsmittel oder Anlagen ist zu beachten, ob Freiluft- oder Innenraumaufstellung vorgesehen ist; die Klimate im Freien oder in einem Raum sind oft sehr unterschiedlich. In DIN 50 010 werden für diese Unterscheidung unter anderem folgende Klimabegriffe genannt: Freiluftklima, Außenraumklima, Innenraumklima, Geräteinnenklima. Ein Innenraumklima in den Tropen kann häufig einem Innenraumklima in gemäßigten Zonen gleich sein; dennoch sollte im Einzelfall untersucht werden, ob für die Gegend spezifische Einflußgrößen beachtet werden müssen.

6.8 Die wichtigsten Umwelteinflüsse in den Tropen

Die wichtigsten Umwelteinflüsse für elektrische Anlagen in den Tropen sind Temperatur und Luftfeuchte. Daneben sind auch zusätzliche Klimakomponenten zu beachten, besonders Sturm und Niederschlag, Betauung und Strahlung, hinzu kommen in bestimmten Gegenden spezifische Einflußgrößen, z. B. chemisch-aggressive Atmosphäre in Meeresnähe infolge Salzgehalt der Luft – atmosphärische Entladungen (Blitz) in Tropengewittern – Flugsand in der Wüste – und auch Einflüsse der Flora und Fauna. Die Einwirkung von Pflanzen, besonders von Bäumen und Sträuchern und von Kleintieren wie Ratten, Mäusen, Vögeln und Reptilien ist auch in anderen Klimazonen, z. B. in Mitteleuropa, bekannt: Ratten zernagen Kabel und verursachen Kurzschlüsse, Vögel verschmutzen Isolatoren. Hier können durch Auswahl der Schutzarten für die Betriebsmittel, durch bauliche Vorkehrungen, die das Eindringen von Tieren verhindern und Beseitigen des Pflanzenwuchses Gegenmaßnahmen getroffen werden.

Nachfolgend werden zwei Einflußgrößen aus der Gruppe der biologischen Einflüsse (Flora und Fauna) besprochen, die beim Planen elektrischer Anlagen für die Tropen von besonderer Bedeutung sind.

6.9 Schimmelpilz

Schimmelpilze entstehen in allen feuchten Klimaten bei ruhiger Luft, bei entsprechender Temperatur und bei passenden Nährböden. Der günstigste Temperaturbereich für die Schimmelbildung liegt um +25 bis +30 °C bei gleichzeitig auftretenden hohen Werten der relativen Luftfeuchte. Der Nährboden kann durch Baustoffe des Betriebsmittels gegeben sein (z. B. Kunststoff) oder durch Verschmutzung und Feuchte entstehen. Störende Folgen der Schimmelbildung können sein: weitere Feuchteansammlung, Verfärbung der Oberfläche, Korrosion, Zersetzung und Zerstörung von Kunststoffen. Verschimmelte Geräte und Anlagen haben ein wertminderndes Aussehen, und es kann zu Störungen der elektrischen Funktion und des Betriebes führen. Durch das hygroskopische Verhalten des Schimmels und anderer Ablagerungen vermindern sich die Isolationswiderstände und Kriechwege entstehen. Der Bewuchs kann sich lösen und zu Störungen an den elektrischen Kontakten oder an empfindlichen mechanischen Teilen führen. Ausscheidungs- und Umwandlungsprodukte der Schimmelpilze bewirken Korrosion, in schweren Fällen die völlige Zerstörung von Werkstoffen. Für Schimmel anfällige Werkstoffe sind in elektrischen Betriebsmitteln und Anlagen zu vermeiden (z. B. Leder, Pappe, tierische und pflanzliche Fette). Besser ist es, Werkstoffe zu verwenden, die dem Schimmelpilz keine Nahrung geben (z. B. Silicone, Hart-PVC). Auch die Behandlung von ursprünglich gefährdeten Werkstoffen mit Sonderlacken bringt eine Lösung, wobei jedoch die begrenzte Haltbarkeit dieser Sonderbehandlung zu beachten ist. Will man Schimmelbildung vermeiden, so ist das gleichzeitige Auftreten von Verschmutzung, von hoher relativer Luftfeuchte und von kritischen Temperaturen zu verhindern – nicht nur im Betrieb, sondern auch bei Lagerung und Transport sowie in Zeiten, in denen die Anlagen oder Betriebsmittel außer Betrieb genommen werden.
Dem Schimmelpilz unsympathisch sind Licht und andere Strahlen, Luftbewegung, höhere und niedrigere Temperaturen, geringe Luftfeuchtigkeit.

6.10 Termiten

Etwa 2000 Termitenarten sind bekannt, wovon etwa 500 Arten als schädlich anzusehen sind. Sie treten vorwiegend in den Tropen auf; es sei jedoch vermerkt, daß ein Teil davon auch außerhalb der Tropen lebt, z. B. in den südlichen Breiten Europas.
Termiten nagen alles an, was ihnen den Weg zu ihrer Nahrung versperrt, sofern die Materialien weicher sind als ihre Freßwerkzeuge (Mandibeln) und außerdem so geformt sind, daß die Freßwerkzeuge sie umfassen können (Bild 320-1). Ge-

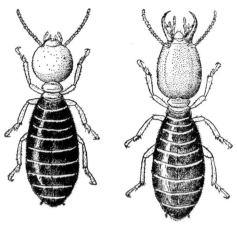

Bild 320-1 Termiten der Art Amitermes atlanticus, links Arbeiter, rechts Soldat, beide geschlechtslos und völlig blind, etwa 5 mm lang, Verbreitung: Kap-Provinz, Südafrika. Foto: Dwellers in Darkness
(siehe auch Abschnitt 9, Schrifttum zu Teil 320)

fährdet sind Holz, Kunststoffe, auch solche Metalle und andere Werkstoffe, die man mit dem Fingernagel ritzen kann. Durch Beobachtungen weiß man, daß viele Termitenarten für ihre Ernährung spezifische, in der Natur vorkommende zellulosehaltige Stoffe benötigen, z. B. modriges Holz oder Kot und Humus, gelegentlich auch tierische Substanzen wie Wolle und Horn. Es ist allgemein festzustellen, daß technische Materialien wie Kunststoffe oder trockenes Bauholz von diesen Termitenarten meist nur dann angenagt werden, wenn die natürliche Nahrung fehlt. Die günstigsten Lebensbedingungen der tropischen Termitenarten liegen bei 26 bis 30 °C und bei einer relativen Luftfeuchte von 90 bis 97 %. Wenige Grad Temperaturverschiebung oder Veränderung der Luftfeuchte wirken sich schon ungünstig auf die Tiere aus; ebenso sind ihnen mechanische Schwingungen und Licht unsympathisch. Die Gewohnheiten der verschiedenen Termitenarten weichen zum Teil beachtlich voneinander ab. Jedoch benötigen sie alle zum Leben außer Nahrung auch Wärme und Feuchtigkeit.
Die Zerstörung von Gebäuden und deren Einrichtungen durch Termiten kann mit baulichen Maßnahmen oder durch die Anwendung chemischer Stoffe verhindert werden. Betonfundamente, Betonböden, möglichst ohne offene Kabel- und Rohrdurchführungen, können den Zutritt der Termiten zu elektrischen Anlagen in Gebäuden verhindern. Geräte und Anlagen sollten so aufgestellt werden, daß die für Termiten möglichen Zugänge ständig beobachtet werden können; Feuchtigkeit in Gebäuden und Anlagen sollte vermieden werden.
Nicht nur die möglichen direkten Schäden durch die Termiten sind zu beachten, sondern auch die indirekten, z. B. durch die Beschädigung der Verpackung und die anschließenden Feuchtigkeitseinflüsse oder die mechanischen Zerstörun-

gen. Daher besteht ein großes Interesse an Informationen über die Widerstandsfähigkeit von Kunststoffen gegen Termiten. Kunststoffe werden nicht nur für Kabelumhüllungen und als Isoliermaterial für die verschiedensten Geräte verwendet, sie werden auch für Konstruktionsteile, für Wasserrohre, für Verpackungsmaterial und Transportgeräte benutzt. Es sei daher darauf hingewiesen, daß unter anderem die Bundesanstalt für Materialprüfung (BAM) in Berlin-Dahlem zahlreiche Versuche bezüglich der Widerstandsfähigkeit von Kunststoffen gegen tropische und nichttropische Termiten durchgeführt hat. In den Versuchen haben sich Phenoplaste und Aminoplaste vergleichsweise gut bewährt. Von ihnen werden Typen mit Gesteinsmehl-, Glasfaser- und Asbestfüllung weniger angegriffen als solche mit Zellstoff- und Holzmehlfüllung; Typen mit Gewebeschnitzelfüllung werden am ehesten angenagt. Kunststoffe mit glatter und ausreichend harter Oberfläche werden kaum befallen, wenn die Kanten genügend gerundet und die Wanddicken nicht zu gering sind. Dagegen werden Schaumstoffe wegen ihrer Weichheit und dünnen Wandungen restlos zerstört. Hartes PVC ist widerstandsfähiger als weiches. Rauhe Oberflächen und scharfe Kanten sind durch Termiten gefährdet. Es sollte daher darauf geachtet werden, daß Lack- und Kunststoffoberflächen keine Risse aufweisen, hart und glatt sind. Da Thermoplaste mit steigender Temperatur weicher werden und auch bei Feuchtigkeitsaufnahme – wozu die Ausscheidungen der Termiten selbst oder Schimmelbefall beitragen können – mit einer Härteabnahme zu rechnen ist, ist ihre Widerstandsfähigkeit gegen Termiten geringer.

Der Erfahrungsaustausch mit Ingenieuren, die in den Tropen gelebt haben, zeigt, daß bei sorgfältiger Planung und Errichtung der Anlagen und Gebäude nur wenig Gefährdung der elektrischen Betriebsmittel durch Termiten gegeben ist. Während des Betriebes müssen die Anlagen sauber und übersichtlich gehalten werden. Die größere Gefahr für elektrische Anlagen durch Termitenbefall sieht man während des Transportes und der Lagerung, also zu Zeiten, da der Elektroingenieur keinen oder nur wenig Einfluß auf die Anlage hat.

7 Einteilung der äußeren Einflüsse nach der IEC-Publikation 364-3

Das Kapitel 32 der IEC-Publikation 364 enthält die Klassifizierung und die Einführung von Kurzzeichen für äußere Einflüsse. Diese äußeren Einflüsse sollten bei der Planung und Errichtung elektrischer Anlagen beachtet werden.
Sie sind in drei Gruppen eingeteilt, d. h. in
– Umgebungsbedingungen,
– Einflüsse aus der Benutzung,
– Einflüsse aus der Gebäudekonstruktion,

Diese 3 Gruppen werden in verschiedene Arten von Einflußgrößen und in Klassen innerhalb der Einflußgrößen aufgeteilt.

Kurzzeichen
Die verschiedenen äußeren Einflüsse sind durch ein Kurzzeichen gekennzeichnet, das aus einer Gruppe von zwei Großbuchstaben und einer Ziffer wie folgt besteht:

Der erste Buchstabe bezieht sich auf die Übergruppe der äußeren Einflüsse
A Umgebungsbedingungen
B Benutzung
C Gebäudekonstruktion

Der zweite Buchstabe bezieht sich auf die Art der Einflußgröße
A
B
C, D, E usw.

Die Ziffer bezieht sich auf die Klasse innerhalb der Einflußgröße
1
2
3

Zum Beispiel bedeutet das Kurzzeichen AC2:
A   = Umgebungsbedingung
AC   = Umgebungsbedingung-Seehöhe
AC2 = Umgebungsbedingung-Seehöhe über 2000 m

Die im Kapitel 32 aufgeführten Kurzzeichen sind nicht für Geräteaufschriften zu verwenden.
Das TC 64 hat die Einführung der Kurzzeichen für äußere Einflüsse vorgeschlagen, um den Bezug zu den Bedingungen, denen die elektrischen Betriebsmittel ausgesetzt sind, zu vereinfachen und so die Auswahl geeigneter Betriebsmittel zu erleichtern. Das Kurzzeichen erspart die Aufzählung aller Einzelheiten der Einflußgröße und Klasse.

8 Kritische Anmerkung zur Klassifizierung der äußeren Einflüsse

Das Kapitel 32 mit der Klassifizierung der äußeren Einflüsse und mit der Einführung der Kurzzeichen ist eines der meist umstrittenen Kapitel in der IEC-Publikation 364.
Zwei Grundgedanken sind für diese Kritik maßgebend:
– Eine gewisse Breite des sprachlichen Ausdrucks erleichtert dem Praktiker die Arbeit; mit der Klassifizierung und den Kurzzeichen können nicht alle Einflüsse und deren Kenngrößen dargestellt werden, siehe z. B. die Normen für

Klima, Luftfeuchte und mechanische Beanspruchung. Es besteht die Gefahr des nicht mehr praktikablen Perfektionismus in der Kurzdarstellung.

- Bei der Einführung des „Neuen Planes" für die Gliederung der IEC-Publikation 364 (etwa in den Jahren 1974/75) bestand vorübergehend die Absicht bei der Ausarbeitung der Bestimmungen (Festlegungen) sich wesentlich an den äußeren Einflüssen zu orientieren, etwa so, daß man jeder Regel etwaige Ausnahmen oder Zusätze in Abhängigkeit der „Äußeren Einflüsse", dargestellt durch Kurzzeichen, folgen läßt. Dies hätte eine Perfektion erfordert, verbunden mit großer Unübersichtlichkeit.

Die Abneigung gegen dieses System ist, trotz mancher Vereinfachung in der Praxis des TC 64, bis heute nicht abgebaut. Bereits 1975 stellten maßgebliche Mitarbeiter im TC 64 fest, daß die Bedeutung der äußeren Einflüsse für den größten Teil der Publikation 364 doch nicht so groß ist, wie ursprünglich angenommen wurde. Insbesondere erkannte man schon damals, daß auf solche bedeutende Bezeichnungen, wie Baderaum, Baustelle oder landwirtschaftliche Betriebsstätte, wegen der Vielfalt der Kombinationen von Einflußgrößen nicht verzichtet werden kann.

Man hat dann zwar den Teil 7, Zusatzbestimmungen für Betriebsstätten und Räume besonderer Art, eingeführt, aber die Klassifizierung der äußeren Einflüsse weiter bearbeitet und veröffentlicht (Publikation 364-3 (1977)).

Bei der Bearbeitung des Kapitels 48, Auswahl der Schutzmaßnahmen, wurde die Klassifizierung der äußeren Einflüsse mit sehr mangelhaftem Erfolg – bedingt durch den Perfektionismus des Systems – angewendet.

Im Teil 7 wurde die Klassifizierung des Kapitels 32 mehr im Sinne einer Checkliste zur Hilfe genommen und brachte so eine gewisse Arbeitserleichterung. Inzwischen sind acht Abschnitte von Teil 7 als Entwurf bearbeitet.

Auch in einigen Kapiteln anderer Teile der Publikation 364 sind häufig die Kurzzeichen zur sprachlichen Vereinfachung genannt.

Genauso kann die Klassifizierung als Checkliste für projektierende Ingenieure, insbesondere im internationalen Geschäftsverkehr, von Bedeutung sein.

Bei der Umsetzung von IEC-Texten in nationale Bestimmungen können die Kurzzeichen natürlich in „Klartext" übertragen werden. Bei häufiger Wiederholung des Textes sind die Kurzzeichen wieder eine Erleichterung.

Aus den genannten negativen Gründen wurde die Übernahme der Klassifizierung von „Äußeren Einflüssen" aus dem Kapitel 32 der IEC-Publikation 364 in das CENELEC-Harmonisierungsdokument 384 mehrheitlich abgelehnt, d. h., die Tabelle wird nur in einem Anhang des HD 384-3 erscheinen. Nach dem derzeitigen Stand der Diskussion ist nicht damit zu rechnen, daß die Klassifizierung in irgendeiner Form in einem Weißdruck von VDE 0100 oder in einer anderen Norm erscheinen wird.

In der französischen Norm C15-100 ist die Klassifizierung der äußeren Einflüsse enthalten; sie wird in der französischen Praxis auch angewendet, z. B. in Formularen für Berichte über die Prüfung elektrischer Anlagen. Hier wird durch Ankreuzen der Kurzzeichen festgehalten für welche äußeren Einflüsse die Anlage ausgelegt ist, bzw. ausgeführt sein sollte.

Die britischen Wiring Regulations (1981) geben die Kurzzeichen der äußeren Einflüsse im Anhang wieder. In einer Anmerkung zum Kapitel 32 heißt es dort, daß die Anwendbarkeit der Klassifizierung im Zusammenhang mit den Bestimmungen noch nicht ausreichend entwickelt ist. Die Übernahme der Klassifizierung aus dem Anhang in das Kapitel 32 soll danach später erörtert werden, d. h. wenn das System und seine Anwendung weiter entwickelt wurden.

Es wird sicher Gründe geben, daß auch deutsche Fachleute mit den Kurzzeichen aus dem Kapitel 32 der IEC-Publikation 364-3 konfrontiert werden. Es erscheint daher angebracht, die entsprechenden Tabellen in deutscher Sprache in diesen „Erläuterungen" zu veröffentlichen (siehe **Tabellen 320-A** und **320-B**). Die Entwürfe VDE 0100s/...75 und VDE 0100w/...76 informierten 1975/76 die deutsche Fachöffentlichkeit über das damals laufende Normungsvorhaben des IEC-TC 64.

Anmerkung: In der Sitzung des IEC-TC 64 im Oktober 1981 wurde mehrheitlich beschlossen (9:6:2) im Teil 7 der IEC-Publikation 364 die Kurzzeichen nicht anzuwenden, sondern die Bedingungen im Klartext zu beschreiben, z. B. die zugeordneten IP-Schutzarten anzugeben.

Tabelle 320-A. Übersichtstabelle der Kurzzeichen (Kode) der äußeren Einflüsse (nach IEC-Publikation 364-3 (1977))

A   Umgebung

AA	**Temperatur**	**AF**	**Korrosion**	**AM**	**Strahlung**
AA1	$-60\,°C\ +\ 5\,°C$	AF1	vernachlässigbar	AM1	vernachlässigbar
AA2	$-40\,°C\ +\ 5\,°C$	AF2	atmosphärisch	AM2	Streuströme
AA3	$-25\,°C\ +\ 5\,°C$	AF3	zeitweise	AM3	elektromagnetisch
AA4	$-\ 5\,°C\ +40\,°C$	AF4	dauernd	AM4	Ionisierung
AA5	$+\ 5\,°C\ +40\,°C$			AM5	elektrostatisch
AA6	$+\ 5\,°C\ +60\,°C$	**AG**	**Schlag, mechanisch**	AM6	Induktion
AB	**Luftfeuchte**	AG1	niedrig	**AN**	**Sonne**
AC	**Höhe**	AG2	mittel	ANN1	vernachlässigbar
AC1	$\leqq 2000$	AG3	hoch	AN2	bedeutend
AC2	>2000	**AH**	**Vibration**	**AP**	**Erdbeben**
AD	**Wasser**	AH1	niedrig	AP1	vernachlässigbar
AD1	vernachlässigbar	AH2	mittel	AP2	gering
AD2	Tropfwasser	AH3	hoch	AP3	mittel
AD3	Sprühwasser			AP4	hoch
AD4	Spritzwasser	**AJ**	**andere mechanische Beanspruchung**		
AD5	Strahlwasser			**AQ**	**Blitz**
AD6	Schwallwasser	**AK**	**Flora, Schimmel**	AQ1	vernachlässigbar
AD7	eintauchen	AK1	keine Gefahr	AQ2	indirekt
AD8 ·	untertauchen	AK2	Gefahr	AQ3	direkt
AE	**Feste Fremdkörper**	**AL**	**Fauna**	**AR**	**Wind**
AE1	vernachlässigbar	AL1	keine Gefahr		
AE2	kleine	AL2	Gefahr		
AE3	sehr kleine				
AE4	Staub				

Tabelle 320-A (Fortsetzung)

B Benutzung

BA	Fähigkeit	BD	Räumungs-möglichkeit	BE	Material
BA1	normal			BE1	Gefahr vernach-lässigbar
BA2	Kinder	BD1	geringe Besetzung einfache Rettungswege	BE2	feuergefährdet
BA3	behindert			BE3	explosions-gefährdet
BA4	unterwiesen				
BA5	ausgebildet	BD2	geringe Besetzung schwierige Rettungswege	BE4	Gefährdung durch Verunreinigung
BB	**elektrischer Widerstand des menschlichen Körpers**	BD3	starke Besetzung einfache Rettungswege		
BC	**Erdkontakt**	BD4	starke Besetzung schwierige Rettungswege		
BC1	keine				
BC2	selten				
BC3	häufig				
BC4	dauernd				

C Gebäude

CA	**Baustoffe**	CB	**Struktur**
CA1	nicht brennbar	CB1	vernachlässigbar
CA2	brennbar	CB2	Ausbreitung von Feuer
		CB3	Verlagerung, Verschiebung
		CB4	elastisch, unstabil

Tabelle 320–B. Einteilung der äußeren Einflüsse nach der IEC-Publikation 364–3

321 Umgebungsbedingungen

Kurz-zeichen	Klasse	Kenngrößen	Anwendung und Beispiele

321.1 Umgebungstemperatur

		Untere und obere Grenze der Bereiche der Umgebungstemperatur	
AA1		$-60\,°C \quad +\ 5\,°C$	
AA2		$-40\,°C \quad +\ 5\,°C$	
AA3		$-25\,°C \quad +\ 5\,°C$	
AA4		$-\ 5\,°C \quad +40\,°C$	
AA5		$+\ 5\,°C \quad +40\,°C$	
AA6		$+\ 5\,°C \quad +60\,°C$	
		Das Tagesmittel muß mindestens 5°C unter dem oberen Grenzwert liegen. Für bestimmte Umgebungen kann es erforderlich sein, zwei Bereiche zusammenzufassen. Installationen außerhalb obiger Temperaturbereiche erfordern besondere Beachtung.	

321.2 Luftfeuchte – (in Arbeit) –

321.3 Seehöhe

AC1		$\leqq 2000$ m	
AC2		> 2000 m	

321.4 Auftreten von Wasser

AD1	vernach-lässigbar	Die Wahrscheinlichkeit des Auftretens von Wasser ist vernachlässigbar	Orte, an denen die Wände im allgemeinen keine Feuchtigkeitsspuren aufweisen. Diese können jedoch während kurzer Zeitabschnitte z. B. als Wasserdampf vorkommen, der durch gute Belüftung schnell trocknet.
AD2	Tropf-wasser	Senkrecht fallende Tropfen können auftreten	Orte, an denen Luftfeuchte gelegentlich zu Tropfen kondensiert oder gelegentlich Dampf auftritt.
AD3	Sprüh-wasser	Wasser kann als Sprüh-regen in einem beliebigen Winkel bis 60° zur Lotrechten auftreten	Orte, an denen Sprühwasser einen durchgehenden Nässefilm an Wänden oder auf dem Boden bildet.
AD4	Spritz-wasser	Spritzwasser aus beliebiger Richtung möglich	Orte, an denen die Betriebsmittel Spritzwasser ausgesetzt sind. Dies ist der Fall z. B. bei bestimmten Außenleuchten, Betriebsmitteln auf Baustellen.
AD5	Strahl-wasser	Strahlwasser aus allen Richtungen möglich	Orte, die regelmäßig abgespritzt werden (Höfe, Autowaschanlagen).
AD6	Schwall-wasser	Schwallwasser kann auftreten	An der Küste gelegene Stellen, wie Piers, Strände, Kaianlagen.

Tabelle 320–B (Fortsetzung)

Kurz-zeichen	Klasse	Kenngrößen	Anwendung und Beispiele
AD7	Ein-tauchen	Vorübergehendes teil-weises oder völliges Ein-tauchen in Wasser möglich	Orte, die überflutet werden können, bzw. an denen das Wasser mindestens 150 mm über dem höchsten Punkt des Betriebs-mittels stehen kann, der niedrigste Punkt des Betriebsmittels jedoch höchstens 1 m unter der Wasseroberfläche liegt.
AD8	Unter-tauchen	Dauerndes Eintauchen in Wasser möglich	Wasserbecken, z. B. Schwimmbäder, in denen elektrische Betriebsmittel dauernd unter Wasser sind und unter einem Druck von mehr als 0,1 bar stehen.

321.5 Auftreten von festen Fremdkörpern

AE1	vernach-lässigbar	Es kommen weder Staub noch feste Fremdkörper in nennenswerter Menge vor.	
AE2	kleine Fremd-körper	Auftreten von festen Fremdkörpern mit kleinster Abmessung von minde-stens 2, 5 mm	Werkzeuge und kleine Gegenstände sind Beispiele, bei denen die kleinste Abmes-sung 2,5 mm nicht unterschreitet.
AE3	sehr kleine Fremd-körper	Feste Fremdkörper mit kleinster Abmessung von mindestens 1 mm.	Drähte sind Beispiele, bei denen die klein-ste Abmessung 1 mm nicht unterschreitet.
		Anmerkung: Bei den Bedingungen AE2 und AE3 kann Staub vor-handen sein, der aber die Funktion des elektrischen Betriebsmittels nicht beein-trächtigt.	
AE4	Staub	Staub in nennenswerter Menge	

321.6 Auftreten von korrosiven oder verschmutzenden Stoffen

AF1	vernach-lässigbar	Die korrosiven oder ver-schmutzenden Stoffe sind nach Menge und Art ohne Bedeutung	
AF2	atmo-spärisch	Auftreten nennenswerter Mengen korrosiver oder verschmutzender Stoffe atmosphärischen Ur-sprungs	Anlagen, die in der Nähe des Meeres oder von Industriezonen gelegen sind, von denen eine starke atmosphärische Ver-schmutzung ausgeht, z. B. Chemieanlagen, Zementfabriken. Diese Art der Verschmut-zung entsteht besonders bei der Erzeu-gung von isolierenden oder leitfähigen Stäuben mit Schleifwirkung.

Tabelle 320–B (Fortsetzung)

Kurz-zeichen	Klasse	Kenngrößen	Anwendung und Beispiele
AF3	zeitweise oder zufällig	Zeitweises oder zufälliges Einwirken korrosiver oder verschmutzender chemischer Stoffe bei ihrer Erzeugung oder Verwendung	Orte, an denen bestimmte chemische Produkte in kleinen Mengen verwendet werden und nur zufällig in Berührung mit den elektrischen Betriebsmitteln kommen können; solche Bedingungen sind in Laboratorien von Fabriken oder in anderen Laboratorien oder an Orten, an denen Kohlenwasserstoffe (Treibstoffe) benutzt werden (Kesselhäuser, Garagen,...) zu finden.
AF4	dauernd	Dauerndes Einwirken korrosiver oder verschmutzender chemischer Stoffe in beträchtlicher Menge.	z. B. chemische Fabriken

321.7   Mechanische Beanspruchung
321.7.1 Schlag

AG1	niedrige Beanspruchung	*Anmerkung:* Vorläufige Aufgliederung. Werte für die verschiedenen Schlagbeanspruchungen sind in Arbeit	Bedingungen im Haushalt o. ä.
AG2	mittlere Beanspruchung		Übliche industrielle Betriebsbedingungen
AG3	hohe Beanspruchung		Erschwerte industrielle Betriebsbedingungen

321.7.2 Schwingungen

AH1	niedrige Beanspruchung	Vorläufige Aufgliederung. Werte für die verschiedenen Schwingungsbeanspruchungen sind in Arbeit	Haushalt und ähnliche Bedingungen, bei denen die Auswirkungen von Schwingungen im allgemeinen vernachlässigbar sind.
AH2	mittlere Beanspruchung		Übliche industrielle Betriebsbedingungen.
AH3	hohe Beanspruchung		Industrieanlagen, die erschwerten Bedingungen ausgesetzt sind.

321.7.3 Andere mechanische Beanspruchungen (in Arbeit)

AJ		

321.8 Pflanzen- oder Schimmelwachstum *)

AK1	vernachlässigbar	Keine Gefahr durch Pflanzen oder Schimmelwachstum	
AK2	Gefahr	Gefahr durch Pflanzen- oder Schimmelwachstum	Die Gefahren hängen von den örtlichen Gegebenheiten und der Art der Pflanzen ab. Es ist zwischen schädlichem Wachstum der Vegetation und Bedingungen, die die Schimmelbildung fördern, zu unterscheiden.

*) siehe Bericht in diesen Erläuterungen, Teil 320, Abschnitt 6, Umwelteinflüsse der Tropen

Tabelle 320–B (Fortsetzung)

Kurz-zeichen	Klasse	Kenngrößen	Anwendung und Beispiele
321.9	**Tiere*)**		
AL1	vernach-lässigbar	Keine Gefahr durch Tiere	
AL2	Gefahr	Gefahr durch Insekten, Vögel, Kleintiere	Die Gefahren hängen von der Art der Tiere ab. Es ist zu unterscheiden zwischen: – Insekten in schädlicher Menge oder schädlicher Art. – Kleintieren oder Vögeln in schädlicher Menge oder schädlicher Art.
321.10	**Elektromagnetische, elektrostatische und ionisierende Einflüsse**		
AM1	vernach-lässigbar	Keine schädlichen Einwir-kungen durch Streuströme, elektromagnetische Strah-lung, elektrostatische Fel-der, ionisierende Strah-lung oder Induktionsströme	
AM2	Streu-ströme	Auftreten von schädlichen Streuströmen	
AM3	Elektro-magne-tische Einflüsse	Auftreten schädlicher elek-tromagnetischer Strahlung	
AM4	Ionisie-rende Ein-flüsse	Auftreten schädlicher ioni-sierender Strahlungen	
Am5	Elektro-statische Einflüsse	Auftreten schädlicher elek-trostatischer Felder	
AM6	Induktive Wirkungen	Auftreten schädlicher induktiver Ströme	
321.11	**Sonnenstrahlung**		
AN1	vernach-lässigbar		
AN2	bedeutend	Sonnenstrahlung von nen-nenswerter Stärke oder Dauer	
321.12	**Auswirkungen von Erdbeben**		
AP1	vernach-lässigbar	$\leq \quad 30\ \text{Gal}$	$1\ \text{Gal} = 1\ \text{cm}/\text{s}^2$
AP2	geringe Stärke	$30 < \ \leq 300\ \text{Gal}$	
AP3	mittlere Stärke	$300 < \ \leq 600\ \text{Gal}$	

*) siehe Fußnote auf Seite 117

Tabelle 320–B (Fortsetzung)

Kurz-zeichen	Klasse	Kenngrößen	Anwendung und Beispiele
AP4	hohe Stärke	> 600 Gal	Schwingungen, die die Zerstörung von Gebäuden verursachen können, sind in der Einteilung nicht erfaßt. Die Frequenzen sind in der Einteilung nicht berücksichtigt, jedoch müssen seismische Schwingungen, wenn sie mit dem Gebäude in Resonanz kommen können, besonders berücksichtigt werden. Im allgemeinen liegt die Frequenz der seismischen Beschleunigung zwischen 0 und 10 Hz.

321.13 Blitz

Kurz-zeichen	Klasse	Kenngrößen	Anwendung und Beispiele
AQ1	vernach-lässigbar	–	
AQ2	indirekte Einwirkung	Gefährdung aus dem Versorgungsnetz	Anlagen, die durch Freileitungen versorgt werden.
AQ3	direkte Einwirkung	Gefahr durch Betriebsmittel, die im Freien ungeschützt aufgestellt sind.	Teile der elektrischen Anlagen außerhalb von Gebäuden. Die Fälle AQ2 und AQ3 treten in Gegenden mit besonders hoher Gewitterhäufigkeit auf.

321.14 Wind

Kurz-zeichen	Klasse	Kenngrößen	Anwendung und Beispiele
AR–	(in Arbeit)		

322 Benutzung

Kurz-zeichen	Klassen	Kenngrößen	Anwendung und Beispiele
322.1 Eignung von Personen			
BA1	normal	Laien	
BA2	Kinder	Kinder in Räumen, die für sie bestimmt sind. *Anmerkung:* Diese Klasse muß nicht unbedingt für Kinderzimmer in Wohnungen zutreffen.	Kindergarten } Elektrische Betriebsmittel dürfen nicht zugänglich sein. Temperaturbegrenzung von zugänglichen Oberflächen.
BA3	Behin-derte	Geistig oder körperlich Behinderte (Kranke, alte Leute)	Krankenhäuser }

Tabelle 320-B. (Fortsetzung)

Kurz-zeichen	Klasse	Kenngrößen	Anwendung und Beispiele
BA4	Unter-wiesene Personen	Personen, die von ausgebil-detem Personal aus-reichend unterwiesen oder überwacht werden, um Ge-fahren zu vermeiden, die durch elektrischen Strom hervorgerufen werden können. (Bedienungs- und Überwachungspersonal)	Elektrische Betriebsstätten
BA5	Fach-leute	Personen mit technischen Kenntnissen und aus-reichender Erfahrung, um Gefahren zu vermeiden, die durch elektrischen Strom hervorgerufen werden können. (Ingenieure und Techniker)	Abgeschlossene elektrische Betriebsstätten

322.2   Elektrischer Widerstand des menschlichen Körpers

BB	Eine Einteilung ist in Arbeit Anmerkung: z.Z. Schriftstücke 64(CO)122, als IEC-Publikation angenommen.

322.3   Verbindung von Personen mit Erdpotential

BC1	Keine	Personen in nicht leitfähiger Umgebung	Nicht leitfähige Räume oder Betriebsstätten
BC2	Selten	Personen stehen normaler-weise nicht mit fremden leitfähigen Teilen in Verbin-dung bzw. halten sich nor-malerweise nicht auf leit-fähigen Oberflächen auf	
BC3	Häufig	Personen berühren häufig fremde leitfähige Teile bzw. stehen häufig auf leit-fähigen Oberflächen	Räume oder Betriebsstätten mit vielen oder großflächigen fremden leitfähigen Teilen
BC4	Dauernd	Personen befinden sich dauernd in Berührung mit metallischen Wänden und haben nur begrenzte Möglichkeiten zur Unter-brechung dieser Berührung.	Metallische Umhüllungen wie Kessel, Tanks, Behälter

322.4   Räumungsmöglichkeiten bei Gefahr

BD1		Geringe Besetzung, einfache Rettungswege	Wohnhäuser von normaler oder geringer Höhe

Tabelle 320-B. (Fortsetzung)

Kurz-zeichen	Klasse	Kenngrößen	Anwendung und Beispiele
BD2		Geringe Besetzung, schwierige Rettungswege	Hochhäuser
BD3		Starke Besetzung, einfache Rettungswege	Öffentliche Versammlungsstätten (Theater, Lichtspieltheater, Kaufhäuser, usw.).
BD4		Starke Besetzung, schwierige Rettungswege	Hochhäuser, die der Öffentlichkeit zugänglich sind (Hotels, Krankenhäuser, usw.).

322.5   Art der bearbeiteten oder gelagerten Stoffe

BE1	Gefahr vernach-lässigbar	–	–
BE2	Feuer-gefährdet	Herstellung, Verarbeitung oder Lagerung von brennbaren Stoffen, einschl. Vorkommen von Staub	Scheunen, Schreinereien, Papierfabriken
BE3	Ex-plosions-gefährdet	Verarbeitung und Lagerung von explosiven Stoffen oder von Stoffen mit niedrigem Flammpunkt, einschließlich Vorkommen explosibler Stäube	Raffinerien, Treibstofflager
BE4	Gefähr-dung durch Verun-reini-gung	Vorhandensein von unverpackten Nahrungsmitteln, pharmazeutischen Stoffen und ähnlichen Produkten	Nahrungsmittelindustrie, Küchen. (Gewisse Vorkehrungen können erforderlich sein, um im Schadensfall zu verhindern, daß die behandelten Erzeugnisse durch elektrische Betriebsmittel verunreinigt werden, z. B. beim Bruch von Lampen.)

323   Art der Bauwerke

323.1   Baustoffe

CA1	Nicht brennbar	–	–
CA2	Brennbar	Die Gebäude sind vorwiegend aus brennbaren Baustoffen errichtet	Holzhäuser

Tabelle 320-B. (Fortsetzung)

323.2 Gebäudestruktur

CB1	Vernach-lässigbare Gefähr-dung		
CB2	Aus-breitung von Feuer	Gebäude, deren Form und Abmessungen das Ausbreiten von Feuer begünstigen (z. B. Kamineffekt).	Hochhäuser, Fremdbelüftungssysteme
CB3	Ver-lagerung	Gefährdung durch Gebäudeverlagerung (z. B. zwischen verschiedenen Gebäudeteilen oder zwischen dem Gebäude und dem Erdboden, Senkung des Erdreichs und der Gebäudefundamente).	Gebäude von großer Länge oder auf nicht verfestigtem Boden. (Dehnungsverbindungen)
CB4	Elastische oder un-stabile Bauweise	Schwaches Bauwerk oder Bauweisen, die Bewegungen (z. B. Schwingungen) unterliegen	Zelte, Traglufthallen, Zwischendecken, entfernbare Zwischenwände (Biegsame Leitungen, selbsttragende Installationen.)

9 Schrifttum

Schrifttum zum Thema „Umgebungsbedingungen"

Becker, G.: Widerstandsfähigkeit von Kunststoffen gegen Termiten. Material-prüf. 5 (1963) Nr. 6.

Skaife, S. H.: Dwellers in Darkness. The Natural History Library, New York (1961). (zum Abschnitt „Termiten")

Raddatz, H.: Simulation von Klima- und Sonderbeanspruchung. Technische Rundschau 48 und 52 (1978).

Hoppe, W.: Mechanische und Klimatische Beanspruchungen von Transportgütern. Verpackungs-Rundschau 2/1979.

Kugler, R.: Erdbebenfestigkeit von Schaltgeräten. etz-a 98 (1977) Heft 2.

Bach, H.-W. und Feil, H. A.: Umweltbedingungen, Umweltprüfung. Siemens AG, Berlin, München (1979).

Rudolph, W.: Umwelteinflüsse der Tropen auf elektrische Anlagen. etz-b 28 (1976) Heft 1.

Weischet, W.: Einführung in die allgemeine Klimatologie. B. G. Teubner, Stuttgart (1977).

Normen zu „Klimate und ihre technische Anwendung"		
DIN 50 010 Teil 1:	Klimabegriffe – Allgemeine Klimabegriffe	Oktober 1977
DIN 50 010 Teil 2:	Klimabegriffe – Physikalische Begriffe	August 1981
DIN 50 012:	Beschaffenheit des Normalklimaraums – Messen der relativen Luftfeuchte	August 1981
DIN 50 019 Teil 1:	Technoklimate – Kennzeichnung und karto- graphische Darstellung der Freiluftklimate	November 1979
DIN 50 019 Blatt 2:	Freiluftklimate – Klima-Daten	Vornorm Juli 1963
DIN 50 019 Teil 3:	Technoklimate – Statistische Klimamodelle	November 1979
Beiblatt 1 zu DIN 50 019 Teil 3:	Technoklimate – Geographische Übersicht zu den Statistischen Freiluftklimamodellen	November 1979
Andere Normen		
DIN 40 050	IP-Schutzarten*)	August 1970

*) entsprechende IEC-Publikation: 529 (1976), „Classification of degrees of protection provided by enclosures."

Gliederung der IEC-Publikation 721

„Klassifizierung von Umweltbedingungen"
(mit Angabe der im Januar 1983 vorliegenden IEC-Schriftstücke oder Publikationen)

721-1   Allgemeines
          Aufzählung der Parameter mit ausgewählten Werten
          1. Ausgabe, 1981 (Report)

721-2   Einflußgrößen
          (physikalisch beschrieben und klassifiziert)
721-2-1   Temperatur und Luftfeuchte
          1. Ausgabe, 1982 (Standard)
721-2-2   Niederschlag und Wind
721-2-3   Luftdruck
721-2-4   Sonnenstrahlung und Temperatur
          (zur Zeit 75(Secretariat)36, Dez. 1981)
721-2-5   Staub, Sand, Salzdunst, Wind

721-2-6   Erdbeben und Schocks
721-2-7   Fauna, Flora, Schimmelpilz

721-3   Umweltbedingungen am Einsatzort
          (Lagerung, Transport, Betrieb)
721-3-0   Einführung
          (zur Zeit 75(Central Office)13, Mai 1981) *)
721-3-1   Lagerung
721-3-2   Transport
          (zur Zeit 75(Central Office)9, März 1981) *)
721-3-3   Ortsfest an wettergeschützten Einsatzorten betriebene Erzeugnisse
          (einschließlich Bedienung und Wartung)
          (zur Zeit 75(Secretariat)38, Dezember 1981)
721-3-4   Ortsfest an nicht wettergeschützten Einsatzorten betriebene Er-
          zeugnisse (einschließlich Bedienung und Wartung)
          (zur Zeit 75(Secretariat)39, Dezember 1981)
721-3-5   Errichtet auf Landfahrzeugen
          (zur Zeit 75(Central Office)10, März 1981) *)
721-3-6   Errichtet auf Schiffen
          (zur Zeit 75(Secretariat)37, Dezember 1981)
721-3-7   Tragbar, Anwendung an nicht wettergeschützten Einsatzorten
721-3-8   Tragbar, Anwendung an wettergeschützten Einsatzorten

DIN-IEC-Entwürfe
Zur Zeit liegen folgende DIN-IEC-Entwürfe vor:
DIN IEC 75(CO)8 (deutsch) Publ. 721-2-1
DIN IEC 75(CO)9 (englisch) Publ. 721-3-2
DIN IEC 75(Sec)38 (deutsch) Publ. 721-3-3
DIN IEC 75(Sec)39 (deutsch) Publ. 721-3-4
DIN IEC 75(CO)10 (englisch) Publ. 721-3-5
DIN IEC 75(CO)13 (englisch) Publ. 721-3-0

---

*) IEC-Publikation zur Zeit im Druck

Teil 330: Kompatibilität
(Verträglichkeit der Betriebsmittel)

VDE: Entwurf VDE 0100x/...76 (IEC 64)
IEC: Kapitel 33

Aus IEC-Kapitel 33

Die Kenngrößen von Betriebsmitteln, die sich nachteilig auf andere Betriebsmittel oder Funktionen auswirken oder die Funktion der Stromversorgung beeinträchtigen können, sind zu bestimmen.
Solche Kenngrößen sind zum Beispiel:
- vorübergehende Überspannung,
- schnell wechselnde Last,
- Einschaltströme,
- harmonische Ströme,
- Gleichstromanteile,
- hochfrequente Schwingungen,
- Erdschlußströme,
- Notwendigkeit zusätzlicher Erdverbindungen.

Teil 340   Wartbarkeit

VDE: Entwurf VDE 0100x/...76 (IEC 64)
IEC: Kapitel 34

1   Aus IEC-Kapitel 34

Häufigkeit und Gründlichkeit der Wartung, mit der während der voraussichtlichen Lebensdauer der Anlage zu rechnen ist, sind zu ermitteln; gegebenenfalls ist die für den Betrieb zuständige Stelle zu befragen. Diese Angaben sind beim Anwenden der Bestimmungen in Teil 4 bis 6 (auch im Teil 7) der IEC-Publikation 364 zu beachten, so daß unter Berücksichtigung der Häufigkeit und Gründlichkeit der Wartung

- die regelmäßige Inspektion (Kontrolle, Prüfung) und Wartung sowie Instandsetzungen, die voraussichtlich während der Lebensdauer der Anlage notwendig werden, bequem und sicher ausgeführt werden können,
- die Wirksamkeit der Schutzmaßnahmen während der vorgegebenen Lebensdauer der Anlage sichergestellt ist,
- die Zuverlässigkeit der Betriebsmittel im Hinblick auf den ordnungsgemäßen Betrieb der Anlage der vorgegebenen Lebensdauer angemessen ist.

2   Anmerkung zu den „Allgemeinen Angaben" über die Wartbarkeit

In VDE 0100 war seither nichts zum Thema Wartbarkeit von Anlagen ausgesagt. In neuerer Zeit rückt dieses Thema aus wirtschaftlichen Gründen immer mehr in das Interesse der Anlagenbetreiber. Die Notwendigkeit der Pflege von Anlagen, Maschinen und technischen Arbeitsmitteln zur Erhaltung der **Sicherheit**, der Funktion und zur Minderung der Abnutzung ist allein schon wegen der großen Kostensteigerungen von besonderem Interesse.

Daher erscheint es sinnvoll bei der Planung, Auswahl und Errichtung elektrischer Anlagen die zukünftige „Wartbarkeit" zu berücksichtigen, und dies auch in den „Allgemeinen Angaben" von VDE 0100 zu verlangen, (vgl. Teil 100, Abschnitt 4, dieser Erläuterungen).

Beim Export treten hier zusätzliche Probleme auf. An fernen Orten in fernen Ländern gibt es heute noch Anlagenbetreiber, die davon ausgehen, eine Anlage zu erwerben, für die während vieler Jahre keine Wartung nötig ist. Bei Beleuchtungsanlagen wird z. B. verlangt, daß zur Berücksichtigung des infolge Verschmutzung der Leuchten reduzierten Lichtstromes die Beleuchtungsanlage größer als zunächst erforderlich ausgelegt wird. Die Folge ist, daß die gesamte Stromversorgungs- und Verteilungsanlage überdimensioniert wird, nur wegen der mangelnden Bereitschaft zur Wartung.

Ohne Wartung wird auch die **Sicherheit** einer Anlage verringert. Es ist daher sinnvoll, im Kapitel 31 der IEC-Publikation 364-3 und in dem entsprechenden CENELEC-HD, Planer und Betreiber zu verpflichten, über die Regelmäßigkeit und den Umfang der Wartung einer Anlage Vereinbarungen zu treffen.

Sicher wird es auch in Zukunft Bereiche geben, in denen eine Wartung im üblichen Sinn nicht nötig ist, z. B. in einer Wohnung. Der Wohnungsinhaber wird die Glühlampen selbst auswechseln oder eine Elektrofachkraft zum Beseitigen eines Schadens an der Elektroinstallation holen. Das schließt nicht aus, daß auch die elektrische Anlage in der Wohnung so ausgeführt wird, daß sie „wartbar" ist im Sinne von Kapitel 31.

Im englischen Sprachraum ist der Vorschlag gemacht worden, die Wartbarkeit (e: Maintainability) wie folgt zu erklären:

„Maintainability ist der Grad der Einfachheit, der erforderlich ist, um eine Anlage betriebsfähig zu halten oder wieder betriebsfähig zu machen. Sie ist eine Funktion der Zugänglichkeit der einzelnen Anlageteile, des inneren Aufbaues, der Arbeits- und Reparaturbedingungen und der zur Durchführung der Wartung benötigten Zeiten, Werkzeuge und Kenntnisse."

An dieser Stelle sei auch auf die IEC-Publikation 706-1 (1982) verwiesen: „Guide on maintainability of equipment. Part 1, Sections 1, 2 and 3: Introduction, requirements and maintainability programme".

Teil 350 Klassifikation der Stromversorgung für Sicherheitszwecke

VDE: Entwurf DIN IEC 64(CO)85/VDE 0100 Teil 35/...80
IEC: Kapitel 35

Im Kapitel 35 der IEC-Publikation werden „Allgemeine Angaben" zur Notstromversorgung festgelegt.
Folgende Stromquellen werden als **Sicherheits**stromquellen betrachtet:
– Akkumulatoren,
– Primärelemente,
– Generatoren, die unabhängig vom Stromversorgungsnetz betrieben werden,
– eine besondere Netzeinspeisung, die in jedem Fall von dem normalen Netzanschluß unabhängig ist.

Klassifikationen der Stromquellen:
– nicht-automatische Versorgung,
– automatische Versorgung.

Klassifikation der automatischen Versorgung nach der Umschaltzeit:
(1) unterbrechungslos,
(2) sehr kurze Unterbrechung (maximal 0,15s),
(3) kurze Unterbrechung (maximal 0,5s),
(4) mittlere Unterbrechung (maximal 15s).
(5) lange Unterbrechung (mehr als 15s)

Teil 410 Schutz gegen gefährliche Körperströme

VDE: Teil 410
IEC: Kapitel 41 und Abschnitte 470 und 471

Zusammenstellung von zuzuordnenden nationalen und internationalen Bestimmungen und Normen, Stand Januar 1983

1 DIN 57 100 Teil 410/VDE 0100 Teil 410/11.83
Errichten von Starkstromanlagen mit Nennspannung bis 1000 V; Schutzmaßnahmen; Schutz gegen gefährliche Körperströme.

Anmerkung: Die „Erläuterungen" im Anhang zu der Norm/VDE-Bestimmung DIN 57 100 Teil 410/VDE 0100 Teil 410 ergänzen die Aussagen im Teil 410 dieses Buches (die Norm wird zur Zeit zum Druck vorbereitet).

2 DIN 57 106 Teil 1/VDE 0106 Teil 1/5.82
Schutz gegen elektrischen Schlag; Klassifizierung von elektrischen und elektronischen Betriebsmitteln

3 DIN 57 106 Teil 100/VDE 0106 Teil 100/03.83
Schutz gegen elektrischen Schlag; Anordnung von Betätigungselementen in der Nähe berührungsgefährlicher Teile.

Anmerkung: Die Titel dieser beiden Normen (2 und 3) werden bei der nächsten Neuauflage an Teil 410 der DIN 57 100/VDE 0100 angepaßt.

4 Unfallverhütungsvorschrift der Berufsgenossenschaften „Elektrische Anlagen und Betriebsmittel (VBG 4)".

5 IEC-Publikation 364-4-41 (erste Ausgabe) 1977.
dazu folgende Nachträge:
– Änderung Nr. 1, Mai 1977
– Änderung Nr. 2, Oktober 1981
– Erste Ergänzung: Publikation 364-4-41A (1981)
Elektrische Anlagen von Gebäuden; Schutz gegen gefährliche Körperströme.

Anmerkung: Die IEC-Publikation 364-4-41 (erste Ausgabe) 1977 und deren Änderungen und Ergänzungen sind inzwischen als „IEC-Publikation 364-4-41 (zweite Ausgabe) 1982" erschienen.

6 IEC-Publikation 364-4-47 (erste Ausgabe) 1981,
Anwendung der Schutzmaßnahmen; Allgemeines und Schutz gegen gefährliche Körperströme.

7 IEC-Publikation 479. Die Wirkung des elektrischen Stroms auf den menschlichen Körper (6 Teile, siehe Tabelle 100-F in diesen Erläuterungen).

8 IEC-Publikation 536 (erste Ausgabe) 1976,
Klassifizierung von elektrischen und elektronischen Betriebsmitteln in bezug auf den Schutz gegen gefährliche Körperströme.

9 CENELEC-Harmonisierungsdokument 384.4.41 (1980),
Titel wie IEC-Publikation 364-4-41.

10 CENELEC-Harmonisierungsdokument 384.4.47
(zur Zeit in Vorbereitung).
Titel wie IEC-Publikation 364-4-47.

11 CENELEC-Harmonisierungsdokument 366 (1977)
Titel wie IEC-Publikation 536.

12 Großbritannien: IEE Wiring Regulations, 15. Ausgabe, 1981,
Kapitel 41: Schutz gegen gefährliche Körperströme,
Kapitel 47: Anwendung der Schutzmaßnahmen.

13 Frankreich: Norm NF C 15-100,
Kapitel 41: Schutz gegen gefährliche Körperströme,
Kapitel 47: Anwendung der Schutzmaßnahmen.

14 USA: National Electrical Code, 1981,
Chapter 2: Wiring Design and Protection,
(Bestimmungen nicht an IEC angepaßt).

1 Einführung

Eines der wichtigsten Themen in der DIN 57 100/VDE 0100 ist sicher der Schutz gegen gefährliche Körperströme. Nicht nur das für die VDE 0100 zuständige Komitee 221 mußte sich sehr intensiv damit beschäftigen. Auch viele andere Gremien der Deutschen Elektrotechnischen Kommission im DIN und VDE (DKE) haben bei der Vorbereitung mitdiskutiert. Viele Fachleute außerhalb der Gremien der DKE zeigten bereits in der Vergangenheit großes Interesse am Inhalt des Teils 410.

Wer sich mit diesen Schutzmaßnahmen eingehender beschäftigen will, sollte daher einiges über

– die Wirkung des elektrischen Stroms auf den menschlichen Körper,
– die Schwelle (Grenze) des Herzkammerflimmerns,
– den elektrischen Widerstand des menschlichen Körpers und
– den Herz-Strom-Faktor

wissen. Diese vier Themen werden als „Einführung" zum Teil 410 dieser Erläuterungen behandelt.

1.1 Die Wirkung des elektrischen Stromes auf den menschlichen Körper
(im Niederspannungsbereich)

Grundlage der Maßnahmen zum Schutz gegen gefährliche Körperströme und damit auch der Schutzleiter-Schutzmaßnahmen ist die IEC-Publikation 479, „Wirkung des elektrischen Stromes auf den menschlichen Körper". Diese IEC-

Wirkung des elektrischen Stromes auf den menschlichen Körper
Effects of current passing through the human body
aus: IEC Report, Publication 479 – First edition 1974

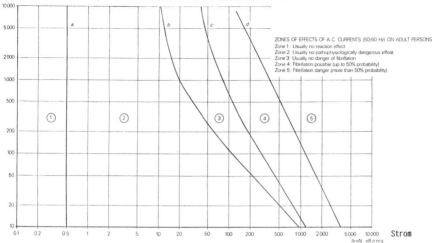

ZONES OF EFFECTS OF A.C. CURRENTS (50/60 Hz) ON ADULT PERSONS
Zone 1: Usually no reaction effect
Zone 2: Usually no pathophysiologically dangerous effect
Zone 3: Usually no danger of fibrillation
Zone 4: Fibrillation possible (up to 50% probability)
Zone 5: Fibrillation danger (more than 50% probability)

Bild 410-1

Wirkungsbereiche (Zonen) von Wechselstrom (50/60 Hz) bei erwachsenen Personen

Zone 1: normalerweise keine Reaktion
Zone 2: normalerweise keine pathophysiologisch gefährliche Wirkung
Zone 3: normalerweise keine Gefahr von Herzkammerflimmern
Zone 4: Herzkammerflimmern möglich (bis zu 50 % Wahrscheinlichkeit)
Zone 5: Gefahr von Herzkammerflimmern (über 50 % Wahrscheinlichkeit)

Publikation wurde erstmals 1974 als IEC-Report veröffentlicht; sie basierte auf den damals bekannten technischen und medizinischen Forschungsarbeiten. Neue Forschungsergebnisse und intensive Beschäftigung mit dem IEC-Report von 1974 führten zu einer detaillierten Überarbeitung der IEC-Publikation 479. Sie wird in Zukunft in 6 Teilen veröffentlicht (siehe Tabelle 100-F), wobei der Teil 1 für das hier behandelte Thema von besonderer Bedeutung ist: „Die Wirkung von Wechselstrom im Bereich von 15 bis 100 Hz."
Aus der IEC-Publikation 479 von 1974 und aus dem Entwurf des Teiles 1 vom April 1982 (Schriftstück 64(Secretariat)353) sollen hier einige für die Abschalt-zeiten bedeutenden Punkte behandelt und entsprechende Diagramme aus die-sen Dokumenten wiedergegeben werden.
Die Dauer der Stromeinwirkung und die Stärke des Stromes sind sowohl für den Schutz von Personen wie auch für den Schutz von Sachwerten (Brandschutz, $I^2 \cdot t \cdot R$ = Stromwärmewert) von besonderer Bedeutung. Für die Wirkung des elektrischen Stromes auf den lebenden Organismus, d. h. auf den Körper

134

Wirkung des elektrischen Stromes auf den menschlichen Körper
Effects of current passing through the human body
aus: IEC Report, Publication 479 – First edition 1974

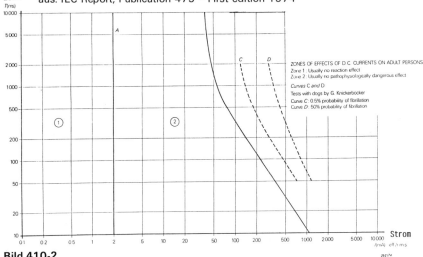

Zeit
T(ms)

ZONES OF EFFECTS OF D.C. CURRENTS ON ADULT PERSONS
Zone 1: Usually no reaction effect
Zone 2: Usually no pathophysiologically dangerous effect

Curves C and D
Tests with dogs by G. Knickerbocker
Curve C: 0.5% probability of fibrillation
Curve D: 50% probability of fibrillation

Strom
I(mA) eff./r.m.s.

Bild 410-2
Wirkungsbereiche (Zonen) von Gleichstrom bei erwachsenen Personen
Zone 1: normalerweise keine Reaktion
Zone 2: normalerweise keine pathophysiologische Wirkung
Kurven C und D
Versuche an Hunden von G. Knickerbocker
Kurve C: 0,5 % Wahrscheinlichkeit von Herzkammerflimmern
Kurve D: 50 % Wahrscheinlichkeit von Herzkammerflimmern

von Menschen und Tieren, gibt die IEC-Publikation 479 (1974) Diagramme
der Wirkungsbereiche (Zonen) von Wechselstrom und Gleichstrom (siehe
Bilder 410-1 und **410-2**). Das Bild 410-2 für Gleichstrom wird hier zur allgemeinen Information und zum Vergleich aufgeführt, es wird jedoch nicht weiter
behandelt.
Zum Diagramm der Wirkungsbereiche von Wechselstrom (Bild 410-1): International einigte man sich darauf, die Grenzkurve zwischen den Zonen 3 und 4,
d. h. die Kurve c, als „Gefährdungskurve" zu betrachten. Auf dieser Gefährdungskurve basierend hat man in den 70er Jahren das Kapitel 41, „Protection
against electric shock", der IEC-Publikation 364-4-41 erarbeitet.
Die technischen Konsequenzen daraus paßten nicht ganz mit den langjährigen
praktischen Erfahrungen vieler Länder bei Schutzleiter-Schutzmaßnahmen
überein. Sehr kurze Abschaltzeiten bei relativ großen Leiterquerschnitten waren
die Folge. Bei der Umsetzung des IEC-Kapitels 41 in das CENELEC-Harmonisierungsdokument 384.4.41 wurde die entsprechende Zeit-/Spannungskurve
(Bild 410-3) von der Harmonisierung ausgeschlossen.
Die einzelnen Länder können bis zu einer neuen internationalen Regelung für die
Abschaltzeiten von Steckdosenstromkreisen (d. h. für üblicherweise in der Hand

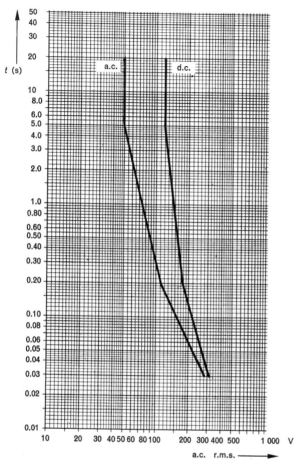

Bild 410-3 Maximale Dauer der Berührungsspannung
(Zeit/Spannungskurve)
aus Publication 364-4-41, Amend. 1 (May 1979)

Anmerkung: Das Bild 410-3 wird nicht nach DIN 57 100/VDE 0100 übernommen. Bei IEC-TC 64-WG9 wird der entsprechende Abschnitt der IEC-Publikation 364-4-41 neu bearbeitet.

gehaltene Geräte) eigene Werte einführen, siehe Abschnitt 6.1.3.2 dieser Erläuterungen zu Teil 410.

Anmerkung: In Deutschland wurden hierfür 0,2 s festgelegt.
Dieser Wert ist nach Ansicht des für die Norm DIN 57 100/VDE 0100 zuständigen Komitees K 221 durch die Aussagen im Entwurf für den Teil 1 der neuen IEC-Publikation 479 gesichert. Man geht davon aus, daß die 0,2 s oder ein etwas höherer Wert auch international festgelegt werden. In den neuen britischen Wiring Regulations, 15th Edition, 1981, werden hierfür 0,4 s angegeben.

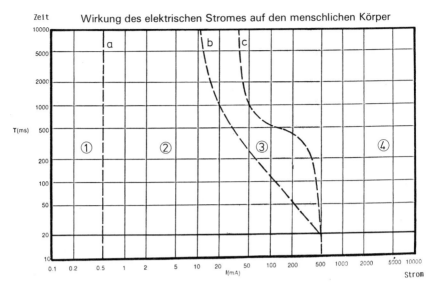

Bild 410-4

Zeit-/Strom-Bereich für die Wirkung von Wechselstrom (50/60 Hz) auf erwachsene Personen
(Nach dem Entwurf für den Teil 1 der IEC-Publikation 479,
Schriftstück 64(Secretariat)353)
Zone 1: normalerweise keine Reaktion bis zur Wahrnehmbarkeitsschwelle
Zone 2: normalerweise keine schädlichen physiologischen Wirkungen bis zur
           Schwelle der Loslaßmöglichkeit
Zone 3: normalerweise ist kein organischer Schaden zu erwarten
Zone 4: Herzkammerflimmern möglich

Anmerkung: Dieses Diagramm bezieht sich bezüglich des Herzkammerflimmerns auf die Wirkung des Stromes, der von der linken Hand zu den Füßen fließt. Weitere Einzelheiten siehe Originalschriftstück.

Die sogenannte Gefährdungskurve c hat nach den neuen Erkenntnissen keinen gleichförmigen Verlauf, sondern einen S-förmigen, d. h. sie läßt bei kurzen Zeiten vergleichsweise höhere Ströme zu (siehe **Bild 410-4**). Die S-förmige Kurve berücksichtigt die wichtigsten physikalischen Parameter, besonders die Dauer und den Fluß (die Intensität) des Stroms.
Diese Erkenntnis beruht darauf, daß es zwei „Schwellen" (Grenzen) des Herzkammerflimmerns als Funktion der Zeit und des Stroms gibt:
– Während einer vergleichsweisen kurzen Zeit ist der Strom, der ein Herzkammerflimmern verursacht, relativ hoch.
   Wenn die Zeit der Stromeinwirkung kürzer ist als ein Drittel der gesamten Herzperiode (etwa 0,7 s), so tritt das Herzkammerflimmern nur auf, wenn der „Reiz" des Stroms in die verletzbare (vulnerable) Phase der Herzperiode fällt (siehe **Bild 410-5**).

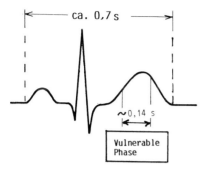

Bild 410-5 Gesamte Herzperiode und vulnerable (verwundbare) Phase für das Herz-kammerflimmern

- Ein vergleichsweise niedriger Strom kann länger wirken, bevor er ein Herz-kammerflimmern verursacht. Das heißt, die Zeit der Stromeinwirkung kann bei sehr kleinem Strom mehrere Herzperioden lang andauern.

Die neue S-förmige Gefährdungskurve c ist nicht nur eine theoretische Erkennt-nis, sie wird auch die zukünftigen technischen Festlegungen für Schutzleiter-Schutzmaßnahmen beeinflussen.

Zur Erläuterung (aus Schriftstück 64(Secretariat)353):
- Die Schwelle des Herzkammerflimmerns ist der Minimalwert eines Stroms, der unter gegebenen Bedingungen ein Herzkammerflimmern verursacht.
- Die verletzbare (vulnerable) Phase ist ein vergleichsweise kleiner Abschnitt der gesamten Herzperiode (cardiac cycle), während der die Herzmuskelfa-sern in einem ungleichmäßigen (inhomogenous) Zustand der Reizbarkeit (excitability) sind. Herzkammerflimmern tritt auf, wenn diese Herzmuskelfa-sern durch einen elektrischen Strom ausreichender Stärke erregt werden.

Anmerkung: Die vulnerable Phase entspricht dem ersten Teil der sogenannten „T-Zacke" in dem Elek-trokardiogramm (EKG); die vulnerable Phase beträgt etwa 10 bis 20 % der gesamten Herzperiode, d. h., sie hat eine Dauer von etwa 0,07 bis 0,14 s, maximal 0,2 s.

Diese Aussagen in dem Entwurf für den Teil 1 der neuen IEC-Publikation 479 rechtfertigen die Festlegung in der neuen deutschen Norm/VDE-Bestimmung DIN 57 100 Teil 410/VDE 0100 Teil 410: Stromkreise mit Steckdosen (bis 35 A) und üblicherweise in der Hand gehaltene Betriebsmittel, müssen im Fehlerfall in maximal 0,2 s abgeschaltet werden.

Die Wahrscheinlichkeit, daß die Durchströmung des Körpers bis zum Abschal-ten in die vulnerable Phase fällt und dann noch, wegen ungünstiger äußerer Ein-flüsse (reduzierter Widerstand des menschlichen Körpers) ein hoher Strom zu-stande kommt, ist als gering zu betrachten.

Nach dem Entwurf für den Teil 1 der neuen IEC-Publikation 479 gibt es noch andere Gesichtspunkte, die bei den Festlegungen für die Schutzmaßnahmen beachtet werden sollten:

- die Wahrscheinlichkeit von Fehlern,
- die Wahrscheinlichkeit des Berührens von aktiven Teilen (direktes Berühren),
- die Wahrscheinlichkeit des Berührens eines fehlerhaft unter Spannung stehenden Teiles (indirektes Berühren),
- die Beziehung zwischen Berührungsspannung und Fehlerspannung (Überbrückung einer gefährlichen Spannung durch den Menschen),
- vorliegende Erfahrungswerte,
- technische und wirtschaftliche Möglichkeiten.

Diese Gesichtspunkte rechtfertigen die Festlegung einer Abschaltzeit von 5 s für alle anderen Stromkreise nach DIN 57 100 Teil 410/VDE 0100 Teil 410. Auch nach der IEC-Publikation 364-4-41 (1977), Abschnitt 413.1.1.5 und nach dem CENELEC-HD 384.4.41 sind für Anlagen, die nur feste Betriebsmittel enthalten und von Stromkreisen für transportable und in der Hand gehaltene Betriebsmittel getrennt sind, 5 s Abschaltzeit zulässig.
Stromkreise, für die eine Abschaltzeit bis zu 5 s zugelassen wird, sind im allgemeinen in Verteileranlagen oder in industriellen Anlagen anzutreffen. Hier ist z. B. die Wahrscheinlichkeit, daß Menschen während dieser 5 s fehlerhafte Teile berühren, gering. Außerdem tragen Menschen in solchen Anlagen allgemein gute Schuhe, die den elektrischen Widerstand gegen die Durchströmung des menschlichen Körpers auf dem häufigsten Strompfad von der Hand über die Füße zur Standfläche erhöhen.
Beabsichtigter Potentialausgleich oder zufälliger Potentialausgleich über fremde leitfähige Teile tragen in Großanlagen häufig dazu bei, daß von Menschen auch im Fehlerfall kein gefährliches Potential überbrückt werden kann.

1.2 Die Schwelle des Herzkammerflimmerns

Die Schwelle des Herzkammerflimmerns hängt von biologischen Einflüssen des Menschen und von physikalischen Bedingungen ab.
Biologische Einflüsse sind z. B. die Anatomie des Körpers und die Situation (Gesundheitszustand) des Herzens. Physikalische Bedingungen sind z. B. der Weg des Stroms durch den Körper des Menschen, die Dauer der Stromeinwirkung und die Art des Stroms.
Bei Wechselstrom von 50/60 Hz ist eine beachtliche Herabsetzung der Schwelle des Herzkammerflimmerns festzustellen, wenn die Dauer der Stromeinwirkung länger ist als eine Herzperiode. Dieser Effekt resultiert von der ansteigenden (wachsenden) Ungleichförmigkeit des Erregungszustandes des Herzens, abhängig von den durch den elektrischen Strom hervorgerufenen zusätzlichen Herzschlägen (Extrasystole).
Für die Dauer der Einwirkung eines Stroms von weniger als 0,1 s tritt ein Herzkammerflimmern nur auf, wenn die Stromstärke einige Ampere beträgt und

wenn die Stromeinwirkung in die verletzbare (vulnerable) Phase der Herzperiode fällt.
Für Einwirkungen solcher Stromstärken bei einer Dauer von mehr als einer Herzperiode kann ein reversibler Herzstillstand eintreten, d. h., die Herztätigkeit kann wieder hergestellt werden.
Die Kurve c (Gefährdungskurve) wurde aus Tierversuchen für Menschen abgeleitet. Links von der Kurve c ist das Auftreten von Herzkammerflimmern unwahrscheinlich (siehe **Bilder 410-1, -2** und **-4)**.
Für die Einwirkung hoher Ströme bei kurzer Dauer zwischen 10 ms und 100 ms wurde die abfallende Linie von 500 mA bis 400 mA festgelegt. Auf der Grundlage der Erkenntnisse aus elektrischen Unfällen wurde für die Einwirkung niedriger Ströme bei einer Dauer von mehr als 1 s die Linie zwischen 50 mA und 40 mA vereinbart. Beide Linien wurden durch eine (empirische) Kurve verbunden, die durch Versuche belegt ist (siehe **Bild 410-4)**.

1.3 Der Widerstand des menschlichen Körpers

In dem Entwurf zu Teil 6 der neuen IEC-Publikation 479 (zur Zeit Schriftstück 64(Sekretariat)342) sind unter anderem folgende Aussagen zum Widerstand des menschlichen Körpers enthalten:

Anfangswiderstand des menschlichen Körpers (R_i)
Der Anfangswiderstand des menschlichen Körpers kann für normale Fälle (Kontaktflächen) mit 500 Ohm angenommen werden, für Gleichstrom und Wechselstrom, unabhängig von der Frequenz.
Der Anfangswiderstand hängt hauptsächlich von der Kontaktfläche (Berührung des spannungführenden Teiles) und dem Strompfad ab. Es scheint so, daß der Anfangswiderstand gleich ist mit dem inneren Widerstand (Z_i) des Körpers (ohne den Widerstand der Haut).

Gesamtwiderstand des menschlichen Körpers (Z_t)
Werte des Gesamtwiderstandes von lebenden Menschen sind in **Tabelle 410-A** aufgeführt; sie gelten für einen Strompfad von
Hand → Hand oder
Hand → Fuß
bei einer Kontaktfläche (Berührungsfläche) von etwa 50 bis 100 cm², bei Berührungsspannungen bis 1000 V. Die Werte stammen von Messungen an männlichen und weiblichen Erwachsenen; nach neueren Erkenntnissen sollen die Werte bei Kindern ähnlich sein (bei geringerer Größe auch geringerer Querschnitt des Strompfades).
Bei höherer Berührungsspannung (über etwa 100 V WS) nimmt der Einfluß des Widerstandes der Haut auf den Gesamtwiderstand des Menschen beachtlich ab.

Daher ist bei normaler Betriebsspannung, z. B. 220 V, keine Differenzierung mehr zwischen trockener und feuchter Haut nötig. Nur beim Eintauchen des Menschen reduziert sich dessen Widerstand und erhöht sich die Gefahr der elektrischen Durchströmung des Körpers, z. B. in der Badewanne, im Schwimmbad – aber auch neben diesen Einrichtungen, wenn man zuvor eingetaucht war.

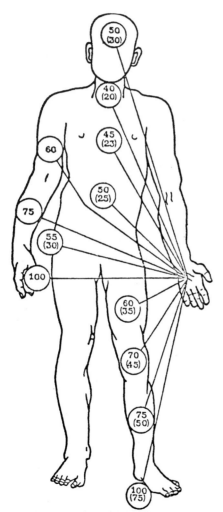

Bild 410-6 Innerer Widerstand und Gesamtwiderstand des menschlichen Körpers als Funktion der Strompfade.
Quelle: IEC 64(Secretariat)342, Entwurf zum Teil 6 der IEC-Publikation 479.

Tabelle 410–A. Elektrischer Widerstand des Menschen

Berührungs-spannung (V)	Werte des Gesamtwiderstandes (Ohm) des Menschen bei:		
	5 %	50 % der Bevölkerung*)	95 %
25	1750	3250	6100
50	1450	2800	5100
75	1250	2550	4500
100	1200	2400	4150
125	1100	2200	3800
220	1000	1800	3000
700	750	1100	1550
1000	700	1050	1500
asymtotischer Wert	650	750	850

*) Prozent einer beliebig großen Gruppe von Personen, die sich für entsprechende Messungen zur Verfügung gestellt hat.

Erläuterung zu Bild 410-6
Die Zahlen in den Kreisen geben den Prozentsatz des Widerstandes für bestimmte Strompfade im Körper des Menschen an. Die Prozentsätze sind bezogen auf den Strompfad
linke Hand → rechte Hand.
Die Zahlen außerhalb der Klammern entsprechen dem Stromfluß von einer Hand zu dem jeweils angedeuteten Körperteil.

Die Zahlen innerhalb der Klammern entsprechen dem Stromfluß von zwei Händen (gleichzeitig mit einem spannungsführenden Teil in Berührung) zu dem jeweils angedeuteten Körperteil
– immer als Prozentsatz bezogen auf den Strompfad
linke Hand → rechte Hand.

Der Widerstand
eine Hand → beide Füße beträgt 75 %,
beide Hände → beide Füße 50 %
des Widerstandes zwischen zwei Händen.

1.4 Herzstrom-Faktor

In dem Entwurf zum Teil 1 der neuen IEC-Publikation 479 (zur Zeit Schriftstück 64 (Secreatriat) 353) gibt es den Begriff Herz-Strom-Faktor. Er wird als grobe Schätzung der relativen Gefahr des Herzkammerflimmerns bei den unterschiedlichen Strompfaden durch den Körper des Menschen betrachtet. Die Faktoren beziehen sich auf den häufigsten **Strompfad Hand → Fuß** (1,0).

Folgende Faktoren werden in dem IEC-Schriftstück angegeben:

Strompfad		Herz-Strom-Faktor
linke Hand ⟶	linker Fuß oder rechter Fuß oder beide Füße	1,0
beide Hände ⟶	beide Füße	1,0
linke Hand ⟶	rechte Hand	0,4
rechte Hand ⟶	linker Fuß oder rechter Fuß oder beide Füße	0,8
Rücken ⟶	rechte Hand	0,3
Rücken ⟶	linke Hand	0,7
Brust ⟶	rechte Hand	1,3
Brust ⟶	linke Hand	1,5
Gesäß ⟶	linke Hand oder rechte Hand oder beide Hände	0,7

Beispiel
für die Anwendung des Herz-Strom-Faktors: Ein Strom von 200 mA Hand → Hand hat dieselbe Wirkung wie ein Strom von 80 mA linke Hand → beide Füße (200 mA · 0,4 = 80 mA).

Immer dann, wenn der direkte Strompfad in der Nähe des Herzens vorbeiführt, und damit die Stromdichte im Herz größer wird, wird auch die Gefahr des Herzkammerflimmerns größer.

2 Begriffe

VDE: DIN 57 100 Teil 200/VDE 0100 Teil 200/04.82
IEC: IEV, Kapitel 826

Für das Verständnis der Normen und auch dieser Erläuterungen ist der Teil 200, Allgemeingültige Begriffe, von besonderer Bedeutung.
In diesem Abschnitt der Erläuterungen sollen einige wichtige Begriffe und die zugehörigen Begriffsbestimmungen für das Thema „Schutz gegen gefährliche Körperströme" aufgeführt werden. Es ist zum Teil eine Gegenüberstellung aus
– DIN IEC 1(CO)1153 Teil 826/VDE 0100 Teil 200 A1/...82, Entwurf 1 vom Juni 1982 (aus dem Entwurf für das IEV-Kapitel 826) und
– DIN 57 100 Teil 200/VDE 0100 Teil 200/04.82.

Die Begriffsbestimmungen in DIN 57 100/VDE 0100 Teil 200/04.82 wurden aus VDE 0100/5.73 übernommen und teilweise überarbeitet, d. h. den Festlegungen in anderen VDE-Bestimmungen und den internationalen Tendenzen angepaßt. Die Texte aus IEC werden bei einer späteren Harmonisierung auch von DIN 57 100/VDE 0100 berücksichtigt werden. Neben den deutschen Begriffen werden in diesen Erläuterungen die von IEC festgelegten englischen und französischen Begriffe genannt, die Texte der englischen und französischen Begriffsbestimmungen können dem Entwurf Teil 200 A1 entnommen werden. Dem IEC-Text ist die laufende Nummer (Abschnitts-Nr.) aus dem IEC-Wörterbuch (IEV), Kapitel 826, zugeordnet.

Weitere Begriffserklärungen zu den Themen Erdung, Schutzleiter und Potentialausgleich siehe im Teil 540 dieser Erläuterungen.

IEV*): 826-01-03 Neutralleiter
e: Neutral conductor **)
f: Conducteur neutre

Ein mit dem Mittelpunkt oder Sternpunkt des Netzes verbundener Leiter, der geeignet ist, elektrische Energie zu übertragen.

VDE:
6.2 **Neutralleiter** (N) ist ein mit dem Mittel- oder Sterpunkt verbundener Leiter, der elektrische Energie fortleitet.
Anmerkung: Hierfür wurde bisher der Begriff „Mittelleiter" (Mp) benutzt.

IEV: Abschnitt 826-02 Spannungen
e: Voltages
f: Tensions

IEV: 826-02-01 Nennspannung (einer Anlage)
e: Nominal voltage (of an installation)
f: Tension nominal (d'une installation)

Spannung, durch die eine Anlage oder ein Teil einer Anlage gekennzeichnet ist.
Anmerkung: Die tatsächliche Spannung kann innerhalb der zulässigen Toleranzen von der Nennspannung abweichen.

VDE:
7.1.1 **Nennspannung eines Netzes** ist die Spannung, nach der das Netz benannt ist und auf die sich bestimmte Betriebsgrößen dieses Netzes beziehen.

---

*)   IEV: Internationales Elektrotechnisches Wörterbuch (Vocabulary)
**)   e: englisch
      f: französisch

IEV: 826-02-02 Berührungsspannung*)
e: Touch voltage
f: Tension de contact

Spannung, die zwischen gleichzeitig berührbaren Teilen während eines Isolationsfehlers auftreten kann.

Anmerkung: Vereinbarungsgemäß wird dieser Begriff nur im Zusammenhang mit Schutzmaßnahmen **bei indirektem Berühren** angewendet.

VDE:

10.11 **Berührungsspannung** ist der Teil der Fehler- oder Erderspannung, der vom Menschen überbrückt werden kann.

IEV: 826-02-03 Zu erwartende Berührungsspannung
e: Prospective touch voltage
f: Tension de contact présumée

Die höchste Berührungsspannung, die im Falle eines Fehlers mit vernachlässigbarer Impedanz in einer elektrischen Anlage je auftreten kann.

VDE: −

IEV: 826-02-04 Vereinbarte Grenze der Berührungsspannung (U_L)
e: Conventional touch voltage limit (U_L)
f: Tension limite conventionelle de contact (U_L)

Höchstwert der Berührungsspannung, der zeitlich unbegrenzt bestehen bleiben darf.

Anmerkung: Der zulässige Wert hängt von den Bedingungen der äußeren Einflüsse ab.

VDE: −

IEV: Abschnitt 826-03 Elektrischer Schlag

Anmerkung: Der Ausdruck „elektrischer Schlag" wurde vorläufig in die deutsche Übersetzung aufgenommen. Das Komitee K221 wird bei der Einspruchsberatung zu Teil 200 A1/...82 den deutschen Ausdruck für „electric shock" festlegen.

(Maßnahmen gegen gefährliche Körperströme)
e: Electric shock
f: Chocs électriques

---

*) Dieser Begriff wird im Zusammenhang mit einer konkreten Bestimmung nicht gebraucht. Die Arbeitsgruppe 1 (WG1) des IEC-TC 64 war der Ansicht, diesen Begriff dennoch aufzuführen, um die beiden nachfolgenden Begriffe leichter erklären zu können.

IEV: 826-03-01 Aktives Teil
e: Live part
f: Partie active

Jeder Leiter oder jedes leitfähige Teil, das dazu bestimmt ist, bei ungestörtem Betrieb unter Spannung zu stehen, einschließlich des Neutralleiters, aber vereinbarungsgemäß nicht der PEN-Leiter.

Anmerkung: Dieser Begriff besagt nicht unbedingt, daß das Risiko eines elektrischen Schlages besteht.

VDE:
6.6 **Aktive Teile** sind Leiter und leitfähige Teile der Betriebsmittel, die unter normalen Betriebsbedingungen unter Spannung stehen. Hierzu gehören auch Neutralleiter, nicht aber PEN-Leiter und die mit diesen in leitender Verbindung stehenden Teile.

IEV: 826-03-02 Körper (eines elektrischen Betriebsmittels)
e: Exposed conductive part
f: Masse; Partie conductrice accessible

Ein berührbares, leitfähiges Teil eines elektrischen Betriebsmittels, das normalerweise nicht unter Spannung steht, das im Fehlerfall aber unter Spannung stehen kann.

VDE:
6.7 **Körper** sind berührbare leitfähige Teile von Betriebsmitteln, die nicht aktive Teile sind, jedoch im Fehlerfall unter Spannung stehen können.

IEV: 826-03-03 Fremdes leitfähiges Teil
e: Extraneous conductive part
f: Elément conducteur (étranger à l'installation électrique)

Ein leitfähiges Teil, das nicht Teil der elektrischen Anlage ist, das jedoch ein elektrisches Potential, einschließlich des Erdpotentials, übertragen kann.

VDE:
6.8 **Fremde leitfähige Teile** sind leitfähige Teile, die nicht Teil der elektrischen Anlage sind, aber ein Potential einschließlich des Erdpotentials übertragen können.

Anmerkung:
Solche Teile können sein:
– Metallkonstruktionen von Gebäuden,
– Gas-, Wasser- und Heizungsrohre usw. aus Metall und mit diesen verbundene nicht elektrische Einrichtungen (Heizkörper, Gas- oder Kohleherde, Metallausgüsse usw.),
– nichtisolierende Fußböden und Wände.

Anmerkung des Autors:
An dieser Stelle sei bezüglich der **Metallablaufventile** von Bade- und Brausewannen auf folgende Stellungnahme des Komitees K 221 verwiesen, veröffentlicht in der etz Bd. 102 (1981) Heft 7, Seite 400:

„1. Bei Kunststoffwanne, Kunststoffablaufrohren und Metallablaufventil wird das Einbeziehen in den Potentialausgleich nicht gefordert.

2. Bei Metallwanne, Kunststoffablaufrohren und Matallablaufventil wird nur das Einbeziehen der Metallwanne in den Potentialausgleich gefordert."

IEV: 826-03-04 Elektrischer Schlag
e: Electric shock
f: Choc électrique

Pathophysiologischer Effekt, ausgelöst von einem elektrischen Strom, der den menschlichen Körper oder den Körper eines Tieres durchfließt.

VDE: –

IEV: 826-03-05 Direktes Berühren
e: Direct contact
f: Contact direct

Berühren aktiver Teile durch Personen oder Nutztiere (Haustiere)

VDE:
11.1 **Schutz gegen direktes Berühren** sind alle Maßnahmen zum Schutz von Personen und Nutztieren vor Gefahren, die sich aus einer Berührung mit aktiven Teilen elektrischer Betriebsmittel ergeben. Es kann sich hierbei um einen vollständigen oder teilweisen Schutz handeln.
Bei teilweisem Schutz besteht nur ein Schutz gegen zufälliges Berühren.

IEV: 826-03-06 Indirektes Berühren
e: Indirect contact
f: Contact indirect

Berühren von Körpern elektrischer Betriebsmittel, die infolge eines (Isolations-) Fehlers unter Spannung kamen, durch Menschen oder Nutztiere.

VDE:
11.6 **Schutz bei indirektem Berühren** ist der Schutz von Personen und Nutztieren vor Gefahren, die sich im Fehlerfall aus einer Berührung mit Körpern oder fremden leitfähigen Teilen ergeben können.

IEV: 826-03-07 Gefährlicher Körperstrom
e: Shock current
f: Courant de choc

Ein Strom, der den Körper eines Menschen oder eines Tieres durchfließt, und der Merkmale hat, die üblicherweise einen pathophysiologischen (schädigenden) Effekt auslösen.

VDE: –

IEV: 826-03-08 Ableitstrom (in einer Anlage)
e: Leakage current (in an installation)
f: Courant le fuite (dans une installation)

Ein Strom, der in einem fehlerfreien Stromkreis zur Erde oder zu einem fremden leitfähigen Teil fließt.
Anmerkung: Dieser Strom kann eine kapazitive Komponente haben, insbesondere bedingt durch die Verwendung von Kondensatoren.

VDE:
10.12 **Ableitstrom** ist der Strom, der betriebsmäßig von aktiven Teilen der Betriebsmittel über die Isolierung zu Körpern und fremden leitfähigen Teilen fließt. Der Ableitstrom kann auch einen kapazitiven Anteil haben, z. B. bei Verwendung von Entstörkondensatoren.

IEV: 826-03-09 Differenzstrom (Fehlerstrom beim Fehlerstromschutzschalter)
e: Residual current
f: Courant différentiel-résiduel

Die algebraische Summe der Momentanwerte von Strömen, die an einer Stelle der elektrischen Anlage durch alle aktiven Leiter eines Stromkreises fließen.

VDE: –

IEV: 826-03-10 Gleichzeitig berührbare Teile
e: Simultaneously accessible parts
f: Parties simultanément accessibles

Leiter oder leitfähige Teile, die von einer Person – gegebenenfalls auch von Nutztieren (Haustieren) – gleichzeitig berührt werden können.

Anmerkung:
Gleichzeitig berührbare Teile können sein:
– aktive Teile,
– Körper von elektrischen Betriebsmitteln,
– fremde leitfähige Teile,
– Schutzleiter,
– Erder.

VDE: –

IEV: 826-03-11 Handbereich
e: Arm's reach
f: Volume d'accessibilité au toucher

Ein Bereich, der sich von Standflächen aus erstreckt, die üblicherweise betreten werden, und dessen Grenzen eine Person in allen Richtungen ohne Hilfsmittel mit der Hand erreichen kann.

VDE:
11.4 **Handbereich** ist der Bereich, der sich von der Standfläche üblicherweise betretener Stätten aus erstreckt und dessen Grenzen mit der Hand ohne besondere Hilfsmittel erreicht werden können.
Dieser Bereich ist entsprechend „Bild 5" begrenzt.

„Bild 5": vergleiche Bild 410-7 in diesen Erläuterungen

IEC: 826-03-12 Umhüllung
e: Enclosure
f: Enveloppe

Ein Teil, das ein Betriebsmittel gegen bestimmte äußere Einflüsse schützt und durch das Schutz gegen direktes Berühren in allen Richtungen gewährt wird.
VDE: –

IEV: 826-03-13 Abdeckung
e: Barrier
f: Barrière

Ein Teil, durch das Schutz gegen direktes Berühren in allen üblichen Zugangsrichtungen gewährt wird.

VDE: –

IEV: 826-03-14 Hindernis
e: Obstacle
f: Obstacle

Ein Teil, das ein unbeabsichtigtes direktes Berühren verhindert, nicht aber eine beabsichtigte Handlung.

VDE: –

IEV: Abschnitt 826-07 Andere Betriebsmittel
e: Other Equipment
f: Autres matériels

IEV: 826-07-01 Elektrische Betriebsmittel
e: Electrical equipment
f: Matériel électrique

Alle Betriebsmittel, die zum Zwecke der Erzeugung, Umwandlung, Übertragung, Verteilung und Anwendung von elektrischer Energie angewendet werden, z. B.: Maschinen, Transformatoren, Schaltgeräte, Meßinstrumente, Schutzeinrichtungen, Kabel und Leitungen, Stromverbrauchsgeräte.

VDE:
5.1 **Elektrische Betriebsmittel** – kurz Betriebsmittel – sind alle Gegenstände, die als Ganzes oder in einzelnen Teilen dem Anwenden elektrischer Energie dienen. Hierzu gehören z. B. Gegenstände zum Erzeugen, Fortleiten, Verteilen, Speichern, Messen, Umsetzen und Verbrauchen elektrischer Energie, auch im Bereich der Fernmeldetechnik.

IEV: 826-07-02 Elektrische Verbrauchsmittel
e: Current using equipment
f: Matériel d'utilisation

Betriebsmittel, die dazu bestimmt sind, elektrische Energie in andere Formen der Energie umzuwandeln, z. B. in Licht, Wärme oder in mechanische Energie.

VDE:
5.7 **Elektrische Verbrauchsmittel** – kurz Verbrauchsmittel – sind Betriebsmittel, die die Aufgabe haben, elektrische Energie in einer nichtelektrischen Energieart (z. B. in Form von mechanischer oder chemischer Energie, Wärme, Schall, Licht, sonstiger Strahlung) oder zur Nachrichtenübertragung nutzbar zu machen.

Anmerkung: Sind mehrere Betriebsmittel zu einer Baueinheit zusammengesetzt, so ist für deren Einstufung als Verbrauchsmittel maßgebend, daß am Ausgang der Nutzenergie ohne Rücksicht auf den inneren Aufbau eine nicht elektrische Energieart oder eine Nachricht auftritt.

IEV: 826-07-03 Schalt- und Steuergeräte
e: Switchgear and controlgear
f: Appareillage

Betriebsmittel, die an einen elektrischen Stromkreis angeschlossen sind, um eine oder mehrere der folgenden Funktionen zu erfüllen: Schützen, Steuern, Trennen, Schalten.

Anmerkung: Die französischen und englischen Begriffe Nr. 826-07-03 können in den meisten Fällen als gleich betrachtet werden. Der französische Begriff hat jedoch eine ausgedehntere Bedeutung als der englische; er beinhaltet z. B. auch Verbindungsmaterial, Stecker und Steckdosen, usw. Im Englischen werden die zuletztgenannten Betriebsmittel unter dem Begriff „Accessories" zusammengefaßt.

VDE: –

IEV: 826-07-04 Ortsveränderliche Betriebsmittel
e: Portable equipment
f: Matériel mobile

Betriebsmittel, die während des Betriebes bewegt werden oder die leicht von einem Platz zu einem anderen gebracht werden können während sie an den Versorgungsstromkreis angeschlossen sind.

VDE:
5.3 **Ortsveränderlich** sind Betriebsmittel, wenn sie nach Art und üblicher Verwendung unter Spannung stehend bewegt werden.

IEV: 826-07-05 Handgeräte
e: Hand-held equipment
f: Matériel portatif (à main)

Betriebsmittel, die dazu bestimmt sind, während des normalen Gebrauchs in der Hand gehalten zu werden, und bei denen ein gegebenenfalls eingebauter Motor einen festen Bestandteil des Betriebsmittels bildet.

VDE: –

IEV: 826-07-06 Ortsfeste Betriebsmittel
e: Stationary equipment
f: Matériel fixe

Betriebsmittel, die an einer Stelle fest angebracht sind oder Betriebsmittel, die keine Tragevorrichtung haben und deren Masse so groß ist, daß sie nicht leicht bewegt werden können.
Anmerkung: In der IEC-Publikation 335-1 wird für Haushaltsgeräte die Masse 18 kg genannt.

VDE:
5.2 **Ortsfest** sind Betriebsmittel, wenn sie infolge ihrer Beschaffenheit oder wegen mechanischer Befestigung während des Betriebes an ihren Aufstellungsort gebunden sind.
Anmerkung: Hierunter werden auch solche Betriebsmittel verstanden, die betriebsmäßig zwar ortsfest sind, aber z. B. zum Herstellen des Anschlusses oder zum Reinigen begrenzt bewegbar sind.

IEV: 826-07-07 Festangebrachte Betriebsmittel
e: Fixed equipment
f: Matériel installé à poste fixe

Betriebsmittel, die auf einer Haltevorrichtung angebracht oder in einer anderen Weise fest an einer bestimmten Stelle montiert sind.

VDE: –

Vier Begriffe aus **DIN 57 106 Teil 1/VDE 0106 Teil 1/5.**82 (IEC-Publikation 536):

Basisisolierung
Basisisolierung ist die Isolierung unter Spannung stehender Teile zum grundlegenden Schutz gegen elektrischen Schlag.
Anmerkung:
Die Basisisolierung ist nicht ohne weiteres mit der Betriebsisolierung gleichzusetzen.

Zusätzliche Isolierung
Zusätzliche Isolierung ist eine unabhängige Isolierung zusätzlich zur Basisisolierung, die den Schutz gegen elektrischen Schlag im Fall eines Versagens der Basisisolierung sicherstellt.

Doppelte Isolierung
Doppelte Isolierung ist eine Isolierung, die aus Basisisolierung und zusätzlicher Isolierung besteht.

Verstärkte Isolierung
Verstärkte Isolierung ist eine einzige Isolierung unter Spannung stehender Teile, die unter den in den einschlägigen Normen genannten Bedingungen den gleichen Schutz gegen elektrischen Schlag wie eine doppelte Isolierung bietet.
Anmerkung: Das besagt nicht, daß die Isolierung homogen sein muß. Sie darf aus mehreren Lagen bestehen, die nicht einzeln als zusätzliche Isolierung oder Basisisolierung geprüft werden können.

3 Allgemeines

3.1 Verweis auf andere Teile der DIN 57 100/VDE 0100

DIN 57 100 Teil 410/VDE 0100 Teil 410 basiert auf dem Kapitel 41 der IEC-Publikation 364-4-41 und dem entsprechenden CENELEC-HD 384.4.41. Die IEC-Publikation 364-4-47 ist eingearbeitet, d. h. vom Kapitel 47, Anwendung der Schutzmaßnahmen, der Abschnitt 470, Allgemeines, und der Abschnitt 471, Schutz gegen gefährliche Körperströme.
Für das Verständnis des Teiles 410 sind außerdem von beachtlicher Bedeutung der
Teil 310   Allgemeine Angaben; Netzformen,
Teil 540   Erdung, Schutzleiter, Potentialausgleichsleiter.

Ferner haben folgende Teile Einfluß auf die Schutzmaßnahmen des Teiles 410:
Teil 430   Schutz von Leitungen und Kabeln gegen zu hohe Erwärmung (Überlastschutz, Kurzschlußschutz)
Teil 523   Strombelastbarkeit von Leitungen und Kabeln.

In der Zukunft werden auch die als Schutzeinrichtung verwendeten Schaltgeräte in einem besonderen Teil geregelt:
Teil 530   Schaltgeräte und Steuergeräte.

Auf die Begründungen der CENELEC-Abweichungen von der IEC-Publikation 364-4-41 (1977) wird hier besonders hingewiesen: siehe Anhang I des CENELEC-HD 384.4.41. Diese Begründungen enthalten z. T. interessante Erläuterungen.

3.2 Grenzen der dauernd zulässigen Berührungsspannung

Die Grenze der dauernd zulässigen Berührungsspannung beträgt nach Abschnitt 6.1.1.4 des Teiles 410 (IEC: Abschnitt 413.1.1.4):

U_L =   50 V für Wechselspannung
U_L = 120 V für Gleichspannung

Für besondere Anwendungsfälle können auch niedrigere Werte festgelegt werden.
Diese Werte entsprechen den Festlegungen in der IEC-Publikation 449 (1973) und der Ergänzung Nr. 1 (1980): Spannungsbereiche für elektrische Anlagen von Gebäuden.
Die Spannungsbereiche sind abgeleitet aus den Erkenntnissen der IEC-Publikation 479 (1974): Wirkung des elektrischen Stromes auf den menschlichen Körper.
Die Spannungsbereiche wurden nach langer Diskussion bei IEC und in den nationalen Gremien im IEC-TC 64 vereinbart. Die 50 V für Wechselspannung liegen in der Nachbarschaft der 65 V von VDE 0100/5.73, sie wurden sehr bald als Kompromiß vereinbart.
Bei dem Wert für Gleichspannung war die Entscheidung etwas schwieriger. Nach den Erkenntnissen aus der Wirkung des elektrischen Stromes hätte der Wert nahe an 200 V liegen können. Viele Länder wollten 100 V. In der Fernmeldetechnik gibt es viele Gleichstromanlagen, die mit etwa 110 V Nennspannung betrieben werden.

So kamen die Argumente
– vorliegende Erfahrungswerte und
– technische und wirtschaftliche Möglichkeiten
zu besonderer Bedeutung. Bei starkem deutschen Engagement entschied IEC-TC 64 bei Gleichspannung die Grenze auf 120 V festzulegen.

Anmerkung: Der Buchstabe L als Index in dem Kurzzeichen U_L ist aus dem in vielen Sprachen, z. B. Englisch „limit" und Französisch „limite", angewendeten Ausdruck für Grenze abgeleitet. Auch die deutsche Sprache kennt das Wort „Limit" als Fachausdruck für „Grenze" in vielen Sachgebieten (Bankwesen, Technik).

3.3 Allgemeine Anforderungen

VDE: Abschnitt 3
IEC: Abschnitt 400.1 und 410.1; ferner Kapitel 47,
  Abschnitte 470 und 471

Der Unfallschutz in elektrischen Anlagen, d. h. der Schutz gegen gefährliche Durchströmung des Menschen (oder des Nutztieres) muß erreicht werden
– durch das angewendete Betriebsmittel (gerätetechnische Maßnahmen),
– durch Anwenden der Schutzmaßnahmen beim Errichten (schaltungstechnische Maßnahmen),
– durch eine Kombination von beiden Maßnahmen.

Diese Maßnahmen müssen Schutz gewähren
– gegen direktes Berühren von aktiven (d. h. normalerweise unter Spannung stehenden) Teilen,
– bei indirektem Berühren von Teilen, die infolge eines Fehlers (z. B. in der Isolation eines Gerätes) unter Spannung stehen
  oder
– zugleich gegen direktes und bei indirektem Berühren.

Maßnahmen, die sowohl den Schutz gegen direktes als auch bei indirektem Berühren bewirken, sind
– Schutz durch Schutzkleinspannung,
– Schutz durch Funktionskleinspannung,
– Schutz durch Begrenzung der Entladungsenergie (diese Maßnahme wird zur Zeit noch vorbereitet).

Bei allen anderen Maßnahmen ist immer eine Kombination des Schutzes gegen direktes und bei indirektem Berühren erforderlich.

Zu diesen Festlegungen ist die Gliederung des Teils 410 entstanden:
Abschnitt 4: Schutz sowohl gegen direktes als auch bei indirektem Berühren
              (IEC: Abschnitt 411)
Abschnitt 5: Schutz gegen direktes Berühren (IEC: Abschnitt 412)
Abschnitt 6: Schutz bei indirektem Berühren (IEC: Abschnitt 413)

Maßnahmen zum Schutz bei indirektem Berühren dürfen kein Ersatz für fehlende oder unzureichende Schutzmaßnahmen gegen direktes Berühren oder für unsachgemäßes Errichten sein.

Verschiedene Schutzmaßnahmen, die in derselben Anlage oder in demselben Teil einer Anlage (z. B. in einem Raum, in der Hausinstallation) angewendet werden, dürfen sich nicht gegenseitig nachteilig beeinflussen.

Die Wirksamkeit der Schutzmaßnahmen darf durch Betriebsmittel nicht beeinträchtigt werden. Beispiele hierfür können sein: Gleichstrombeeinflussung von
Fehlerstromschutzeinrichtungen oder unzulängliche Verlängerungsleitungen
ohne Schutzleiter.
Eine wichtige Erkenntnis aus den „Allgemeinen Anforderungen" des Teils 410
ist, daß es in Zukunft keine „Starkstromanlage bis 1000 V" mehr gibt ohne
Schutzmaßnahmen gegen direktes oder bei indirektem Berühren – „auch nicht
bei einer Spannung von z. B. 4 Volt!"
Bisher konnten bei Spannungen bis 65 V Schutzmaßnahmen bei indirektem Berühren entfallen (siehe VDE 0100/5.73, § 5) oder auch der Schutz gegen direktes Berühren bis 42 V (siehe VDE 0100/5.73, § 4). Dies führte dazu, daß
der Abschnitt 4.3 „Schutz durch Funktionskleinspannung" neu in die Bestimmungen aufgenommen wurde.
Alle Angaben von Wechselspannungswerten in dieser Norm sind Effektivwerte.
Die Werte für Gleichspannung gelten, wenn diese oberschwingungsfrei sind.
Als oberschwingungsfrei gilt eine Gleichspannung, wenn ihre Welligkeit nicht
größer als 10 % ist.

Anmerkung: Werte für nicht oberschwingungsfreie Gleichspannung sind in Bearbeitung.
Ausnahmen von dem Schutz gegen direktes Berühren siehe Abschnitt 5.6 und von dem Schutz bei indirektem Berühren siehe Abschnitt 6.7 des Teiles 410 dieser Erläuterungen. Die Auswahl der im
Teil 410 der DIN 57 100/VDE 0100 festgelegten Schutzmaßnahmen für besondere Umgebungsbedingungen wird in anderen Normen z. B. in der Gruppe 700 der Normenreihe DIN 57 100/VDE 0100
oder in DIN 57 107/VDE 0107, (medizinisch genutzte Räume) geregelt.

4 Schutz sowohl gegen direktes als auch bei indirektem Berühren

VDE: Abschnitt 4
IEC: Abschnitt 411

4.1 Schutz durch Schutzkleinspannung

VDE: Abschnitt 4.1
IEC: Abschnitt 411.1

Die Nennspannung darf bei dieser Schutzmaßnahme 50 V Wechselspannung
oder 120 V Gleichspannung nicht überschreiten.
Für bestimmte Umgebungsbedingungen können niedrigere Spannungswerte
für die Schutzkleinspannung erforderlich sein.

4.1.1 Stromquellen für die Schutzkleinspannung
Nur folgende Betriebsmittel dürfen für die Erzeugung der Schutzkleinspannung
verwendet werden:
– Sicherheitstransformatoren nach VDE 0551,

– Stromquellen, die den gleichen Sicherheitsgrad gewährleisten, wie Sicherheitstransformatoren (z. B. Motorgeneratoren mit entsprechend getrennten Wicklungen nach VDE 0530 Teil 1 oder Dieselaggregate),

– elektrochemische Stromquellen (z. B. Akkumulatoren nach DIN 57 510/ VDE 0510 oder andere galvanische Elemente),

– den Stromquellen für Schutzkleinspannung sind gleichgestellt: elektronische Geräte, bei denen sichergestellt ist, daß beim Auftreten eines Fehlers im Gerät die Spannung gegen Erde an den Ausgangsklemmen nicht höher wird als 50 V Wechselspannung oder 120 V Gleichspannung (siehe z. B. DIN 57 160/VDE 0160).

Höhere Spannungen an den Ausgangsklemmen sind jedoch zulässig, wenn sichergestellt ist, daß beim Berühren von aktiven Teilen oder von Körpern fehlerbehafteter Betriebsmittel die Spannung an den Ausgangsklemmen unverzögert ($<$ 0,2 s) auf 50 V Wechselspannung oder 120 V Gleichspannung oder niedrigere Werte herabgesetzt wird.

Voraussetzung ist, daß die elektronischen Geräte den für sie geltenden Normen entsprechen.

Anmerkung zu den Sicherheitstransformatoren:
Wenn es die einschlägigen VDE-Bestimmungen zulassen, sind auch Transformatoren mit sicherer elektrischer Trennung z. B. nach DIN 57 804/VDE 0804 ausreichend.

Ortsveränderliche Stromquellen für Schutzkleinspannung, die an ein Netz angeschlossen sind, müssen schutzisoliert sein.

In der IEC-Publikation 364-4-41, Abschnitt 411.1.3.6 ist hierzu folgendes festgelegt:

„Ortsveränderliche Trenntransformatoren oder Motorgeneratoren müssen entsprechend Abschnitt 413.2, Schutzisolierung, ausgewählt oder errichtet werden."

Auf Grund eines Einspruches hat das Komitee 221 im entsprechenden Abschnitt 4.1.3 des Teiles 410 die Motorgeneratoren gestrichen.

Begründung: Motorgeneratoren werden nicht „unter Spannung stehend" bewegt, so daß sie nicht zu den „ortsveränderlichen Stromquellen" gehören; siehe Teil 200, Abschnitt 5.3. Bei IEC-TC 64 soll eine Änderung des Abschnittes 411.1.3.6 beantragt werden.

Für Sicherheitstransformatoren der Schutzklasse II sind geerdete Abschirmungen nicht zulässig.

4.1.2 Anordnung der Stromkreise für die Schutzkleinspannung

Für die Anordnung von Stromkreisen der Schutzkleinspannung gilt:

● Aktive Teile und Körper dürfen auf keinen Fall absichtlich mit geerdeten Teilen verbunden werden, d. h. nicht mit
  – Erdungsleitungen oder
  – Schutzleitern oder
  – PEN-Leitern oder
  – Körpern von Stromkreisen anderer Spannung oder
  – fremden leitfähigen Teilen,
    die im Fehlerfall eine Spannung annehmen, die höher ist als der Wert der angewendeten Schutzkleinspannung.

Wenn Körper von Stromkreisen der Schutzkleinspannung zufällig oder absichtlich mit Körpern anderer Stromkreise direkt oder über fremde leitfähige Teile in Berührung kommen, hängt der Schutz gegen gefährliche Körperströme nicht mehr allein von der Schutzmaßnahme Schutzkleinspannung ab, sondern auch von der Schutzmaßnahme, in die die Körper der anderen Stromkreise einbezogen sind.

● Aktive Teile von Stromkreisen der Schutzkleinspannung dürfen nicht mit aktiven Teilen anderer Stromkreise verbunden werden.

● Es muß eine sichere elektrische Trennung zwischen den aktiven Teilen des Schutzkleinspannungsstromkreises und Stromkreises höherer Spannung vorhanden sein. Durch entsprechende Maßnahmen ist dafür zu sorgen, daß die elektrische Trennung mindestens derjenigen zwischen der Primär- und der Sekundärseite eines Sicherheitstransformators entspricht. Eine solche elektrische Trennung ist insbesondere notwendig zwischen den aktiven Teilen von elektrischen Betriebsmitteln wie Relais, Schützen, Hilfsschaltern und anderen Teilen von Stromkreisen mit höherer Spannung.

Anmerkung: In der Norm DIN 57 100 Teil 410/VDE 0100 Teil 410/...83 ist für den Abschnitt 4.1.5.2 (sichere elektrische Trennung) eine besondere Regelung zum „Beginn der Gültigkeit" festgelegt.

● Stromkreise der Schutzkleinspannung dürfen untereinander nur verbunden werden, wenn die Spannungswerte 50 V Wechselspannung oder 120 V Gleichspannung nicht überschritten werden, bzw. niedrigere Werte, wenn diese für Sonderfälle festgelegt sind.

● Getrennte Verlegung der Leitungen, d. h. getrennt von den Leitungen anderer Stromkreise, oder besondere Isolationsmaßnahmen werden gefordert. Wenn dieses nicht möglich ist, muß eine der folgenden Maßnahmen getroffen werden:

 – Leitungen von Schutzkleinspannungsstromkreisen müssen zusätzlich zur Aderisolierung einen nichtmetallenen Mantel oder eine gleichwertige Umhüllung haben.

 – Leitungen von Stromkreisen verschiedener Spannung müssen durch einen geerdeten Metallschirm oder einen geerdeten Metallmantel voneinander getrennt werden.
 In den beiden hier erwähnten Fällen braucht die Aderisolierung nur für die Spannung des Stromkreises bemessen zu sein, zu dem sie gehört.

 – Stromkreise verschiedener Spannung können in mehradrigen Kabeln und Leitungen oder in Leiterbündeln enthalten sein; dabei müssen jedoch die Leitungsadern von Schutzkleinspannungsstromkreisen einzeln oder gemeinsam mit einer Isolierung versehen sein, die der **höchsten** vorkommenden Betriebsspannung entspricht.

● Unverwechselbarkeit von Steckern und Steckdosen (mit Steckern und Steckdosen von Stromkreisen höherer Spannung) ist notwendig.

4.1.3 Schutz gegen direktes Berühren bei Schutzkleinspannung

Ein Schutz gegen direktes Berühren ist auch bei Betriebsmitteln und in Strom-

kreisen der Schutzkleinspannung erforderlich, wenn
die Nennspannung
– zwischen 25 V und 50 V Wechselspannung oder
– zwischen 60 V und 120 V Gleichspannung
liegt.

Als technische Maßnahme zum Schutz gegen direktes Berühren sind anzuwenden:
– Abdeckungen oder Umhüllungen mindestens in Schutzart IP 2X oder
– eine Isolierung, die einer Prüfspannung von 500 V Wechselspannung 1 min standhält.

Wenn die Nennspannung 25 V Wechselspannung oder 60 V Gleichspannung nicht überschreitet, so erübrigt sich in der Regel ein Schutz gegen direktes Berühren. Bei bestimmten Umgebungsbedingungen kann Schutz gegen direktes Berühren auch für Spannungen unter 25 V Wechselspannung oder 60 V Gleichspannung gefordert werden (siehe z. B. DIN 57 100 Teil 706/VDE 0100 Teil 706).

4.1.4 Betriebsmittel für die Schutzkleinspannung
Die Betriebsmittel für die „Schutzkleinspannung" zur Verwendung in bestimmten Umgebungsbedingungen (besonders gefährdete Räume oder Orte) müssen der Schutzklasse III entsprechen (siehe DIN 57 106 Teil 1/VDE 0106 Teil 1/05.82, Klassifizierung von elektrischen und elektronischen Betriebsmitteln).

4.1.5 Zur Entstehung der „Schutzkleinspannung" bei IEC
Seit der Veröffentlichung des Entwurfs zu Teil 410 im Januar 1982 wird aus Fachkreisen immer wieder die Frage gestellt, warum beim Schutz durch Schutzkleinspannung der Schutz gegen direktes Berühren bereits bei 25 V Wechselspannung bzw. bei 50 V Gleichspannung gefordert wird. Dazu sei folgende Erläuterung gegeben:
Die Festlegungen in Abschnitt 4.1 des Teiles 410 basieren auf Vereinbarungen des IEC-TC 64, niedergeschrieben in der Publikation 364-4-41, Abschnitt 411.1. Das Thema „Schutz durch Schutzkleinspannung" wurde in den Jahren 1972 bis 1974 in IEC-TC 64 ausführlich diskutiert und auch entschieden, siehe z. B. die Niederschrift der IEC-TC-64-Sitzungen in Athen, 1972 (RM 1563/TC 64).
In dieser Niederschrift ist nachzulesen, daß die obengenannten Spannungsfestlegungen ein Kompromiß sind zwischen der praktischen Anwendung und theoretischen Erkenntnis aus der Arbeit der Arbeitsgruppe 4 des IEC-TC 64, jetzt Publikation 479 (1974), „Wirkung des elektrischen Stromes auf den menschlichen Körper".

Bei der Entscheidung des IEC-TC 64 ging man davon aus, daß bei normalen Umgebungsbedingungen 25 V Wechselspannung bzw. 60 V Gleichspannung weitgehend ungefährlich sind.

Wegen der praktischen Anwendbarkeit der **Schutzmaßnahme** „Schutz bei Schutzkleinspannung" hat man dann festgelegt, daß bei Spannungen über 25 V Wechselspannung/60 V Gleichspannung ein vollständiger Schutz gegen direktes Berühren erforderlich ist.

Der häufigste Fall der Anwendung des Schutzes durch Schutzkleinspannung erfolgt in sogenannten „begrenzten, leitfähigen Räumen". Die Umgebungsbedingungen in solchen Räumen werden als „nicht normal" betrachtet. Daher werden hier erhöhte Anforderungen gestellt, also auch der Schutz gegen direktes Berühren bei Spannungen unter 25 V Wechselspannung/60 V Gleichspannung gefordert.

In „normalen" Umgebungsbedingungen wird bei Spannungen unter 25 V Wechselspannung/60 V Gleichspannung keine gefährliche Wirkung des elektrischen Stromes erwartet. In „ungünstigen" Umgebungsbedingungen wird dagegen ein vollständiger Schutz gegen direktes Berühren gefordert.

Im Falle des 1. Fehlers, d. h. wenn z. B. ein aktives Teil mit einem Metallgehäuse eines Betriebsmittels in Verbindung kommt und dieses von einem Menschen berührt wird, besteht zunächst keine Gefahr. Durch das Verbot von Erdverbindungen bei der Schutzmaßnahme „Schutzkleinspannung" kann kein unterschiedliches Potential überbrückt werden und damit auch keine Gefahr entstehen. Die Wahrscheinlichkeit, daß zur gleichen Zeit ein 2. Fehler entsteht, der die Berührung unterschiedlicher Potentiale ermöglicht, wird vernachlässigt. In den meisten Fällen würde ein 2. Fehler auch zu einem Kurzschluß und damit zur Abschaltung führen.

Eine Begrenzung der Berührungs**dauer** bei der Schutzmaßnahme „Schutzkleinspannung" wurde nicht diskutiert, sie ist auch nicht realisierbar. Durch die beschriebenen vielfältigen Maßnahmen, insbesondere wegen der kleinen Spannung und der besonderen Spannungsquelle, ist eine Begrenzung der Berührungsdauer auch nicht erforderlich.

Hinzu kommt, daß Geräte der „Schutzkleinspannung" in Betrieben regelmäßig kontrolliert werden.

Elektromotorisch angetriebene Verbrauchsmittel und Werkzeuge werden im allgemeinen auch in begrenzten, leitfähigen Räumen eingesetzt. Daher die Forderung nach dem Schutz gegen direktes Berühren in jedem Fall.

In der Hand zu haltende Elektrowerkzeuge (z. B. Bohrmaschinen) können wirtschaftlich nicht für 25 V $\sim$ hergestellt werden, 50 V $\sim$ sind hier praktikabel. Andererseits wird bezweifelt, ob 25 V $\sim$, oder sogar niedrigere Werte, beim gleichzeitigen Berühren beider Pole ungefährlich sind.

So wurde 1972 in Athen (RM 1563/TC 64, Seite 12) entschieden, daß für die Schutzkleinspannung die Grenzen des „Bandes 1", jetzt IEC-Publikation 449 (1973) plus Annex No. 1 (1980), einzuhalten sind. Die Entscheidung des TC 64 wurde 1974 in Bukarest wiederholt (siehe Dokument 64(Bukarest/Secretariat)68).

Um den Sicherheitsanforderungen in der Praxis gerecht zu werden, wurden entsprechend diesen Entscheidungen die im Abschnitt 4.1 des Teiles 410 (bei IEC der Unterabschnitt 411.1) nachzulesenden technischen Bestimmung vom TC 64 festgelegt. In den acht bis zehn Jahren seit dieser Entscheidung ist festzustellen, daß diese Bestimmungen ein sehr guter Kompromiß sind zwischen den Anforderungen der Sicherheit und den Anforderungen der technischen Praxis. In Deutschland sind keine Unfälle in diesem Zusammenhang bekannt.

Wichtig ist noch die Feststellung, daß man diese Schutzmaßnahme zwar „Schutz durch Schutzkleinspannung" nennt, tatsächlich handelt sich es aber um eine Maßnahme, bei der eine kleine Spannung (z. B. 50 V Wechselspannung oder 120 V Gleichspannung) angewendet wird, die aus bestimmten Stromquellen gespeist und unter genau festgelegten Bedingungen angewendet wird. Erst durch Beachtung aller Festlegungen im Abschnitt 4.1 des Teiles 410 wird die Maßnahme zur „Schutzmaßnahme", die wir dann, etwas unkonsequent, aber allgemein verständlich „Schutz durch Schutzkleinspannung" nennen. Im Englischen ist die Abkürzung „SELV" üblich, vielleicht ist ein solches Kunstwort besser, um Mißverständnisse zu vermeiden (SELV: Protection by safety extra-low voltage).

4.2 Schutz durch Begrenzung der Entladungsenergie

VDE: Abschnitt 4.2
IEC: Abschnitt 411.2

Die Festlegungen für diese Schutzmaßnahmen werden zur Zeit von der Arbeitsgruppe 9 (WG 9) des IEC-TC 64 vorbereitet. Es gab hierzu bereits einen Entwurf (Schriftstück 64(Secretariat)285), der aber wieder zurückgezogen wurde.

Im Teil 410 wird bis zum Abschluß der internationalen Arbeiten folgender Text als Anmerkung zum Abschnitt 4.2 aufgenommen:

Der Schutz gegen direktes Berühren gilt bis auf weiteres als erfüllt, wenn die Entladungsenergie nicht größer als 350 mJ ist.

Dieser Wert von 350 mJ ist seither schon in der berufsgenossenschaftlichen Vorschrift VBG 4/4.79 enthalten. Es wird ferner auf die IEC-Publikation 348 (1978), Safety requirements for electronic measuring apparatus, verwiesen.

4.3 Schutz durch Funktionskleinspannung

VDE: Abschnitt 4.3
IEC: Abschnitt 411.3

4.3.1 Allgemeines

Die Funktionskleinspannung ist eine Variante der Schutzkleinspannung. Bei ihr

sind einige Abweichungen von den fundamentalen Festlegungen der Schutzkleinspannung zulässig, z. B.:
- Abweichung vom Erdungsverbot,
- Abweichung von den Festlegungen für die Isolierung gegenüber Stromkreisen höherer Spannung.

Anwendungsgebiete für die Funktionskleinspannung gibt es z. B. in der Fern-
meldetechnik und in der Meßtechnik.
Bei dieser Schutzmaßnahme wird unterschieden zwischen
- Funktionskleinspannung mit sicherer Trennung
  und
- Funktionskleinspannung ohne sichere Trennung.

Aus betrieblichen Gründen kann es notwendig sein, daß eine Spannung bis
50 V Wechselspannung oder 120 V Gleichspannung verwendet wird, jedoch
nicht alle Bedingungen für den Schutz durch Schutzkleinspannung erfüllt sind.
In diesem Fall müssen die in diesem Abschnitt beschriebenen Maßnahmen zum
Schutz gegen direktes Berühren und bei indirektem Berühren getroffen werden.
Die hier festgelegten Maßnahmen hängen davon ab, ob die Anforderungen an
eine sichere Trennung des Kleinspannungsstromkreises von Stromkreisen höherer Spannung genau so wie bei der Schutzmaßnahme Schutz durch Schutzkleinspannung erfüllt sind oder nicht.
Der Schutz durch Funktionskleinspannung ist z. B. anzuwenden, wenn der
Kleinspannungsstromkreis selbst oder die Körper der Betriebsmittel aus Funk-
tionsgründen geerdet werden müssen.
Ein anderer Anwendungsfall ist gegeben, wenn der Kleinspannungsstromkreis
Betriebsmittel wie Transformatoren, Relais, Fernschalter und Schütze enthält,
deren Isolierung gegenüber Stromkreisen höherer Spannung nicht derjenigen
entspricht, die für Schutzkleinspannung festgelegt ist.
Kleinspannung darf hier aus einer höheren Spannung über Einrichtungen wie
Spartransformatoren, Potentiometer, Halbleiterbauelemente und dergleichen
erzeugt werden. Der Sekundärstromkreis gilt dann als Teil des Primärstromkrei-
ses und muß durch die Schutzmaßnahmen geschützt werden, die im Primärstromkreis angewendet werden. Dies sind die Maßnahmen zum Schutz gegen
direktes Berühren nach Abschnitt 5 des Teiles 410 und die Maßnahmen zum
Schutz bei indirektem Berühren nach Abschnitt 6 (insbesondere die Schutzleiter-Schutzmaßnahmen).

4.3.2 Schutz durch Funktionskleinspannung mit sicherer Trennung
Wenn alle Anforderungen an eine sichere Trennung, wie beim Schutz durch
Schutzkleinspannung, erfüllt sind, gelten folgende Festlegungen:
Als Maßnahme zum Schutz gegen direktes Berühren sind wahlweise anzuwen-
den

– Schutz durch Isolierung aktiver Teile (entsprechend dem Abschnitt 5.1).
Die Isolierung muß einer Prüfspannung von 500 V Wechselspannung während 1 min standhalten.

– Schutz durch Abdeckungen oder Umhüllungen (entsprechend dem Abschnitt 5.2).
Die Abdeckung oder Umhüllung braucht jedoch nur den Anforderungen nach Abschnitt 5.2.1 (z. B. Schutzart IP 2X und sicheres Befestigen) zu genügen; die übrigen Anforderungen, insbesondere gemäß Abschnitt 5.2.4 (z. B. Anwenden von Schlüsseln und Werkzeugen oder Abschalten der Spannung, oder Zwischenabdeckung) gelten nicht.

Technologisch bedingte Abweichungen von diesen Bestimmungen zum Schutz gegen direktes Berühren sind zulässig, wenn die angewendeten Betriebsmittel den für sie geltenden Bestimmungen entsprechen. In der IEC-Publikation 364-4-41A, Abschnitt 411.3.2.1 wird hier insbesondere auf die IEC-Publikation 65, Safety requirements for mains operated electronic and related apparatus for household and similar general use, verwiesen.

Auf folgende Normen/VDE-Bestimmungen oder deren Entwürfe sei hier verwiesen:
DIN 57 160/VDE 0160, DIN 57 165/VDE 0165, DIN 57 411/VDE 0411, DIN 57 700 Teil 1/VDE 0700 Teil 1, VDE 0800, DIN 57 804/VDE 0804, DIN 57 805/VDE 0805, DIN IEC 380/VDE 0806,
auch Entwurf DIN IEC 348/VDE 0411 Teil 1.

Die beschriebenen Maßnahmen des Schutzes durch Funktionskleinspannung **mit sicherer Trennung** schließen den Schutz bei indirektem Berühren ein oder sie machen diesen Schutz entbehrlich.

4.3.3 Schutz durch Funktionskleinspannung ohne sichere Trennung

Wenn die Anforderungen an eine sichere Trennung wie beim Schutz durch Schutzkleinspannung **nicht** erfüllt sind, gelten folgende Festlegungen:
Als Maßnahmen zum **Schutz gegen direktes Berühren** sind wahlweise anzuwenden

– Schutz durch Isolierung aktiver Teile (entsprechend dem Abschnitt 5.1).
Die Isolierung muß derjenigen Mindestprüfspannung standhalten, die für die Betriebsmittel in Stromkreisen höherer Spannung vorgeschrieben ist, die vom Kleinspannungsstromkreis nicht sicher getrennt sind.

– Schutz durch Abdeckungen oder Umhüllungen (entsprechend dem Abschnitt 5.2).
Hier gelten **keine** erleichternden Festlegungen wie bei der Funktionskleinspannung mit sicherer Trennung.

Betriebsmittel, deren konstruktionsbedingte Isolierung den Anforderungen an die Mindestprüfspannung (500 V Wechselspannung oder Prüfspannung für den Primärstromkreis) nicht genügt, dürfen in Kleinspannungsstromkreisen ohne sichere Trennung trotzdem verwendet werden, wenn

– die berührbaren nicht leitfähigen Teile so beschaffen sind

oder
- die Isolierung der berührbaren nicht leitfähigen Teile beim Errichten so verstärkt wird,

daß sie einer Prüfspannung von 1500 V Wechselspannung während 1 min standhalten (siehe Abschnitt 4.3.3.1 von Teil 410 der Norm DIN 57 100/ VDE 0100).

Der **Schutz bei indirektem Berühren** ist durch folgende Maßnahmen sicherzustellen:
- Wenn in Stromkreisen höherer Spannung, die vom Kleinspannungsstromkreis nicht sicher getrennt sind, eine Schutzleiter-Schutzmaßnahme (mit automatischem Abschalten) angewendet wird, sind die Körper von Betriebsmitteln des Kleinspannungsstromkreises mit dem Schutzleiter der Stromkreise höherer Spannung zu verbinden;
- wenn in Stromkreisen höherer Spannung die Schutzmaßnahme „Schutztrennung" angewendet wird, sind die Körper von Betriebsmitteln des Funktionskleinspannungsstromkreises mit einem ungerdeten, isolierten Potentialausgleichsleiter entsprechend dem Abschnitt 6.5.3.1 des Teiles 410 der Norm zu verbinden.

4.3.4 Betriebsmittel für die Funktionskleinspannung
Steckvorrichtungen müssen den folgenden Anforderungen genügen:
- Stecker dürfen sich nur in Steckdosen von Stromkreisen gleicher oder niedrigerer Spannung einführen lassen.
- Die Unverwechselbarkeit der Steckvorrichtungen muß auch gegenüber Steckvorrichtungssystemen für Schutzkleinspannung gewahrt sein.

In den Erläuterungen zu DIN 57 100 Teil 410/VDE 0100 Teil 410 werden die Grundsätze für die Betriebsmittel der Funktionskleinspannung ausführlich behandelt.

Die Anforderungen an die Schutzmaßnahme Funktionskleinspannung hängen wesentlich davon ab, ob in allen verwendeten Betriebsmitteln ein Übertritt einer höheren Spannung auf das Kleinspannungsnetz ausgeschlossen werden kann. Praktische Bedeutung hat die Funktionskleinspannung ohne sichere Trennung in Meß-, Steuer- und Regelstromkreisen. Dem trägt u. a. Abschnitt 4.3.3.1 von DIN 57 100 Teil 410/VDE 0100 Teil 410/...83 Rechnung.

4.3.5 Verweis auf IEC und CENELEC
In der IEC-Publikation 364-4-41 (zur Zeit 41A, Erste Ergänzung von 1981*)) ebenso in CENELEC-HD 384.4.41 wird die Funktionskleinspannung anders als im Teil 410 aufgeteilt in
- Schutz gegen direktes Berühren
und
- Schutz bei indirektem Berühren.

---

*) jetzt IEC-Publikation 364-4-41 (zweite Ausgabe) 1982

Die Bestimmungen sind inhaltlich gleich; sie sind nur nach unterschiedlichen Gesichtspunkten geordnet. Die Ordnung der Funktionskleinspannung im Teil 410 ergab sich aus der deutschen Einspruchsberatung.
Im CENELEC-HD trägt die Schutzmaßnahme „Funktionskleinspannung" die Abschnitts-Nr. 471.4 und ist dort in Anhang IV, als Auszug aus dem Schriftstück IEC 64(Secretariat)243, aufgeführt. Dies entsprach einer zum Zeitpunkt der Verabschiedung des Harmonisierungsdokumentes diskutierten Form bei IEC, die dann wieder aufgegeben wurde. DIN/VDE hat sich hier an der endgültigen Zuordnung von IEC orientiert.

4.3.6 Verweis auf VDE 0800, Fernmeldetechnik

Im Entwurf zu DIN 57 800 Teil 13/VDE 0800 Teil 13, Fernmeldetechnik, Allgemeine Grundlagen, wird eine weitere Variante der Kleinspannung als Schutzmaßnahme behandelt:
– Sicherheits-Kleinspannung.
Zur allgemeinen Information wird hier auf diesen Entwurf hingewiesen. Da die Einspruchsberatung zur Zeit (Januar 1983) noch nicht stattgefunden hat, wird auf Einzelheiten nicht eingegangen.

5 Schutz gegen direktes Berühren

VDE: Abschnitt 5
IEC: Abschnitt 412

5.0 Allgemeines

Maßnahmen zum Schutz gegen direktes Berühren gemäß Teil 410 sind:
– Schutz durch Isolierung aktiver Teile,
– Schutz durch Abdeckungen oder Umhüllungen,
– Schutz durch Hindernisse,
– Schutz durch Abstand,
– zusätzlicher Schutz durch Fehlerstromschutzeinrichtungen, bei direktem Berühren.

Ausnahmen vom Schutz gegen direktes Berühren siehe Abschnitt 5.6 dieser Erläuterungen zum Teil 410.

Die Maßnahmen:
– Schutz durch Isolierung aktiver Teile und
– Schutz durch Abdeckungen oder Umhüllungen

dürfen in allen Fällen, d. h. auch im Bereich von Laien, angewendet werden. Diese Maßnahmen sind ein **vollständiger Schutz** gegen das direkte Berühren aktiver Teile.

Die Maßnahmen
- Schutz durch Hindernisse und
- Schutz durch Abstand

dürfen nur in Fällen angewendet werden, in denen die Bestimmungen (z. B. der Gruppe 700 von DIN 57 100/VDE 0100) dies ausdrücklich gestatten. Diese Maßnahmen sind nur ein **teilweiser Schutz** gegen das direkte Berühren aktiver Teile.

Unter die Maßnahme „Schutz durch Isolierung aktiver Teile" fallen z. B. die meisten Haushaltsgeräte sowie Kabel und Leitungen. Unter die Maßnahme „Schutz durch Abdeckungen oder Umhüllungen" fallen z. B. größere Werkzeugmaschinen, Schaltanlagen und Verteilungen. In den entsprechenden Abschnitten des Teils 410 sind nur Mindestanforderungen beschrieben, die meist in den entsprechenden Gerätevorschriften noch ergänzt werden müssen.

Die Maßnahmen „Schutz durch Hindernisse oder durch Abstand" gewähren nur einen teilweisen Schutz gegen direktes Berühren und sind deshalb nur unter besonderen Bedingungen, z. B. in abgeschlossenen elektrischen Betriebsstätten, anwendbar. Ergänzende Bestimmungen hierzu enthält z. B. DIN 57 106 Teil 100/VDE 0106 Teil 100/03.83.

Beschreibung der vier Maßnahmen zum Schutz gegen direktes Berühren:

5.1 Schutz durch Isolierung aktiver Teile

VDE: Abschnitt 5.1
IEC: Abschnitt 412.1

Aktive Teile müssen vollständig mit einer Isolierung umgeben werden, die nur durch Zerstören entfernt werden kann.

Bei fabrikfertigen Betriebsmitteln muß die Isolierung den entsprechenden Normen genügen.

Bei anderen Betriebsmitteln muß der Schutz durch eine Isolierung verwirklicht werden, die den mechanischen, chemischen, elektrischen und thermischen Beanspruchungen, denen sie normalerweise im Betrieb ausgesetzt wird, dauerhaft standzuhalten vermag. Farben, Lacke und dergleichen sind für sich allein kein ausreichender Schutz gegen direktes Berühren.

Wenn die Isolierung während der Errichtung der elektrischen Anlage angebracht wird, sollte die Eignung der Isolierung durch Prüfungen nachgewiesen werden, die jenen vergleichbar sind, mit denen die Isolationseigenschaften ähnlicher fabrikfertiger Betriebsmittel nachgewiesen werden.

5.2 Schutz durch Abdeckungen oder Umhüllungen

VDE: Abschnitt 5.2
IEC: Abschnitt 412.2

Aktive Teile müssen von Umhüllungen umgeben oder hinter Abdeckungen angeordnet sein, die mindestens der Schutzart IP 2X nach DIN 40 050*) entsprechen, ausgenommen, wenn beim Auswechseln von Teilen größere Öffnungen entstehen, z. B. bei bestimmten Lampenfassungen, bei Steckdosen und bei Sicherungen mit Schmelzeinsätzen oder wenn nach den entsprechenden Gerätebestimmungen für den ordnungsgemäßen Betrieb von elektrischen Betriebsmitteln eine größere Öffnung erforderlich ist. In diesem Falle müssen geeignete Vorkehrungen getroffen werden, um zu verhindern, daß Personen unbeabsichtigt mit aktiven Teilen in Berührung kommen. Gegebenenfalls müssen auch zum Schutz von Nutztieren entsprechend Vorkehrungen getroffen werden.
Bei IEC und CENELEC, Abschnitt 412.2.1, heißt es ergänzend zu diesem Abschnitt: Soweit wie möglich sollten die Benutzer der Anlagen davon Kenntnis haben, daß durch solche Öffnungen aktive Teile berührt werden können aber nicht berührt werden dürfen.
Obere horizontale Flächen (IEC: horizontal top surfaces) von Abdeckungen oder Umhüllungen, die leicht zugänglich sind, müssen mindestens der Schutzart IP 4X entsprechen.
Einige bedeutende Betriebsmittel der Gebäudeinstallation, z. B. „Installationskleinverteiler und Zählerplätze" nach DIN 57 606/VDE 0606 (in der Zukunft DIN 57 603/VDE 0603) und fabrikfertige Installationsverteilungen (FIV) nach DIN 57 659/VDE 0659/3.80 entsprechen zur Zeit nicht der Forderung nach IP 4X für die oberen horizontalen Flächen der Abdeckungen. Deren horizontale Oberflächen werden zur Zeit entsprechend der Schutzart IP 3X geprüft. Auch international liegt für die genannten Betriebsmittel keine schärfere Regelung vor. Das Komitee 221 hat daher in der Einspruchsberatung folgende Anmerkung zum Abschnitt 5.2.2 des Teiles 410 beschlossen:
„Bis zur endgültigen internationalen Klärung können obere horizontale Oberflächen in IP 3X nach DIN 40 050 ausgeführt werden, wenn die Betriebsmittel nach folgenden Bestimmungen hergestellt sind: DIN 57 603/VDE 0603, DIN 57 606/VDE 0606, DIN 57 659/VDE 0659, VDE 0660 Teil 5".

Abdeckungen und Umhüllungen müssen sicher befestigt werden. Sie müssen eine ausreichende Festigkeit und Haltbarkeit haben, um die geforderte Schutzart und einen ausreichenden Abstand zu aktiven Teilen unter den zu erwartenden Betriebsbedingungen und bei Berücksichtigung der Umgebungsbedingungen aufrechtzuerhalten.

---

*) DIN 40 050, Juli 1980; IP-Schutzarten. IEC-Publikation 529 (1976); Classification of degrees of protection by enclosures. BS 5490 (1977); Specification of protection provided by enclosures.

In Fällen, in denen Abdeckungen entfernt, Umhüllungen geöffnet oder Teile von Umhüllungen abgenommen werden müssen, darf dies nur möglich sein
- mit Hilfe eines Schlüssels oder Werkzeuges oder
- nach Abschalten der Spannung an allen aktiven Teilen, gegenüber denen die Abdeckungen oder Umhüllungen als Schutz dienen; eine Wiedereinschaltung darf erst möglich sein, wenn die Abdeckungen oder Umhüllungen sich wieder an ihrer ursprünglichen Stelle befinden bzw. geschlossen sind, oder
- wenn eine Zwischenabdeckung mindestens in Schutzart IP 2X nach DIN 40 050 eine Berührung aktiver Teile verhindert und diese Zwischenabdeckung sich nur mittels eines Schlüssels oder Werkzeuges entfernen läßt.

Wenn hinter den Abdeckungen oder Umhüllungen Betriebsmittel so angeordnet sind, daß sich Betätigungselemente in der Nähe berührungsgefährlicher Teile befinden, ist DIN 57 106 Teil 100/VDE 0106 Teil 100 zu beachten.

5.3 Schutz durch Hindernisse

VDE: Abschnitt 5.3
IEC: Abschnitt 412.3

Hindernisse bieten, wie bereits gesagt, nur einen teilweisen Schutz gegen direktes Berühren. Sie brauchen jedoch nicht das absichtliche Berühren durch bewußtes Umgehen des Hindernisses auszuschließen.
Durch Hindernisse muß vermieden werden:
- zufälliges Annähern an aktive Teile (z. B. durch Schutzleisten, Geländer oder Gitterwände) und
- zufälliges Berühren aktiver Teile bei bestimmungsgemäßem Gebrauch von Betriebsmitteln (z. B. durch Abdeckungen).

Im Zusammenhang mit diesen Bestimmungen ist auch DIN 57 106 Teil 100/VDE 0106 Teil 100 zu beachten.
Hindernisse dürfen ohne Schlüssel oder Werkzeug abnehmbar sein, sie müssen jedoch so befestigt sein, daß ein zufälliges Entfernen ausgeschlossen ist.

5.4 Schutz durch Abstand

VDE: Abschnitt 5.4
IEC: Abschnitt 412.4

Im Handbereich dürfen sich keine gleichzeitig berührbaren Teile unterschiedlichen Potentials befinden. Als gleichzeitig berührbar gelten zwei Teile, die weniger als 2,50 m voneinander entfernt sind.
Im Nachtrag Nr. 2 zur IEC-Publikation 364-4-41 (1977) ist dazu das Bild 410 für die Zone des Handbereiches aufgeführt (siehe auch **Bild 410-7** dieser Erläuterungen).

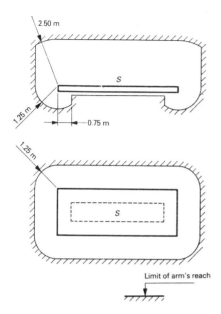

Limit of arm's reach

Bild 410-7 Maße des Handbereiches (nach IEC-Publikation 364-4-41/1977 Änderung Nr. 2 vom Oktober 1981) *)

Ist eine Standfläche durch ein Hindernis begrenzt (z. B. Geländer, Maschengitter), so beginnt der Handbereich ab diesem Hindernis.

Im Nachtrag Nr. 2 zur IEC-Publikation 364-4-41 wird dieser Absatz wie folgt ergänzt:

„In vertikaler Richtung nach oben ist der Handbereich 2,50 m von der Standfläche S, ohne Berücksichtigung von dazwischen befindlichen Hindernissen mit einer Schutzart von weniger als IP 2X.

Anmerkung: Das Maß des Handbereiches geht von der Berührung mit nackten Händen aus, ohne die Berücksichtigung von Hilfsmitteln (z. B. Werkzeug oder Leiter)."

An Stellen, an denen **üblicherweise** sperrige oder lange leitfähige Gegenstände gehandhabt werden, müssen die hier geforderten Abstände entsprechend den Abmessungen dieser Gegenstände vergrößert werden.

5.5 Zusätzlicher Schutz bei direktem Berühren durch Fehlerstrom-Schutzeinrichtungen

VDE: Abschnitt 5.5
IEC: Abschnitt 412.5

Die Verwendung von Fehlerstrom-Schutzeinrichtungen mit einem Nennfehlerstrom von $I_{\Delta n} \leq 30$ mA kann in TN- und TT-Netzen ein **zusätzlicher Schutz bei einpoligem direktem Berühren** aktiver Teile sein – d. h. beim Berühren der

---

*) jetzt IEC-Publikation 364-4-41 (zweite Ausgabe) 1982

Spannung eines Außenleiters und einer Verbindung der betreffenden Person mit Erde, z. B. über die Standfläche.

Beim Berühren von zwei Außenleitern ohne Verbindung zur Erde ist diese Maßnahme kein „Schutz bei direktem Berühren". Beim direkten Berühren von zwei Außenleitern und einer Verbindung der betreffenden Person mit Erde ist der Schutz sehr fraglich; er hängt dann von einigen Zufälligkeiten im Netz und den Bedingungen der Umgebung ab.

Diese Maßnahme zum „Schutz bei direktem Berühren" ist im IT-Netz problematisch, siehe hierzu die Aussagen zur Anwendung der Fehlerstrom-Schutzeinrichtung im IT-Netz, Abschnitt 6.1.5.5 dieser Erläuterungen zu Teil 410.

Die Verwendung von Fehlerstrom-Schutzeinrichtungen zum Schutz bei direktem Berühren ist nur als Ergänzung von Schutzmaßnahmen gegen direktes Berühren anzusehen.

Unter welchen Bedingungen von diesem zusätzlichen Schutz Gebrauch gemacht werden muß, wird in Sonderbestimmungen (z. B. in der Gruppe 700 von DIN 57 100/VDE 0100) berücksichtigt.

Die Verwendung von Fehlerstrom-Schutzeinrichtungen mit $I_{\Delta n} \leq 30$ mA als alleiniger Schutz ist nicht zulässig. Eine der vier obengenannten Maßnahmen zum **Schutz gegen direktes Berühren** aktiver Teile muß, je nach den örtlichen Verhältnissen, auf jeden Fall angewendet werden (siehe Abschnitte 5.1 bis 5.4 dieser Erläuterungen zu Teil 410).

Für den zusätzlichen Schutz bei direktem Berühren ist aus technischen Gründen der Anschluß eines Schutzleiters nicht erforderlich. Im Zusammenhang mit den Schutzmaßnahmen bei indirektem Berühren mit Abschaltung im Fehlerfall wird der Anschluß der Körper an den Schutzleiter zwingend gefordert. Daher gelten alte Anlagen ohne mitgeführten Schutzleiter nach wie vor als Anlagen ohne „Schutzleiter-Schutzmaßnahme" zum Schutz bei indirektem Berühren, selbst wenn in diesen nachträglich Fehlerstrom-Schutzschalter installiert wurden.

5.6 Ausnahmen vom Schutz gegen direktes Berühren

VDE: Abschnitt 8.1
IEC: –

Bei Schweißeinrichtungen, Glüh- und Schmelzöfen sowie elektrochemischen Anlagen, z. B. für Elektrolyse, kann von einem Schutz gegen direktes Berühren abgesehen werden. Voraussetzung ist jedoch, daß dieser Berührungsschutz aus technischen und betrieblichen Gründen nicht durchführbar ist. In diesen Fällen sind andere Maßnahmen zu treffen, z. B. isolierender Standort, isolierende Fußbekleidung, isoliertes Werkzeug. Darüber hinaus sind Warnschilder anzubringen. Ausgenommen vom Schutz gegen direktes Berühren sind ferner Betriebsmittel in elektrischen Betriebsstätten und in abgeschlossenen elektrischen Betriebsstätten. Hier sind jedoch die Festlegungen in DIN 57 106 Teil 100/VDE 0106 Teil 100/03.83 zu beachten.

6 Schutz bei indirektem Berühren

VDE: Abschnitt 6
IEC: Abschnitte 413 und 471

6.0 Allgemeines

Als Schutz bei indirektem Berühren sind im allgemeinen Maßnahmen nach Abschnitt 6.1 von DIN 57 100 Teil 410/VDE 0100 Teil 410, das sind die Maßnahmen zum Schutz durch Abschaltung oder Meldung, notwendig und sollten deshalb in jeder elektrischen Anlage vorgesehen werden.
Die Schutzmaßnahmen Schutzkleinspannung, Funktionskleinspannung, Schutzisolierung und Schutztrennung dürfen in jeder elektrischen Anlage angewendet werden. Für besondere Fälle können sie zwingend vorgeschrieben werden.
Die Schutzmaßnahmen Schutz durch nichtleitende Räume und Schutz durch erdfreien örtlichen Potentialausgleich, dürfen nur dort angewendet werden, wo insbesondere Schutzmaßnahmen nach Abschnitt 6.1 von DIN 57 100 Teil 410/VDE 0100 Teil 410 nicht durchgeführt werden können oder nicht zweckmäßig sind.
Anmerkung: die Erläuterungen in der Norm DIN 57 100 Teil 410/VDE 0100 Teil 410 ergänzen die entsprechenden Erläuterungen in diesem Buch.

6.1 Schutz durch Abschalten oder Melden

VDE: Abschnitt 6.1
IEC: Abschnitt 413.1

Die Schutzmaßnahmen durch Abschalten oder Melden (Schutzleiter-Schutzmaßnahmen) erfordern eine Koordinierung
– der Netzformen (siehe Abschnitte 1 bis 3 des Teiles 310 dieser Erläuterungen) und
– der Schutzeinrichtungen (siehe nächsten Abschnitt).

6.1.0 Auswahl der Schutzeinrichtungen für die drei Netzformen

VDE: Abschnitt 6.1.7
IEC: Abschnitt 413.1

In den verschiedenen Netzformen können nach DIN 57 100 Teil 410/ VDE 0100 Teil 410 folgende Schutzeinrichtungen angewendet werden:

In TN-Netzen
– Überstromschutzeinrichtungen,
– Fehlerstromschutzeinrichtungen (FI-Schutzschalter).

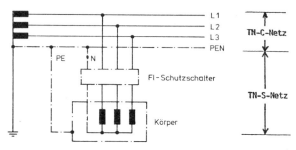

Bild 410-8 Fehlerstrom-(FI)-Schutzschalter im TN-Netz

In dem Teil eines TN-Netze in dem der Schutzleiter und der Neutralleiter vereinigt sind (im TN-C-Netz), muß der Schutz durch Überstromschutzeinrichtungen erfolgen; oder umgekehrt: Fehlerstromschutzeinrichtungen dürfen nur nach der Aufteilung des PEN-Leiters in Schutz- und Neutralleiter, d. h. im TN-S-Netz, angewendet werden; siehe **Bild 410-8.**

In TT-Netzen
– Fehlerstromschutzeinrichtungen; siehe **Bild 410-9,**
– Überstromschutzeinrichtungen,
– Fehlerspannungsschutzeinrichtungen (nur für Sonderfälle);
   siehe Abschnitt 7 des Teiles 410 und Abschnitt 6 des Teiles 540 dieser Erläuterungen.

In IT-Netzen
– Isolationsüberwachungseinrichtungen,
– Überstromschutzeinrichtungen,
– Fehlerstromschutzeinrichtungen,
– Fehlerspannungsschutzeinrichtungen (nur für Sonderfälle).

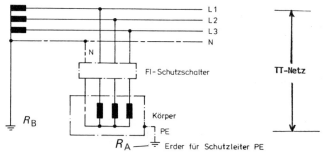

Bild 410-9   Fehlerstrom-(FI)-Schutzschaltung
seither: nach VDE 0100/5.73, § 13,
jetzt: FI-Schutzschalter im TT-Netz
Kurzzeichen: siehe Seiten 96, 174 und 179

Hinweise auf die entsprechende Gerätebestimmungen/Normen siehe im Teil 410, Abschnitt 6.1.7 von DIN 57 100/VDE 0100, oder im Teil 530 dieser Erläuterungen.

Wenn in den Bestimmungen für die Schutzeinrichtungen keine Kennwerte angegeben sind, wenn die Kennwerte einstellbar sind oder wenn die Verwendung von Schutzeinrichtungen eines bestimmten Herstellers sichergestellt ist, dürfen als Kennwerte die Angaben des Herstellers verwendet werden.

6.1.1 Allgemeine Festlegungen für Schutzleiter-Schutzmaßnahmen

VDE: Abschnitt 6.1.1
IEC: Abschnitt 413.1.1

In jeder elektrischen Anlage (Gebäudeinstallation) ist eine Maßnahme zum Schutz bei indirektem Berühren, im allgemeinen eine Schutzmaßnahme durch Abschalten oder Melden, notwendig. In Abschnitt 6.1 von DIN 57 100 Teil 410/VDE 0100 Teil 410 sind dafür die Schutzleiter-Schutzmaßnahmen festgelegt.

Durch automatisches Abschalten nach dem Auftreten eines Fehlers soll verhindert werden, daß eine Berührungsspannung so lange ansteht, daß sich hieraus eine Gefahr für Menschen und Nutztiere ergibt. Die in Abschnitt 6.1 von DIN 57 100 Teil 410/VDE 0100 Teil 410 festgelegten Bestimmungen gelten zunächst nur für Drehstrom- und Wechselstromnetze. Für Gleichstromnetze sind Bestimmungen in Vorbereitung*).

Die Körper der elektrischen Betriebsmittel müssen entsprechend den für die jeweilige Netzform geltenden Bestimmungen an einen Schutzleiter oder PEN-Leiter angeschlossen werden. Der Querschnitt des Schutzleiters und des PEN-Leiters ist nach DIN 57 100 Teil 540/VDE 0100 Teil 540 zu bestimmen, d. h. zu berechnen oder einer Tabelle zu entnehmen; vergleiche Tabelle 540-G dieser Erläuterungen.

Als Grenzen für die dauernd zulässige Berührungsspannung U_L im Fehlerfall wurden international vereinbart:

Wechselspannung $U_L = 50$ V,
Gleichspannung $U_L = 120$ V,

siehe auch Abschnitt 3.2 von Teil 410 dieser Erläuterungen. Für besondere Anwendungsfälle können niedrigere Werte festgelegt werden; z. B. für die Landwirtschaft wegen der Nutztierhaltung 25 V Wechselspannung oder 60 V Gleichspannung.

---

*) siehe DIN 57 510 Teil 2/VDE 0510 Teil 2; zur Zeit Entwurf in Vorbereitung:
   Akkumulatoren und Batterieanlagen; ortsfeste Batterien.

Die bereits genannten Schutzeinrichtungen müssen den zu schützenden Teil einer Anlage im Fehlerfall innerhalb einer festgelegten Zeit abschalten. So wird verhindert, daß eine zu hohe Berührungsspannung zu lange bestehen bleibt. In einem TN-Netz ist die einmal festgelegte zulässige Berührungsspannung U_L, z. B. 50 V Wechselspannung, nicht beliebig veränderbar. Es ist z. B. nicht möglich, in einem Haus oder in einer Wohnung für das Badezimmer eine andere zulässige Berührungsspannung als für das Wohnzimmer festzulegen. Über einen örtlichen Potentialausgleich („zusätzlicher Potentialausgleich") kann man allerdings örtlich die mögliche Berührungsspannung reduzieren.

Im TT-Netz ist es möglich, unterschiedliche zulässige Berührungsspannungen U_L für unterschiedliche Abschnitte einer Anlage zu vereinbaren und durch unterschiedliche Erdungswiderstände R_A (vergleiche Bilder 310-4 und 410-9) zu realisieren; Beispiel: Landwirtschaftliche Betriebsstätte, DIN 57 100 Teil 705/VDE 0100 Teil 705.

6.1.2 Hauptpotentialausgleich

VDE: Abschnitt 6.1.2
IEC: Abschnitt 413.1.2

Eine Grundlage der Festlegungen für die Schutzleiter-Schutzmaßnahmen, sowohl international wie auch national, ist der Hauptpotentialausgleich. Nach Abschnitt 6.1.2 von DIN 57 100 Teil 410/VDE 0100 Teil 410 muß in jedem Gebäude ein Hauptpotentialausgleich die folgenden leitfähigen Teile miteinander verbunden werden:
– Hauptschutzleiter,
– Haupterdungsleitung,
– Blitzschutzerder (wenn vorhanden),
– Hauptwasserrohre,
– Hauptgasrohre (wenn vorhanden),
– andere metallene Rohrsysteme,
  z. B. Steigeleitungen zentraler Heizungs- und Klimaanlagen,
– Metallteile der Gebäudekonstruktion, soweit möglich.

Durch den Hauptpotentialausgleich wird erreicht, daß alle miteinander verbundenen Teile auf annähernd gleichem Potential sind und daß sich Fehler im Verteilungsnetz nicht in der Anlage des Gebäudes auswirken. So wird weitgehend vermieden, daß zwischen den genannten leitfähigen Teilen von Gebäuden ein gefährliches Potential auftreten kann. Außerdem führt eine Verbindung eines unter Spannung stehenden Leiters eines Stromkreises mit einem über den Hauptpotentialausgleich geerdeten Teil zu einem Kurzschluß und damit im TN- und TT-Netz zur Abschaltung, im IT-Netz zur Meldung bzw. beim zweiten Fehler auch zur Abschaltung.

Der Querschnitt der Leiter für den Hauptpotentialausgleich wird nach Abschnitt 9 von DIN 57 100 Teil 540/VDE 0100 Teil 540 bemessen:

Mindestquerschnitt: 6 mm^2 Cu oder gleicher Leitwert (ungeschützte Verlegung von Aluminiumleitern ist nicht zulässig).
Normal: 0,5 mal dem Querschnitt des Hauptschutzleiters.
Mögliche Begrenzung: 25 mm^2 Cu oder gleicher Leitwert.

Hauptschutzleiter im Sinne dieser Festlegung ist der
– von der Stromquelle kommende oder
– vom Hausanschlußkasten abgehende
Schutzleiter.

Haupterdungsleitung ist die von den Erdern, auch vom Fundamenterder, kommende Erdungsleitung.

Hauptwasserrohre und **Hauptgasrohre** sind die von dem jeweiligen Verteilungsnetz in das Gebäude führenden Rohre.

In der Nähe eines Potentialausgleichs, insbesondere auch beim Potentialausgleich mit dem Standort, reduziert sich die mögliche Berührungsspannung bis auf 0V.

6.1.3 Schutzmaßnahmen im TN-Netz

VDE: Abschnitt 6.1.3
IEC: Abschnitt 413.1.3

6.1.3.1 Erdungsbedingungen im TN-Netz
Die Körper der elektrischen Betriebsmittel müssen mit dem geerdeten Punkt des Netzes, im allgemeinen ist dies der Sternpunkt, durch den Schutzleiter oder einen PEN-Leiter verbunden sein.
Wenn ein Sternpunkt nicht vorhanden oder nicht zugänglich ist, so darf ein Außenleiter geerdet werden. In diesem Fall dürfen die Funktionen des Außenleiters und des Schutzleiters nicht in einem Leiter vereinigt werden, d. h. ein PEN-Leiter kann dann nicht angewendet werden.
Der Schutzleiter oder PEN-Leiter muß in der Nähe jedes Transformators oder Generators geerdet werden. Es wird empfohlen diese Leiter auch mit vorhandenen gut geerdeten Teilen zu verbinden.
Das Potential des Schutzleiters oder PEN-Leiters soll im Fehlerfall möglichst wenig vom Potential der Erde abweichen. Daher wird empfohlen, diese Leiter an möglichst vielen gleichmäßig verteilten Punkten, besonders am Eintritt in Gebäude, zu erden, z. B. an einem Fundamenterder, falls vorhanden.
Der Gesamterdungswiderstand im TN-Netz soll möglichst niedrig sein. Ein Wert von 2 Ohm gilt als ausreichend. Mit dieser Festlegung begrenzt man bei einem Erdschluß eines Außenleiters die Spannung des Schutzleites oder des PEN-Leiters gegen das Erdpotential.

Wenn bei Erdböden mit hohem spezifischen Erdwiderstand (d. h. mit niedrigem Leitwert) ein Gesamterdungswiderstand des Netzes von 2 Ohm nicht erreicht wird, muß folgende Bedingung erfüllt werden:

$$\frac{R_B}{R_E} \leq \frac{U_L}{U_0 - U_L}$$

Diese Bedingung wird allgemein „Spannungswaage" genannt.
Die Kurzzeichen bedeuten:

R_B Gesamterdungswiderstand aller Betriebserder

R_E angenommener kleinster Erdübergangswiderstand der nicht mit einem Schutzleiter verbundenen fremden leitfähigen Teile, über die ein Erdschluß entstehen kann

U_0 Nennspannung gegen geerdete Leiter (Schutzleiter, PEN-Leiter oder Neutralleiter) – (z. B. 220 V)

U_L Vereinbarte Grenze der dauernd zulässigen Berührungsspannung (z. B. 50 V)

Zur Erläuterung der Spannungswaage siehe **Bild 410-10.**

6.1.3.2 Abschaltbedingungen im TN-Netz

Schutzeinrichtungen und Leiterquerschnitte des Netzes müssen so ausgewählt werden, daß folgende Bedingung erfüllt wird:
Beim Auftreten eines Fehlers vernachlässigbaren Widerstandes (Scheinwiderstand, Impedanz) an beliebiger Stelle des Netzes zwischen einem Außenleiter und

- einem Schutzleiter oder
- einem PEN-Leiter oder
- einem mit diesen Leitern verbundenem Körper

muß eine Abschaltung innerhalb von 0,2 s bzw. 5 s vorgenommen werden.
Zuordnung der Abschaltzeiten:

0,2 s   in Stromkreisen mit Steckdosen, mit Nennstrom bis 35 A;

0,2 s   in Stromkreisen mit ortsveränderlichen Betriebsmitteln der Schutzklasse I, die während des Betriebes üblicherweise in der Hand gehalten oder umfaßt werden;

5 s   alle anderen Stromkreise.

Die obengenannte Bedingung ist in folgende Beziehung zu bringen:

$$Z_s \cdot I_a \leq U_0.$$

Die Kurzzeichen bedeuten:

Z_s Impedanz der Fehlerschleife,

I_a Strom, der das Abschalten in den genannten Zeiten bewirkt,

U_0 Nennspannung gegen geerdete Leiter.

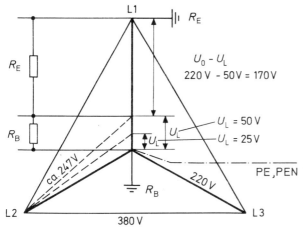

Bild 410-10 Spannungswaage im TN-Netz
Spannungsverhältnisse bei Erdschluß eines Außenleiters
bei einer vereinbarten Grenze der zulässigen Berührungsspannung
von z. B. $U_L = 50$ V,   z. B. $U_L = 25$ V
Bedingung der „Spannungswaage":

$$\frac{R_B}{R_E} \leq \frac{U_L}{U_0 - U_L}$$

Wenn im TN-Netz die Bedingung der „Spannungswaage" eingehalten ist, kann am Schutzleiter (PE), am PEN-Leiter oder an einem Körper, der mit diesen Leitern verbunden ist, keine Spannung auftreten, die höher ist als U_L.

Die Anwendung der Spannungswaage für das TT-Netz ist in Abschnitt 6.1.4.1 erläutert.

Erläuterung der Kurzzeichen: siehe im Text.
Schrifttum: Huber, H.:   Erdungsprobleme in genullten Netzen.
E und M, Jg. 82 (1965), Heft 4.

Z_s kann durch Rechnung, durch Messung oder am Netzmodell ermittelt werden. Bei Anwendung von Fehlerstromschutzeinrichtungen ist I_a der Nennfehlerstrom $I_{\Delta n}$ (z. B. 30 mA).
Wenn die Bedingungen dieses Abschnittes in besonderen Fällen nicht erfüllt werden können, ist ein sogenannnter „Zusätzlicher Potentialausgleich" erforderlich, siehe Abschnitt 6.1.6.
Schutzeinrichtungen: siehe Abschnitt 6.1.0 des Teiles 410 dieser Erläuterungen.

6.1.3.3   Besondere Bedingungen für TN-Verteilungsnetze
Abweichend von dem vorausgegangenen Abschnitt gilt für öffentliche und für andere Verteilungsnetze, die als Freileitungen oder als im Erdreich verlegte Kabel ausgeführt sind:

Es ist ausreichend,

- wenn am Anfang des zu schützenden Stromkreisabschnittes ein Überstromschutzorgan angebracht ist und
- wenn im Fehlerfall mindestens der Strom zum Fließen kommt, der ein Auslösen der Schutzeinrichtung unter den in der Gerätebestimmung der Überstromschutzeinrichtung für den Überlastschutz (I_2) festgelegten Bedingungen bewirkt (siehe Abschnitt 2.2 des Teiles 430 dieser Erläuterungen).

Diese Festlegungen gelten auch für sogenannte Hauptleitungen nach DIN 18 015, Teil 1, (Elektrische Anlagen in Wohngebäuden; Planungsgrundlagen).

6.1.3.4 Fehlerstrom-Schutzeinrichtung und TN-Netz

Beim Verwenden von Fehlerstromschutzeinrichtungen zum Abschalten brauchen die Körper der Betriebsmittel nicht unbedingt mit dem Schutzleiter des TN-Netzes verbunden zu sein. Sie können auch mit einem Erder verbunden werden, dessen Widerstand dem Ansprechstrom der Fehlerstromschutzeinrichtung entspricht. Der so geschützte Stromkreis ist als TT-Netz zu betrachten; es gelten dann die Bedingungen für TT-Netze; siehe Bild 410-9.

Ist kein getrennter Erder vorhanden, so muß der Anschluß der Körper an den Schutzleiter des TN-Netzes vor der Fehlerstromschutzeinrichtung erfolgen, siehe Bild 410-8.

Es sei hier nochmals vermerkt, daß die Anwendung von Fehlerstromschutzeinrichtungen im TN-C-Netz nicht möglich ist, da dann auch im fehlerfreien Zustand eine Auslösung erfolgen kann. Im TN-C-Netz (Schutzleiter und Neutralleiter sind zum PEN-Leiter vereinigt) muß der Schutz durch Überstromschutzeinrichtungen erfolgen.

6.1.3.5 Anmerkungen zum PEN-Leiter

PEN-Leiter dürfen für sich allein nicht schaltbar sein. Sind sie zusammen mit den Außenleitern schaltbar, so muß das im PEN-Leiter liegende Schaltstück beim Einschalten vor- und beim Ausschalten nacheilen.

Bei Verwendung von Schaltern mit Momentschaltung genügt gleichzeitiges Schalten von PEN-Leiter und Außenleiter.

Einpoligwirkende Überstromschutzorgane im PEN-Leiter sind unzulässig.

Querschnitte von PEN-Leitern: siehe Tabelle 540-G dieser Erläuterungen.

6.1.3.6 Zu erwartende Berührungsspannung U_B und Abschaltzeiten im TN-Netz (Erläuterung zu **Bild 410-11**)

Beim TN-Netz ist im Falle eines Körperschlusses (Berührungsgefahr im Fehlerfall, indirektes Berühren) die Strombahn für den Fehlerstrom genau bestimmt:

- der Hinleiter ist ein Außenleiter,
- der Rückleiter ist der Schutzleiter oder der PEN-Leiter.

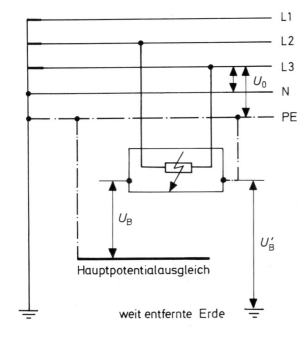

$U_0 = 220$ V

$U'_B = 0{,}5 \cdot U_0$

$$\boxed{U_B \sim 0{,}5 \cdot U_0}$$

in IEC-TC64/WG9
vereinbart:
$U_B = 0{,}8 \cdot 0{,}5 \cdot U_0$
$U_B \sim 90$ V

0,8 ist ein Reduktionsfaktor, der die Impedanz außerhalb des betrachteten Stromkreisabschnittes (d. h. jenseits der zugeordneten Schutzeinrichtung) berücksichtigt.

Der Hauptpotentialausgleich hat bei den Überlegungen zur Berührungsspannung im TN-Netz keinen nennenswerten Einfluß, da der Widerstand des Schutzleiters sehr viel kleiner ist, als die Impedanz der Außenleiter jenseits der Schutzeinrichtung und die Impedanz der Stromquelle.

Abschaltzeit
für 90 V:
$t_a \sim 0{,}5$ s

Im TN-Netz führt jeder Fehler zum Kurzschluß und damit zur Abschaltung.
Im TN-Netz spielt die Abschaltzeit eine untergeordnete Rolle.

Bild 410-11
Zu erwartende Berührungsspannung U_B
und Abschaltzeiten im TN-Netz; siehe Abschnitt 6.1.3.6 dieser Erläuterungen

Bei gleichem Querschnitt der Hinleiter und Rückleiter ergibt sich an der Fehlerstelle eine Spannungsteilung. Bei einer Nennspannung von $U_0 = 220$ V erhält man eine maximal mögliche theoretische Berührungsspannung U'_B von

$U'_B = 0{,}5 \cdot U_0 = 110$ V
d. h. $U_B \sim 0{,}5 \cdot U_0$

Bei ungleichen Querschnitten, z. B. Schutzleiterquerschnitt gleich halbem Außenleiterquerschnitt, kann man diesen Unterschied weitgehend vernachlässigen, da dieser Unterschied durch parallele Strompfade zum Schutzleiter weitgehend aufgehoben werden; z. B. durch fremde leitfähige Teile und den Potentialausgleich; Wasserleitung und Konstruktionsteile der Gebäude spielen hier eine Rolle.

Durch den hohen Strom (Kurzschlußstrom) entsteht auf den Leitern ein Spannungsfall. Ferner wurde bei IEC-TC 64, Arbeitsgruppe 9, ein Reduktionsfaktor von 0,8 vereinbart, der die Impedanz außerhalb des betrachteten Stromkreisabschnittes (d. h. jenseits der zugeordneten Schutzeinrichtung) berücksichtigt. Daraus erhält man die tatsächliche Berührungsspannung von

$$U_B = 0,8 \cdot 0,5 \cdot U_0$$
$$= 0,4 \cdot 220 \text{ V} = 88 \text{ V}$$
$$U_B \sim 90 \text{ V}$$

Die Abschaltzeit für 90 V beträgt nach dem Spannungs-/Zeit-Diagramm, siehe Bild 410-3, etwa 0,5 s;
Abschaltzeit für 90 V:
$t_a \sim 0,5$ s
Anmerkung: Das Bild 410-3 wird nicht nach DIN 57 100/VDE 0100 übernommen. Bei IEC-TC 64-WG 9 wird der entsprechende Abschnitt der Publikation 364-4-41 zur Zeit neu bearbeitet.

Die für Steckdosenstromkreise und für in der Hand gehaltene Betriebsmittel in DIN 57 100 Teil 410/VDE 0100 Teil 410 festgelegte Abschaltzeit von 0,2 s liegt weit tiefer als der oben ermittelte Wert.
Für die anderen Stromkreise, z. B. mit großen, festinstallierten Betriebsmitteln, ist die Abschaltzeit von 5 s ebenfalls gerechtfertigt, wenn man bedenkt,
– daß eine Berührung in der Regel viel seltener ist als bei in der Hand gehaltenen Geräten,
– daß die Gefahr eines Körperschlusses wegen der geringeren Beanspruchung geringer ist,
– daß im Falle eines Fehlers und gleichzeitigen Berührung ich der Berührende leicht und schnell lösen kann, da er das Gerät meist nicht fest umfaßt hat;
ferner kommt hinzu, daß diese Betriebsmittel meistens mit ihrer Umgebung durch einen Potentialausgleich verbunden sind – absichtlich oder zufällig (siehe auch Abschnitt 1.1 des Teiles 410 dieser Erläuterungen).
Für das TN-Netz kann man folgende grundsätzliche Aussagen treffen:
– Im TN-Netz führt jeder Fehler zum Kurzschluß und damit zur Abschaltung.
– Im TN-Netz spielt die Abschaltzeit eine untergeordnete Rolle.

6.1.4 Schutzmaßnahmen im TT-Netz

VDE: Abschnitt 6.1.4
IEC: Abschnitt 413.1.4

6.1.4.1 Erdungs- und Abschaltbedingungen im TT-Netz
Im TT-Netz muß der Sternpunkt des Transformators oder Generators geerdet werden; fehlt ein Sternpunkt, so muß ein Außenleiter geerdet werden.

Der Gesamterdungswiderstand aller Betriebserder (R_B) soll möglichst niedrig sein, um bei Erdschluß eines Außenleiters einen Spannungsanstieg aller anderen Leiter, insbesondere des Neutralleiters, gegen Erde zu begrenzen. Ein Wert von 2 Ohm gilt als ausreichend. Im übrigen sind auch beim TT-Netz die Bedingungen der „Spannungswaage" anzuwenden: siehe den entsprechenden Abschnitt zum TN-Netz. Im Bild 410-10, Spannungswaage, entspricht der Erdungswiderstand R_E dem Erdungswiderstand R_A im TT-Netz.

Alle Körper der elektrischen Betriebsmittel, die durch eine gemeinsame Schutzeinrichtung geschützt sind, müssen durch Schutzleiter an einen gemeinsamen Erder angeschlossen werden.

Gleichzeitig berührbare Körper müssen an denselben Erder angeschlossen werden.

Folgende Bedingung muß erfüllt sein:

$$R_A \cdot I_a \leq U_L$$

Die Kurzzeichen bedeuten:

R_A Erdungswiderstand des dem Körper zugeordneten Erders

I_a Strom, der das automatische Abschalten der Schutzeinrichtung bewirkt. Bei Verwendung einer Fehlerstromschutzeinrichtung ist I_a der Nennfehlerstrom $I_{\Delta n}$.

Eine Abschaltzeit ist hier nicht besonders genannt, da nach den Gerätebestimmungen die Fehlerstromschutzeinrichtungen in längstens 0,2 s den Fehler abschalten müssen.

U_L Vereinbarte Grenze der dauernd zulässigen Berührungsspannung, z. B. 50 V oder 25 V Wechselspannung.

Schutzeinrichtungen: siehe Abschnitt 6.1.0 des Teiles 410 dieser Erläuterungen.

Für Fehlerspannungs-Schutzeinrichtungen im TT-Netz siehe Abschnitt 7 des Teiles 410 und Abschnitt 6 des Teiles 540 dieser Erläuterungen.

6.1.4.2 Überstrom-Schutzeinrichtungen im TT-Netz

Werden in besonderen Fällen Überstromschutzeinrichtungen zum Abschalten bei der Schutzleiter-Schutzmaßnahme verwendet, so ist I_a der Strom, der das automatische Abschalten dieser Schutzeinrichtung innerhalb von 5 s bewirkt. In diesem Fall muß auch im Neutralleiter eine Überstromschutzeinrichtung vorgesehen werden,

es sei denn,

- der Gesamterdungswiderstand aller Betriebserdungen im Verteilungsnetz ist nicht größer als 2 Ω, oder die Bedingungen der Spannungswaage sind erfüllt, (vergleiche die entsprechende Bedingung im Abschnitt 6.1.4.1), und
- das Auftreten eines Fehlers vernachlässigbarer Impedanz an jeder beliebigen Stelle im Netz bewirkt das Ansprechen der zugehörigen Schutzeinrichtung innerhalb von 0,2 s.

Wenn die Bedingungen dieses und des vorausgegangenen Abschnittes nicht erfüllt werden können, ist ein „zusätzlicher Potentialausgleich" erforderlich.

6.1.4.3 Zu erwartende Berührungsspannung U_B und Abschaltzeiten im TT-Netz

Im TT-Netz verläuft im Falle eines Körperschlusses (Berührungsgefahr im Fehlerfall, indirektes Berühren) die Strombahn des Fehlerstromes über das Erdreich zur Stromquelle zurück. Diese Strombahn ist widerstandsbehaftet:
Im TT-Netz ist ein Körperschluß, auch ein Erdschluß, ein widerstandsbehafteter Kurzschluß.

Gegen einen beliebig weit entfernten Punkt des Erdreiches entsteht gegenüber der Fehlerstelle eine mögliche theoretische Berührungsspannung U_B, etwa gleich der Nennspannung U_0 des Netzes, z. B.:

$U_0 = 220$ V

$U_B \sim 220$ V

Für alle Gebäude wird in den neuen Bestimmungen ein Hauptpotentialausgleich gefordert, gegebenenfalls auch ein zusätzlicher Potentialausgleich (siehe Abschnitte 6.1.2 und 6.1.6 des Teiles 410 dieser Erläuterungen).

Durch diesen Potentialausgleich wird die von Menschen oder Nutztieren überbrückbare Berührungsspannung innerhalb eines Gebäudes

$U_B = 0$ V.

In der Praxis wird U_B bedingt durch den Widerstand der Potentialausgleichsleiter und dem Strom, der im Fehlerfall über diese Leiter fließt zu

$U_B \sim 0$ bis 10 V.

6.1.5 Schutzmaßnahmen im IT-Netz

VDE: Abschnitt 6.1.5
IEC: Abschnitt 413.1.5

6.1.5.1 Vorbemerkung zum IT-Netz

Das IT-Netz wird häufig in der chemischen Industrie oder in Glashütten angewendet. Hier ist es aus verschiedenen Gründen sinnvoll – von der elektrotechnischen Sicherheit her auch akzeptabel – beim ersten Fehler nur eine Meldung zu erhalten. Erst beim zweiten Fehler wird abgeschaltet. Häufig kann man den ersten Fehler in einer Betriebspause beseitigen. Unbeabsichtigtes Unterbrechen des Betriebes und damit verbundene Gefährdungen von Menschen und Sachwerten sind so zu vermeiden.

Ein anderes wichtiges Anwendungsgebiet des IT-Netzes ist der Operationsbereich im Krankenhaus. Hier muß auch bei einem Fehler infolge eines Körperschlusses oder Erdschlusses die Operation zu Ende geführt werden können. Das Leben des Patienten darf durch eine Unterbrechung der Stromversorgung nicht gefährdet sein.

In der öffentlichen Stromversorgung ist das IT-Netz von untergeordneter Bedeutung.

6.1.5.2   IT-Netz und Neutralleiter

Es wird empfohlen, das IT-Netz möglichst ohne Neutralleiter auszuführen (bei Drehstromnetzen).

Grund:

Tritt in einem solchen Netz ein Erdschluß eines Außenleiters auf, so werden die beiden anderen nicht gestörten Außenleiter unmittelbar auf eine Spannung von 380 V gegen Erde angehoben. Einphasen-Betriebsmittel führen dann auch eine Spannung von 380 V gegen Erde mit entsprechender Gefahr für die Betriebsmittel und für die Menschen.

Die hier erläuterte Gefahr gilt natürlich auch für Vierleiter-IT-Netze mit einer Isolationsüberwachungseinrichtung –, nämlich während der Zeit, in der ein Erdschluß gemeldet wird.

Daher sei bezüglich der Auswahl von Einphasen-Betriebsmitteln für IT-Netze mit Neutralleiter auf folgendes hingewiesen:

Elektrische Betriebsmittel, die zwischen Außenleiter und Neutralleiter betrieben werden, müssen entsprechend der Spannung zwischen den Außenleitern isoliert sein, z. B. für 380 V, wenn die Spannung zwischen Außenleiter und Neutralleiter 220 V beträgt.

Vergleiche hierzu die IEC-Publikation 364-5-51 (1979), Abschnitt 512.1.1.

In den neuen deutschen Bestimmungen ist hierfür ein Abschnitt im Teil 510 vorgesehen, zur Zeit Entwurf DIN 57 100 Teil 510 A1/VDE 0100 Teil 510 A1 vom April 1983, Abschnitt 5.1.1.

6.1.5.3   Bedingungen im IT-Netz

Aktive Leiter von IT-Netzen dürfen nicht direkt geerdet werden. So darf weder der Sternpunkt des Netzes noch ein eventuell vorhandener Neutralleiter direkt mit der Erde verbunden werden. IT-Netze werden normalerweise gegen Erde isoliert betrieben.

Die Erdung über eine ausreichend hohe Impedanz (Widerstand) ist in Sonderfällen möglich –, z. B. zum Herabsetzen von Überspannungen oder zur Dämpfung von Spannungs-Schwingungen. Diese Impedanz kann gegebenenfalls zwischen Erde und dem Sternpunkt (eventuell einem künstlichen Sternpunkt) liegen.

Die Körper der Betriebsmittel müssen einzeln, gruppenweise oder in ihrer Gesamtheit mit einem Schutzleiter verbunden werden.

Der Fehlerstrom beim Auftreten nur eines Körper- oder Erdschlusses ist niedrig, ein Abschalten ist nicht erforderlich. Es müssen jedoch Maßnahmen getroffen werden, um bei gleichzeitigem Auftreten von zwei Fehlern Gefahren zu vermeiden.

Die Bedingung aus folgender Beziehung muß im IT-Netz erfüllt sein:

$$R_A \cdot I_d \leq U_L$$

Die Kurzzeichen bedeuten:

R_A Erdungswiderstand aller mit einem Erder verbundenen Körper.

I_d Fehlerstrom im Falle des ersten Fehlers vernachlässigbarer Impedanz zwischen einem Außenleiter und einem Körper oder einem Schutzleiter.

Der Wert von I_d berücksichtigt die Ableitströme und die Gesamtimpedanz der elektrischen Anlage gegen Erde.

U_L Vereinbarte Grenze der dauernd zulässigen Berührungsspannung, z. B. 50 V oder 25 V Wechselspannung.

Für die gesamte Anlage des IT-Netzes muß entweder ein „zusätzlicher Potentialausgleich" und eine Isolationsüberwachungseinrichtung vorgesehen werden, die beim ersten Körper- oder Erdschluß (erster Fehler)

– ein akustisches oder optisches Signal auslöst oder

– ein Abschalten herbeiführt,

oder

es müssen im Falle eines zweiten Fehlers, je nach den Verhältnissen, die Bedingungen des TN- oder des TT-Netzes erfüllt sein (alternative Bedingungen).

Es wird dringend geraten, den ersten Fehler so schnell wie möglich zu beseitigen, z. B. in der nächsten Betriebspause.

Alternative Bedingungen siehe im Abschnitt 6.1.5.4 dieser Erläuterungen.

Schutzeinrichtungen: siehe Abschnitt 6.1.0 des Teiles 410 dieser Erläuterungen.

Eine Isolationsüberwachungseinrichtung kann auch aus Gründen, die nicht den Schutz bei indirektem Berühren betreffen, erforderlich sein, z. B. aus betrieblichen Gründen.

Die bisherige Forderung nach Begrenzung des Erdungswiderstandes der Schutzleiter des gesamten „Schutzleitungssystems" auf 20 Ω ist durch die Bedingung $R_A \cdot I_d \leq U_L$ ersetzt worden, nach der auch höhere Erdungswiderstände möglich sind. Neu ist auch, daß der Sternpunkt des Netzes hochohmig geerdet werden darf.

Für IT-Netze hat auch die Festlegung für das TT-Netz, wonach alle Körper der elektrischen Betriebsmittel, die durch eine gemeinsame Schutzeinrichtung geschützt sind, an denselben Erder angeschlossen werden müssen, praktische Bedeutung; vergleiche die Erläuterung zum TT-Netz, Abschnitt 6.1.4.1 des Teiles 410 dieses Buches und die entsprechenden Erläuterungen in der Norm DIN 57 100 Teil 410/VDE 0100 Teil 410/...83.

6.1.5.4   Vorübergehende Umwandlung des IT-Netzes in ein TN-Netz
                oder in ein TT-Netz

Das normalerweise isoliert betriebene Netz wird durch einen Körper- oder Erdschluß mit dem Erdpotential verbunden. Bedingt durch diesen Fehler wird das IT-Netz zu einem TN-Netz oder zu einem TT-Netz. Diese Umwandlung gilt nur für die Zeit während der die durch den Fehler verursachte Erdverbindung ansteht.

Die neue Norm/VDE-Bestimmung DIN 57 100 Teil 410/VDE 0100 Teil 410 läßt daher im Abschnitt 6.1.5.4 **alternativ** zum obengenannten „zusätzlichen Potentialausgleich" auch folgende Lösungen zu:

(a) Wenn alle Körper durch einen Schutzleiter miteinander verbunden sind, müssen die Abschaltbedingungen des TN-Netzes erfüllt sein. In IT-Netzen ohne Neutralleiter ist U_0 durch die Spannung zwischen den Außenleitern zu ersetzen. Als Impedanz der Fehlerschleife Z_S gilt die Impedanz bestehend aus Außenleiter und Schutzleiter zwischen der Spannungsquelle und dem betrachteten Betriebsmittel.

(b) Wenn nicht alle Körper durch einen Schutzleiter miteinander verbunden, sondern einzeln oder in Gruppen geerdet sind, müssen folgende Bedingungen des TT-Netzes erfüllt sein:
   – die Bedingungen für das Erden der Körper der elektrischen Betriebsmittel und
   – die Bedingungen für das Abschalten im Fehlerfall.
   Das sind Abschnitt 6.1.4.1, Absatz 1 und 2 und Abschnitt 6.1.4.2 aus DIN 57 100 Teil 410/VDE 0100 Teil 410.

Werden bei den hier genannten alternativen Maßnahmen (a) und (b) Fehlerstrom-Schutzeinrichtungen verwendet, so muß sichergestellt sein, daß bei zwei Fehlern hinter derselben Fehlerstromschutzeinrichtung
– eine Überstrom-Schutzeinrichtung oder
– eine Isolations-Überwachungseinrichtung oder
– eine Fehlerspannungs-Schutzeinrichtung
eine Abschaltung bewirkt.

6.1.5.5 Anwendung von Fehlerstrom-Schutzeinrichtungen im IT-Netz

Die Anwendung von Fehlerstrom-Schutzeinrichtungen im IT-Netz (siehe Abschnitt 6.1.0 dieser Erläuterungen zu Teil 410) ist neu und erscheint auch etwas ungewöhnlich. Aus diesem Grund sollen hierzu einige zusätzliche Erläuterungen gegeben werden:

– Wenn bei der Anwendung von FI-Schutzeinrichtungen im IT-Netz eine Abschaltung im Fall des ersten Fehlers vermieden werden soll, muß der Nenn-Fehlerstrom $I_{\Delta n}$ größer sein als der Strom I_d (siehe Gleichung in Abschnitt 6.1.5.3). Bei zwei Fehlern hinter derselben Fehlerstromschutzeinrichtung müssen die Überstromschutzeinrichtungen die Schutzfunktion übernehmen.

– Andererseits gilt:
FI-Schutzeinrichtungen sind nur eingeschränkt geeignet, die Bedingung für den ersten Fehler im IT-Netz, $R_A \cdot I_d \leq U_L$, zu erfüllen.

Grund: Zum Ausschalten des ungeerdeten IT-Netzes wird der durch die Netzkapazität bedingte Fehlerstrom in Anspruch genommen; die FI-Schutzeinrichtung erfaßt jedoch nur den Teil des Fehlerstromes, der von der Netzkapazität vor der FI-Schutzeinrichtung verursacht wird.

Der volle Fehlerstrom, d. h. die Anteile, die von den Netzkapazitäten **vor und hinter** dem FI-Schalter verursacht werden, kann dazu führen, daß die Bedingung $R_A \cdot I_d \leq U_L$ überschritten wird, ohne daß der vom FI-Schalter ausgewertete Anteil des Fehlerstroms dessen Auslösewert $I_{\Delta n}$ überschreitet, – nämlich dann, wenn die Körper einzeln oder in Gruppen geerdet sind. Fehlerstromschutzeinrichtungen im IT-Netz sind bei begrenzten Anlagen, z. B. in medizinisch genutzten Räumen, im allgemeinen als Schutzeinrichtung ungeeignet, weil sie weder beim ersten Fehler – wegen des kleinen Ableitstromes – noch im Doppelfehlerfall ansprechen.

6.1.6 Zusätzlicher Potentialausgleich

VDE: Abschnitt 6.1.6
IEC: Abschnitt 413.1.6

In den Bestimmungen für die Schutzleiter-Schutzmaßnahmen wird unter bestimmten Bedingungen die Anwendung des „zusätzlichen Potentialausgleiches" gefordert. Er wird häufig auch „örtlicher Potentialausgleich" genannt. Hierfür gelten folgende Festlegungen:
Wenn in einer Anlage oder in einem Teil einer Anlage die festgelegten Bedingungen für das Abschalten als Schutz bei indirektem Berühren nicht erfüllt werden können, ist ein örtlicher, sogenannter „zusätzlicher Potentialausgleich" vorzusehen. Weitere Anwendung: im IT-Netz und in Fällen besonderer Gefährdung (siehe z. B. die Gruppe 700 von DIN 57 100/VDE 0100).
Ein zusätzlicher Potentialausgleich kann die gesamte Anlage, einen Teil der Anlage, ein einzelnes Gerät oder einen Raum betreffen.
In den zusätzlichen Potentialausgleich müssen alle gleichzeitig berührbaren Körper ortsfester Betriebsmittel, Schutzleiteranschlüsse und alle fremden leitfähigen Teile einbezogen werden. Dies gilt auch für die Bewehrung der Stahlbetonkonstruktionen von Gebäuden, soweit dies durchführbar ist.
Der zusätzliche Potentialausgleich muß mit einem Potentialausgleichsleiter nach Abschnitt 9 in DIN 57 100 Teil 540/VDE 0100 Teil 540 durchgeführt werden.
Der zusätzliche Potentialausgleich kann auch hergestellt werden durch fremde leitfähige Teile wie Metallkonstruktionen, metallenen Wasserleitungen oder durch zusätzliche Leiter oder durch eine Kombination der genannten Teile.
Bestehen Zweifel an der Wirksamkeit des zusätzlichen Potentialausgleichs, so ist nachzuweisen, daß der Widerstand zwischen gleichzeitig berührbaren Körpern untereinander sowie zwischen gleichzeitig berührbaren Körpern und fremden leitfähigen Teilen die folgende Bedingung erfüllt:

$$R \leq \frac{U_L}{I_a}$$

Die Kurzzeichen bedeuten:

R Widerstand zwischen Körpern und fremden leitfähigen Teilen, die gleichzeitig berührbar sind.

U_L Vereinbarte Grenze der dauernd zulässigen Berührungsspannung.

I_a Strom, der das automatische Abschalten der Schutzeinrichtung innerhalb von 0,2 s oder von 5 s bewirkt.

Zuordnung der Zeiten: siehe „Abschaltbedingungen im TN-Netz".

Der zusätzliche Potentialausgleich ist anzuwenden, wenn die geforderten Abschaltzeiten bei den Schutzleiter-Schutzmaßnahmen nicht eingehalten werden können, z. B. im TN-Netz bei großen Motoren mit Schweranlauf, oder wenn die Abschaltzeit schwer zu berechnen bzw. nachzuweisen ist, z. B. im IT-Netz.

6.2 Schutzisolierung

VDE: Abschnitt 6.2
IEC: Abschnitt 413.2

Durch diese Maßnahme soll das Auftreten gefährlicher Spannungen an den berührbaren Teilen elektrischer Betriebsmittel infolge eines Fehlers in der Basisisolierung vermieden werden.

Nach den Festlegungen der neuen DIN 57 100/VDE 0100 kann die „Schutzisolierung" durch folgende Maßnahmen sichergestellt werden:

- **Verwenden** elektrischer Betriebsmittel, die nach entsprechenden Normen geprüft und mit dem Symbol ▣ nach DIN 40 014 gekennzeichnet sind; das sind Betriebsmittel der Schutzklasse II entsprechend DIN 57 106 Teil 1/VDE 0106 Teil 1/5.82.

- **Anbringen einer zusätzlichen Isolierung** an elektrischen Betriebsmitteln, die nur eine Basisisolierung haben.

- **Anbringen einer verstärkten Isolierung** an nicht isolierten aktiven Teilen. Diese Form der Isolierung ist nur zulässig, wenn die Konstruktionsmerkmale das Anbringen einer „zusätzlichen Isolierung" ausschließen.

In der Norm sind weitere Einzelheiten zum Anbringen der zusätzlichen und der verstärkten Isolierung angegeben (Abschnitte 6.2.1.2, 6.2.1.3 und 6.2.2 bis 6.2.6).

Leitungen und Kabel, z. B. nach VDE 0250, VDE 0271, DIN 57 272/ VDE 0272, DIN 57 281/VDE 0281, DIN 57 282/VDE 0282, gelten als schutzisoliert, wenn sie in den entsprechenden Normen so bezeichnet sind (siehe zur Zeit noch den Anhang von VDE 0100/5.73).

Leitfähige Teile innerhalb der Umhüllung von schutzisolierten Betriebsmitteln dürfen nicht an einen Schutzleiter angeschlossen werden, wenn dieses nicht in den Normen für die betreffenden Betriebsmittel ausdrücklich vorgesehen ist. Dies schließt jedoch nicht aus, daß Anschlußmöglichkeiten für Schutzleiter vorgesehen sind, die zwangsläufig durch die Umhüllung durchgeschleift werden, weil sie für andere Betriebsmittel benötigt werden, deren Stromkreis ebenfalls durch die Umhüllung führt. Innerhalb der Umhüllung müssen solche Leiter und ihre Anschlußklemmen wie aktive Teile isoliert werden. Ihre Anschlußklemmen sind entsprechend zu kennzeichnen.

Häufig wird aus der Fachöffentlichkeit die Frage gestellt, warum diese leitfähigen Teile (z. B. der Metallrahmen zum Befestigen der Schaltgeräte) innerhalb der schutzisolierten Betriebsmittel nicht an den Schutzleiter angeschlossen werden dürfen. Der Grund liegt darin, daß man innerhalb des schutzisolierten Betriebsmittels außer dem Potential der Außenleiter (und des Neutralleiters) kein weiteres berührbares Potential (nämlich das Erdpotential) haben wollte. Die genannte Regelung wurde vor vielen Jahren in die deutschen Bestimmungen aufgenommen. Auf deutschen Vorschlag wurde die gleiche Regelung in die Errichtungsbestimmungen von IEC (Publikation 364-4-41) und in die Bestimmungen für Schaltanlagen (Publikation 439) aufgenommen; sie ist ebenfalls in CENELEC-HD 384.4.41 enthalten.

Kritiker stellen fest, daß es elektrische Unfälle gibt, die zu vermeiden waren, wenn solche „leitfähigen Teile" am Schutzleiter angeschlossen gewesen wären. Ein abgebrochener Draht eines Außenleiters (Phase) berührt z. B. ein „leitfähiges Teil"; mit Schutzleiter würde der Stromkreis sofort abgeschaltet; ohne Schutzleiter steht das „leitfähige Teil" auf Dauer unter Spannung und gefährdet unachtsames Bedienungspersonal. Die betreffende Person hat zwar gegen das Gebot des Freischaltens verstoßen; aber immerhin, der Unfall wäre zu vermeiden gewesen.

Eine Änderung der entsprechenden Festlegung nur in VDE 0100 ist auf keinen Fall möglich. Hier wäre eine Koordinierung mit allen betroffenen Gremien von VDE, CENELEC und IEC erforderlich.

Wenn jemand dennoch die leitfähigen Teile innerhalb eines schutzisolierten Betriebsmittels an einen Schutzleiter anschließt, so wird dieses Betriebsmittel zu einem Betriebsmittel der Schutzklasse I nach DIN 57 106 Teil 1/VDE 0106 Teil 1/5.82 bzw. nach IEC-Publikation 536. Das Doppelquadrat □, Symbol für Schutzklasse II, muß dann entfernt werden. Der Schutzleiteranschluß muß mit dem Symbol ⏚ nach DIN 40 011 bezeichnet werden.

Enthält eine bewegliche Anschlußleitung für ein ortsveränderliches Betriebsmittel einen Schutzleiter, so muß dieser im Stecker angeschlossen werden, während in dem Betriebsmittel (Verbrauchsmittel) kein Anschluß erfolgen darf.

Die Umhüllung darf den Betrieb der durch sie geschützten Betriebsmittel nicht nachteilig beeinträchtigen.

Das Befestigen von Betriebsmitteln der Schutzklasse II und das Anschließen von Leitern innerhalb dieser Betriebsmittel muß so erfolgen, daß der in der Gerätenorm festgelegte Schutz nicht beeinträchtigt wird.

Wenn hinter Abdeckungen oder Umhüllungen gelegentliche Handhabungen vorgenommen werden müssen, ist DIN 57 106 Teil 100/VDE 0106 Teil 100/03.83 zu beachten.

Die Schutzisolierung wird verbreitet angewendet bei Haushalts- und Phonogeräten, bei Niederspannungsschaltgeräten und -verteilungsanlagen, bei Kabeln und Leitungen.

Auf Grund einer Umfrage der IEC (etwa im Jahr 1970) wird die Schutzisolierung als die meistempfohlene Schutzmaßnahme betrachtet. In Deutschland führte die Bundesanstalt für Arbeitsschutz und Unfallforschung im Jahre 1979 „Zuverlässigkeitsuntersuchungen an Schutzmaßnahmen in Niederspannungsverbraucheranlagen" durch. Gesichertes Ergebnis der Analyse ist der quantitative Nachweis der hervorragenden Bedeutung der Schutzisolierung:
Bei Anwendung der Schutzisolierung liegt die Wahrscheinlichkeit für den Fehlerfall im Mittel um eine Größenordnung niedriger als bei der Verwendung von Verbrauchern mit Schutzleiteranschluß.
Die Schutzisolierung ist trotz vieler technischer Fortschritte auf dem Gebiet der Isolierstoffe leider nicht überall anwendbar. Bei Wärmegeräten könnten sich die Isolierstoffe verformen. Bei großen Betriebsmitteln entstehen bezüglich der Isolierstoffe für die Umhüllung mechanische, fertigungsmäßige und wirtschaftliche Probleme. So bleibt noch ein weites Feld für die Ausführung von Schutzleiter-Schutzmaßnahmen.

Anmerkung:
In der Vergangenheit galt die „Standortisolierung" als Teil der Schutzisolierung (siehe VDE 0100/5.73, § 7 d). Die Standortisolierung wurde nicht in die Normungsvorhaben von IEC und CENELEC aufgenommen. Sie wird daher auch in der neuen DIN 57 100/VDE 0100 nicht mehr genannt.

6.3 Schutz durch nichtleitende Räume

VDE: Abschnitt 6.3
IEC: Abschnitt 413.3

Diese Schutzmaßnahme ist auf Vorschlag anderer Mitgliedsländer der CENELEC in die IEC-Publikation 364-4-41 und in das CENELEC-HD 384.4.41 aufgenommen worden. Für die praktische Anwendung, mindestens in Deutschland, wird diese Maßnahme nur geringe Bedeutung haben.
In diesen Erläuterungen werden für diese Schutzmaßnahmen nur einige Bestimmungen aufgeführt. Weitere Einzelheiten möge man der Norm entnehmen.
Durch diese Schutzmaßnahme wird ein gleichzeitiges Berühren von Teilen vermieden, die aufgrund des Versagens der Basisisolierung aktiver Teile unterschiedliches Potential haben können.
Die Körper müssen so angeordnet sein, daß es unter normalen Umständen ausgeschlossen ist, daß Personen gleichzeitig in Berührung kommen mit
– zwei Körpern oder
– einem Körper und einem fremden leitfähigen Teil.
In einem nichtleitenden Raum darf kein Leiter mit Schutzleiterfunktion vorhanden sein. Betriebsmittel der Schutzklasse I dürfen verwendet werden; der Schutzleiter darf nicht angeschlossen sein.
Diese Räume müssen unter anderem einen isolierenden Fußboden haben.
Der Widerstand von isolierenden Fußböden und isolierenden Wänden darf an keiner Stelle die folgenden Werte unterschreiten:

- 50 kΩ, wenn die Nennspannung 500 V Wechselspannung bzw. 750 V Gleichspannung nicht überschreitet,
- 100 kΩ, wenn die Nennspannung 500 V Wechselspannung bzw. 750 V Gleichspannung überschreitet.

Wenn der Widerstand an einer Stelle unter dem festgelegten Wert liegt, gelten die Böden und Wände im Sinne des Berührungsschutzes als fremde leitfähige Teile.

Es müssen Vorkehrungen getroffen werden, um sicherzustellen, daß durch fremde leitfähige Teile keine Spannungen aus dem betreffenden Raum verschleppt werden können.

Als ausreichenden Abstand zwischen Körpern von Betriebsmitteln und fremden leitfähigen Teilen, auch zwischen mehreren Betriebsmitteln, wird bei dieser Schutzmaßnahme ein Abstand von 2,50 m betrachtet, außerhalb des Handbereiches auch 1,25 m. Der Wert von 2,50 m weicht von den Festlegungen bei IEC und CENELEC im entsprechenden Abschnitt 413.3.3 ab.

Das Komitee 221 hat in der Einspruchsberatung jedoch beschlossen, sich an der Ergänzung Nr. 2 (Amendment No. 2) vom Oktober 1981 zur IEC-Publikation 364-4-41 (1977) zu orientieren. Dort wird der Wert von 2,50 cm im Zusammenhang mit dem Handbereich genannt. Vergleiche auch Abschnitt 5.4 dieser Erläuterungen zum Teil 410 sowie Bild 410-7.

6.4 Schutz durch erdfreien, örtlichen Potentialausgleich

VDE: Abschnitt 6.4
IEC: Abschnitt 413.4

Diese Schutzmaßnahme ist auf Vorschlag anderer Mitgliedsländer der CENELEC in die IEC-Publikation 364-4-41 und in das CENELEC-HD 384.4.41 aufgenommen worden. Für die praktische Anwendung wird diese Maßnahme nur geringe Bedeutung haben. Beispiel: Schutztrennung mit mehreren Verbrauchsmitteln.

Ein erdfreier, örtlicher Potentialausgleich verhindert das Auftreten einer gefährlichen Berührungsspannung.

Alle gleichzeitig berührbaren Körper und fremde leitfähige Teile müssen durch Potentialausgleichsleiter nach DIN 57 100 Teil 540/VDE 0100 Teil 540 miteinander verbunden werden.

Das örtliche Potentialausgleichssystem darf weder über Körper noch über fremde leitfähige Teile mit Erde verbunden sein.

In Fällen, in denen diese Anforderung nicht erfüllt werden kann, kann Schutz durch automatisches Abschalten angewendet werden.

Es müssen Maßnahmen getroffen werden, um sicherzustellen, daß Personen beim Betreten eines erdpotentialfreien Raumes keiner gefährlichen Berührungsspannung ausgesetzt werden, besonders dann, wenn ein gegen Erdpotential isolierter, leitfähiger Fußboden mit dem Potentialausgleich verbunden ist.

6.5 Schutztrennung

VDE: Abschnitt 6.5
IEC: Abschnitt 413.5

Durch die „Schutztrennung" eines einzelnen Stromkreises werden Gefahren beim Berühren von Körpern vermieden, die durch einen Fehler in der Basisisolierung des Stromkreises Spannung annehmen können.
Die Schutztrennung soll verhindern, daß bei einem Körperschluß am Betriebsmittel überhaupt eine Berührungsspannung aus dem speisenden Netz auftritt.
Aus diesem Grund sind hier – ähnlich wie bei der Schutzkleinspannung – erhebliche Einschränkungen erforderlich.
Es wird unterschieden zwischen der Schutztrennung mit Anschluß eines einzelnen Verbrauchsmittels und mit Anschluß mehrerer Verbrauchmittel; siehe Abschnitt 6.5.7 des Teiles 410 dieser Erläuterungen.

6.5.1 Stromversorgung für die Schutztrennung

VDE: Abschnitt 6.5.1.1
IEC: Abschnitt 413.5.1.1

Zur Stromversorgung von Stromkreisen der Schutztrennung müssen verwendet werden:
● ein Trenntransformator nach
  - VDE 0550 Teil 3/12.69 (Trenntransformatoren und andere) oder
  - DIN 57 551 Teil 21/
    VDE 0551 Teil 21, zur Zeit Entwurf (Trenntransformatoren) oder
  - DIN 57 551 Teil 22/
    VDE 0551 Teil 22, zur Zeit Entwurf (Einbau-Trenntransformatoren) oder
  - DIN IEC 14D (CO)7/
    VDE 0551 Teil 100, zur Zeit Entwurf (Trenntransformatoren und Sicherheitstransformatoren)
● ein Motorgenerator mit entsprechend isolierten Wicklungen nach VDE 0530 Teil 1,
  oder
● eine andere Stromversorgung, die eine gleichwertige Sicherheit bietet.

Ortsveränderliche Trenntransformatoren müssen schutzisoliert sein.
In der IEC-Publikation 364-4-41, Abschnitt 413.5.1.1, zweiter Absatz, ist hierzu folgendes festgelegt:
„Ortsveränderliche Stromquellen müssen nach Abschnitt 413.2 schutzisoliert ausgewählt oder errichtet werden."
Da als ortsveränderliche Stromquellen im Grunde nur Trenntransformatoren in Frage kommen, hat man den Text im Teil 410 entsprechend geändert.
Siehe hierzu auch den Text dieser Erläuterungen zu den Motorgeneratoren als Stromquellen für die Schutzkleinspannung (Abschnitt 4.1.1 zu Teil 410 dieser Erläuterungen).

Ortsfeste Trenntransformatoren, Motorgeneratoren oder gleichwertige Strom-
versorgungen müssen entweder
- schutzisoliert sein
  oder
- so beschaffen sein, daß der Ausgang sowohl vom Eingang als auch von leitfähigen Gehäusen durch eine Isolierung getrennt ist, die den Bedingungen
  der Schutzisolierung genügt.

Wenn eine solche Stromquelle mehrere Betriebsmittel speist, so dürfen die Körper dieser Betriebsmittel nicht mit der Metallumhüllung der Stromquelle verbunden werden.
Die Spannung des Sekundärstromkreises darf bis zu 1000 V betragen.
Diesen Wert (1000 V) hat das Komitee 221 in der Einspruchsberatung beschlossen. In Anlehnung an den technischen Anwendungsbereich von
DIN 57 100/VDE 0100 braucht dieser Wert in der neuen Norm/ VDE-Bestimmung nicht mehr angegeben zu werden. Bei IEC und CENELEC sind 500 V festgelegt. Deutschland wird bei IEC einen Antrag stellen, auch dort den Wert auf
1000 V zu erhöhen.
Seither waren hierfür in VDE 0100/5.73, § 14, Schutztrennung, 380 V vorgeschrieben.
Im Entwurf zu Teil 410 mußten die 500 V aus IEC und CENELEC genannt werden; darauf gingen mehrere Einsprüche ein, den Wert auf 600 V zu erhöhen, mit
der Begründung, daß auch bei diesem Wert keine Gefahr gesehen wird. Das Komitee 221 hat daraufhin beschlossen, an die Spanngsgrenze (1000 V) des Anwendungsbereiches der DIN 57 100/VDE 0100 zu gehen.

6.5.2 Elektrische Trennung der Stromkreise

VDE: Abschnitte 6.5.1.2 und 6.5.1.4
IEC: Abschnitte 413.5.1.3 und 413.5.1.5

Die aktiven Teile des Sekundärstromkreises müssen von anderen Stromkreisen
elektrisch sicher getrennt sein.
Die Anordnung muß eine elektrische Trennung gewährleisten, die mindestens
der Trennung zwischen Primärseite und Sekundärseite eines Trenntransforma-
tors (z. B. nach VDE 0550 Teil 3) gleichwertig ist.
Diese elektrische Trennung ist besonders notwendig zwischen den aktiven Teilen von elektrischen Betriebsmitteln wie Relais, Schütze, Hilfsschalter, wenn aktive Teile auch mit anderen Stromkreisen verbunden sind.
Es wird empfohlen, Stromkreise mit Schutztrennung getrennt von anderen
Stromkreisen zu verlegen.
Falls eine gemeinsame Verlegung nicht zu vermeiden ist, müssen mehradrige
Kabel oder Leitungen ohne Metallmantel oder isolierte Leiter in Isolierstoffroh-
ren verwendet werden.

Ihre Nennspannung muß mindestens der höchsten vorkommenden Betriebsspannung entsprechen.
Der Abschnitt 413.5.1.5 ist bei CENELEC ausführlicher behandelt als bei IEC (Publikation 364-4-41/1977).

6.5.3 Schutztrennung und Erdverbindungen
VDE: Abschnitte 6.5.1.2 und 6.5.1.5
IEC: Abschnitte 413.5.1.3 und 413.5.1.6

Die **aktiven Teile** des Sekundärstromkreises dürfen weder mit einem anderen Stromkreis noch mit Erde verbunden werden.
Um die Gefahr eines Erdschlusses zu vermeiden, muß besonders auf die Isolierung aktiver Teile geachtet werden, vor allem bei beweglichen Leitungen. Ihre Nennspannung muß mindestens der höchsten vorkommenden Betriebsspannung entsprechen.
Die **Körper** des Stromkreises mit Schutztrennung dürfen absichtlich weder mit Erde noch mit dem Schutzleiter oder Körper anderer Stromkreise verbunden werden.
Wenn in Stromkreisen mit Schutztrennung deren Körper entweder zufällig oder absichtlich mit Körpern anderer Stromkreise in Berührung kommen, hängt der Schutz gegen zu hohe Berührungsspannung nicht mehr allein von der Schutzmaßnahme Schutztrennung ab, sondern auch von der Schutzmaßnahme, in die die letztgenannten Körper einbezogen sind.
Die absichtliche Erdverbindung von Körpern der Geräte in einem Stromkreis der Schutztrennung – d. h. im Zusammenhang mit einer Stromversorgung nach den Bedingungen der Schutztrennung – ergibt ein IT-Netz.

6.5.4 Bewegliche Leitungen für Stromkreise der Schutztrennung
VDE: Abschnitt 6.5.1.3
IEC: Abschnitt 413.5.1.4

Bewegliche Leitungen müssen an allen Stellen, an denen sie mechanischen Beanspruchungen ausgesetzt sind, sichtbar sein.
Es sind Gummischlauchleitungen, mindestens vom Typ H07RN-F bzw. A07RN-F nach DIN 57 282 Teil 810/VDE 0282 Teil 810 zu verwenden.

6.5.5 Leitungslänge bei der Schutztrennung
VDE: Abschnitt 6.5.1
IEC: Abschnitt 413.5.1

Bezüglich der Leitungslänge bei der Schutztrennung gibt es folgende Empfehlung:
Das Produkt aus Spannung in V und Leitungslänge in m sollte den Wert 100 000 nicht überschreiten, wobei die Leitungslänge nicht größer als 500 m sein sollte.

6.5.6 Überstromschutz bei der Schutztrennung
VDE: Abschnitt 6.5.1.4 letzter Absatz
IEC: –
CENELEC: 413.5.1.5 letzter Satz

Jeder Stromkreis der Schutztrennung muß gegen die Auswirkungen von Überstrom geschützt sein.
Der Abschnitt 413.5.1.5 ist bei CENELEC ausführlicher behandelt als bei IEC.

6.5.7 Anschluß eines oder mehrerer Verbrauchsmittel

VDE: Abschnitt 6.5.1
IEC: Abschnitt 413.5.1

Bei der Schutztrennung nach Teil 410 DIN 57 100 Teil 410/VDE 0100
Teil 410 wird unterschieden zwischen dem Anschluß
– eines einzelnen Verbrauchsmittels
  oder
– mehrerer Verbrauchsmittel.

Diese Regelung entspricht auch den seitherigen Bestimmungen in
VDE 0100/5.73 § 14 und § 53c).

6.5.7.1 Anschluß eines einzelnen Verbrauchsmittels

VDE: Abschnitt 6.5.2
IEC: Abschnitt 413.5.2

Wenn die Schutzmaßnahme Schutztrennung im Hinblick auf eine besondere Gefährdung allein oder neben anderen Schutzmaßnahmen zwingend vorgeschrieben ist, darf an die Stromquelle nur ein einzelnes Verbrauchsmittel mit höchstens 16 A Nennstrom angeschlossen werden.
Der Körper des Verbrauchsmittels darf nicht an einen Schutzleiter angeschlossen werden.
Wenn der Standort des Benutzers metallen leitend ist, z. B. in Kesseln, auf Stahlgerüsten, Schiffsrümpfen und dergleichen, ist der Körper des zu schützenden Verbrauchsmittels mit dem Standort durch einen besonderen Leiter – d. h. mit einem Potentialausgleichsleiter für den „zusätzlichen Potentialausgleich" – zu verbinden, dessen Querschnitt nach DIN 57 100 Teil 540/VDE 0100 Teil 540 zu bemessen ist. Dieser Leiter muß außerhalb der Zuleitung sichtbar verlegt werden. Im übrigen siehe DIN 57 100 Teil 706/VDE 0100 Teil 706, Begrenzte leitfähige Räume.

6.5.7.2 Anschluß mehrerer Verbrauchsmittel

VDE: Abschnitt 6.5.3

IEC: Abschnitt 413.5.3

Wenn folgende Festlegungen erfüllt sind darf ein Trenntransformator, ein Motorgenerator oder eine gleichwertige Stromversorgung mehr als ein einzelnes Verbrauchsmittel speisen:

- Die Körper der Betriebsmittel müssen untereinander durch ungeerdete isolierte Potentialausgleisleiter verbunden werden. Solche Leiter dürfen nicht mit den Schutzleitern oder Körpern der Betriebsmittel von Stromkreisen anderer Schutzmaßnahmen oder mit fremden leitfähigen Teilen verbunden werden. Dies schließt die Verwendung von schutzisolierten Betriebsmitteln nicht aus.
- Es sind Steckdosen mit Schutzkontakt zu verwenden. Die Schutzkontakte sind mit dem Potentialausgleichsleiter zu verbinden.
- Alle beweglichen Leitungen, ausgenommen Anschlußleitungen an schutzisolierten Betriebsmitteln, müssen einen Schutzleiter enthalten, der als Potentialausgleichsleiter zu verwenden ist.

Beim Auftreten von zwei Fehlern (z. B. Körperschlüssen) vernachlässigbarer Impedanz zwischen

- verschiedenen Außenleitern

und

- dem Potentialausgleichsleiter oder mit diesem verbundenen Körpern

muß ein automatisches (selbsttätiges) Abschalten mindestens **eines** Fehlers innerhalb der für TN-Netze angegebenen Zeit bewirkt werden, (0,2 s oder 5 s, je nach der Art des Stromkreises).

In Mehrleiternetzen ohne Mittelleiter ist U_0 durch die Spannung zwischen den Außenleitern zu ersetzen.

Es sei nochmals wiederholt:

In Räumen oder an Plätzen mit besonderer Gefährdung darf auch in Zukunft hinter einem Trenntransformator oder einer entsprechenden Stromversorgung der „Schutztrennung" nur ein **einzelnes** Verbrauchsmittel angeschlossen werden.

6.6   Ausnahmen vom Schutz bei indirektem Berühren

VDE: Abschnitt 8.1

IEC: z. T. Abschnitt 471.2.2

Schutzmaßnahmen bei indirektem Berühren werden **nicht** gefordert in Anlagen und bei Betriebsmitteln mit

- Spannungen bis 250 V gegen Erde für Betriebsmittel der öffentlichen Stromversorgung zur Messung elektrischer Arbeit und Leistung, z. B. Elek-

trizitätszähler, Tarifschaltgeräte, die in regelmäßigen Fristen von Prüfstellen überprüft werden.
Für diese Betriebsmittel wird jedoch die Schutzisolierung empfohlen.
- Wechselspannungen bis 1000 V und Gleichspannungen bis 1500 V für
  - Metallrohre mit isolierenden Auskleidungen, Metallrohre zum Schutz von Mehraderleitungen oder Kabeln, Metalldosen mit isolierenden Auskleidungen (Unterputzdosen, Verbindungs- und Abzweigdosen), Metallumhüllungen oder Metallmäntel von Leitungen sowie Bewehrungen von Leitungen oder Kabeln, Metallmäntel von Kabeln, sofern die Kabel nicht im Erdreich verlegt sind.
  - Stahl- und Stahlbetonmaste in Verteilungsnetzen.
  - Dachständer und mit diesen leitend verbundene Metallteile in Verteilungsnetzen.

Der Schutz bei indirektem Berühren kann ferner entfallen bei Körpern von Betriebsmitteln, die so klein (Abmessungen etwa 50 mm x 50 mm) oder so angebracht sind, daß sie nicht umgriffen werden oder in nennenswerten Kontakt mit Teilen des menschlichen Körpers kommen können, vorausgesetzt, daß der Anschluß eines Schutzleiters nur unter Schwierigkeiten möglich oder unzuverlässig wäre.
Anmerkung: Hierunter fallen z. B. Schrauben, Bolzen, Nieten, Namensschilder und Kabelschellen.

Es sei an dieser Stelle darauf verwiesen, daß die IEC-Publikation 364, wie auch das CENELEC–HD 384, nicht unbedingt für die Anwendung in öffentlichen Stromversorgungsanlagen vorgesehen ist. Die hier genannten Ausnahmen für Betriebsmittel in Stromversorgungsnetzen fällt daher nicht unter die Harmonisierung (siehe Ergänzung Nr. 1 vom Juni 1976 zur IEC-Publikation 364-1).
Die Ausnahmen vom Schutz bei indirektem Berühren werden bei IEC im Abschnitt 471.2.2 der IEC-Publikation 364-4-47 (1981), behandelt.

7 Anwenden von Fehlerspannungs-Schutzeinrichtungen

VDE: Abschnitt 7 von Teil 410 und Abschnitt 6 von Teil 540
IEC: Kapitel 54, Abschnitt 544.2

Fehlerspannungs-(FU-)Schutzschalter wurden seit einigen Jahren in elektrischen Hausinstallationen so gut wie nicht mehr eingesetzt. Sie sind praktisch durch die Fehlerstrom-Schutzschalter abgelöst worden.
Bei IEC und VDE ist man sich weiterhin einig, daß das System der Fehlerspannungs-Schutzschaltung weiterhin eine Maßnahme zum Schutz gegen gefährliche Körperströme (Schutz bei indirektem Berühren) ist. Man hat daher die Grundsätze dieser Maßnahme sowohl in die IEC-Publikation 364 als auch in die neue DIN 57 100/VDE 0100 aufgenommen.

Anwendungsbeispiele für die Fehlerspannungs-Schutzschaltung gibt es in besonderen Anlagen, z. B. im Zusammenhang mit elektronischen Betriebsmitteln. Hier gibt es häufig keine ausreichend großen Ströme, die zum Abschalten anderer Schutzeinrichtungen nötig sind. Eine Spannungskontrolle in Anlehnung an die FU-Schutzschaltung ist oft noch möglich.

Aus diesem Grund ist man in der neuen Norm auch von dem Ausdruck FU-Schut**zschalter** abgegangen und verwendet statt dessen den Ausdruck FU-Schut**zeinrichtung**.

Die „-einrichtung" kann also bei Beachtung der Norm beliebig konzipiert werden; man ist nicht auf das Betriebsmittel „-schalter" angewiesen.

Beim Anwenden von Fehlerspannungs-Schutzeinrichtungen sind folgende Bedingungen zu erfüllen:

Die Fehlerspannungsspule ist wie ein Spannungsmesser anzuschließen, so daß sie die zwischen dem zu schützenden Anlagenteil und dem Hilfserder auftretende Spannung überwacht.

Der Hilfserdungsleiter muß gegen den Schutzleiter und gegen das Gehäuse des zu schützenden Betriebsmittels und gegen metallene Gebäude- und Konstruktionsteile, die mit dem Betriebsmittel in leitender Verbindung stehen, so isoliert verlegt sein, daß die Fehlerspannungsspule nicht überbrückt wird. Um Zufallsüberbrückungen der Fehlerspannungsspule zu vermeiden, ist der Hilfserdungsleiter isoliert zu verlegen.

Der Schutzleiter darf nur mit den Körpern solcher elektrischer Betriebsmittel in Verbindung kommen, deren Zuleitungen im Fehlerfall durch die Schutzeinrichtung abgeschaltet werden; anderenfalls ist auch der Schutzleiter isoliert zu verlegen.

Werden mehrere Betriebsmittel an **eine** Fehlerspannungs-Schutzeinrichtung angeschlossen und ist eines dieser Betriebsmittel mit einem Erder verbunden, dessen Erdungswiderstand kleiner als 5 Ω ist, dann muß der Querschnitt jedes Schutzleiters mindestens gleich dem halben Außenleiterquerschnitt desjenigen Gerätes sein, das am höchsten abgesichert ist.

Als Hilfserder muß ein besonderer Erder verwendet werden, der nicht im Spannungsbereich anderer Erder liegen darf. Er muß daher einen Abstand von mindestens 10 m von anderen Erdern haben.

Es dürfen nur Fehlerspannungsschutzeinrichtungen verwendet werden, die alle Außenleiter, und bei Vorhandensein eines Neutralleiters auch diesen, abschalten.

Für TT-Netze ist im Abschnitt 6.1.4.2 von DIN 57 100 Teil 410/VDE 0100 Teil 410 folgende Festlegung getroffen:

Werden Fehlerspannungsschutzeinrichtungen verwendet, so soll R_A 200 Ω nicht überschreiten. Ein höherer Wert bis zu 500 Ω ist in Ausnahmefällen zulässig, wenn der Wert von 200 Ω (z. B. bei felsigem Boden) nicht eingehalten werden kann.

R_A ist hier der Widerstand des Hilfserders R_H, laut Bild 540-11 dieser Erläuterungen.

Die Festlegungen bezüglich des Hilfserders, des Hilfserdungsleiters und des Schutzleiters gehören nach der Systematik von DIN 57 100/VDE 0100 in den Teil 540. Diese Festlegungen sind dort im Abschnitt 6 (IEC-Abschnitt 544.2) zu finden. Es wird hier auch auf den entsprechenden Abschnitt des Teiles 540 dieser Erläuterungen verwiesen, ebenso auf das Bild 540-11, Fehlerspannungs-Schutzschaltung.

8 Klassifizierung von elektrischen und elektronischen Betriebsmitteln

In der Norm DIN 57 106 Teil 1/VDE 0106 Teil 1/5.82 werden die Schutzklassen für elektrische und elektronische Betriebsmittel angegeben. Es handelt sich dabei um eine Klassifizierung hinsichtlich des Schutzes gegen gefährliche Körperströme im Falle des Versagens der Isolation, d. h. im Fehlerfall (bei indirektem Berühren). Diese Norm legt keine Anforderungen für Entwicklung, Konstruktion und Prüfung gemäß dieser Klassifizierung fest. Sie ist eine Übersetzung der IEC-Publikation 536 (1976) (Report) und entspricht dem CENELEC-Harmonisierungsdokument 366.

Der Haupttitel dieser Norm lautet zur Zeit noch „Schutz gegen elektrischen Schlag", Untertitel „Klassifizierung von . . .". Die IEC-Publikation 536 wird zur Zeit von der Arbeitsgruppe (WG) 17 des IEC-TC 64 überarbeitet.

In DIN 57 106 Teil 1/VDE 0106 Teil 1 findet man unter anderem die Erklärung folgender Begriffe: Basisisolierung, doppelte Isolierung, verstärkte Isolierung, Schutzkleinspannung (zitiert am Ende des Abschnittes 2 zum Teil 410 dieser Erläuterungen).

Die Hauptmerkmale von Betriebsmitteln entsprechend der Klassifizierung in DIN 57 106 Teil 1/VDE 0106 Teil 1/5.82 sind in der **Tabelle 410-B** angegeben.

Tabelle 410-B. Hauptmerkmale von Betriebsmitteln entsprechend der Klassifizierung und die Voraussetzungen, die für den Fall eines Versagens der Basisisolierung für die Sicherheit notwendig sind

Schutzklasse Merkmale	0	I	II	III
Hauptmerkmale der Betriebsmittel	Keine Anschlußstelle für Schutzleiter	Anschlußstelle für Schutzleiter	Zusätzliche Isolierung. Keine Anschlußstelle für Schutzleiter	Versorgung mit Schutzkleinspannung
Voraussetzungen für die Sicherheit	Umgebung frei von Erdpotential	Anschluß an Schutzleiter	Keine	Anschluß an Schutzkleinspannung

aus DIN 57 106 Teil 1/VDE 0106 Teil 1/5.82.

9 Schrifttum zum Teil 410

Oehms, K. J.: Geplante Änderungen bei der Schutzmaßnahme Nullung. Elektrizitätswirtschaft, Jg. 77(1978) Heft 14, Seite 476 bis 479.

Rudolph, W.: Internationale Harmonisierung der Schutzleiter-Schutzmaßnahmen nach VDE 0100. de (1977) Bd. 16.

Theml, H.: Anordnung von Betätigungselementen in der Nähe berührungsgefährlicher Teile. etz Bd. 104 (1983) Heft 1, Seite 20 bis 25.

Theml. H.: Schutz gegen direktes Berühren. etz Bd. 102 (1981) Heft 5.

Edwin, K. W., Jakli, G., Thielen, H.: Wertigkeit von Schutzmaßnahmen in Hausinstallationen. etz Bd. 101 (1980) Heft 24.

Winkler, A. FI-Schutzschaltung in nichtgeerdeten Netzen sinnvoll? Der Elektromeister (1970), Heft 2, Seite 61 bis 63.

Huber, H.: Erdungsprobleme in genullten Netzen. E und M Jg. 82 (1965) Heft 4.

Kahnau, H.-W.: Neufassung der VDE 0664 „FI-Schutzschalter" und ihre Einordnung im internationalen Bereich. de, Nr. 8 (1982).

Biegelmeier, G.: Über die Körperimpedanz lebender Menschen bei Wechselstrom 50 Hz. etz-Archiv, (1979) Heft 5, Seite 145 bis 150.

Biegelmeier, G.: Elektrischer Strom – Gefahr für das Herz. de (1980) Nr. 18, Seite 1279 bis 1281

Jacobsen, J., Buntenkötter, S.: Gefährdungsbereich energietechnischer Wechselströme. etz-Archiv, (1979) Heft 9, Seite 275 bis 281.

Biegelmeier, G.: Über die Auslöseempfindlichkeiten und die Auslösezeiten von Fehlerstromschutzschaltern. E und M Jg. 98 (1981) Heft 9.

Biegelmeier, G., Dürr, P., Hönninger, E.: Das Prinzip der dreifachen Sicherheit für die Schutzmaßnahmen beim indirekten Berühren. ÖZE (Wien) Jg. 34 (1981) Heft 6.

Pointner, E.: Schutzmaßnahmen bei indirektem Berühren und Potentialausgleich in medizinisch genutzten Räumen. de (1979) Nr. 20 und Nr. 21.

Müller, R.: VEM-Handbuch, Schutzmaßnahmen gegen zu hohe Berührungsspannung in Niederspannungsanlagen. VEB Verlag Technik, Berlin, 1981.

Verband der Sachversicherer e. V., Köln. Sonderheft: 30 Jahre Fehlerstromschutzschalter. Richard Pflaum Verlag KG, München

Weitere Literaturhinweise für Teil 410 siehe am Ende des Teiles 1 dieser Erläuterungen.

Teil 430 Überstromschutz von Kabeln und Leitungen

VDE: Teil 430
IEC: Kapitel 43 und Abschnitt 473

- **Zusammenstellung von zuzuordnenden nationalen und internationalen Bestimmungen und Normen zum Teil 430**

1. DIN 57 100 Teil 430/VDE 0100 Teil 430/6.81
   Errichten von Starkstromanlagen bis 1000 V;
   Schutz von Leitungen und Kabeln gegen zu hohe Erwärmung.
   - siehe auch die Anmerkung am Ende des Abschnittes 2.3 im Teil 430 dieser Erläuterungen.
2. Seitherige Bestimmungen (Übergangsfrist bis 31. 5. 1983):
   a) VDE 0100/5.73 § 41a: Mechanische Festigkeit und Strombelastung (jetzt Teil 523).
   b) VDE 0100m/6.76 § 41b: Schutz der Leitungen und Kabel gegen zu hohe Erwärmung.
3. DIN 57 102 Teil 2/VDE 0102 Teil 2/11.75
   Leitsätze für die Berechnung der Kurzschlußströme
   - Drehstromanlagen mit Nennspannungen bis 1000 V (in englischer Sprache auch als Technical Help to Exporters, BSI, 1980).
4. DIN 57 103/VDE 0103/2.82
   Bemessung von Starkstromanlagen auf mechanische und thermische Kurzschlußfestigkeit.
5. IEC-Publikation 364-4-43 (1977) Protection against overcurrent.
   IEC-Publikation 364-4-473 (1977) Application of protection against overcurrent.
6. CENELEC-HD 384.4.43 Schutzmaßnahmen; Überstromschutz.
   CENELEC-HD 384.4.473 Anwendung der Schutzmaßnahmen; Überstromschutz.
7. Großbritannien: IEE Wiring Regulations, 15th Edition 1981
   Chapter 43, Protection against overcurrent.
8. Frankreich:
   - Norm NF C15-100, Chapitre 43, Protection contre les surintensités.
   - UTE C15-105, Septembre 1981, Guide Pratique, Methode simplifiée pour la determination des sections de conducteurs et le choix des dispositifs de protection*).
9. USA:
   National Electrical Code 1981
   Article 240, Overcurrent Protection.
   Section 110-9, Interrupting Rating.

---

*) Vereinfachte Methode zur Bestimmung der Leiterquerschnitte und zur Auswahl der Schutzorgane.

Section 110-10, Circuit Impedance and other Characteristics.
Section 384-16, Overcurrent Protection
Article 430, Motors, Motor Circuits and Controllers
Diagram 430-1, Hinweise zum Kurzschlußschutz und Überlastschutz von Motorstromkreisen, behandelt in den verschiedenen Teilen von Article 430

Anmerkung:
Normen für Kabel und Leitungen, siehe Teil 523,
Normen für Schutzorgane (Schaltgeräte) siehe Teil 530 dieser Erläuterungen.

Vorbemerkung:
Der Teil 430, Überstromschutz, steht in enger Beziehung zu dem Teil 523, Strombelastbarkeit von Leitungen, und dem Teil 530, Auswahl und Errichtung von Schaltgeräten.

1 Grundsätze zum Überstromschutz

VDE: Abschnitt 3
IEC: Abschnitt 431

Die elektrischen Widerstände der Leitungen und Kabel verursachen beim Fließen des Stromes Wärme. Übermäßige Erwärmung zerstört die Isolierung und gefährdet die Umgebung.
Solche übermäßige Erwärmung infolge von zu hohen Strömen kann sehr plötzlich zu einem Brand führen. Eine dauernde oder wiederkehrende erhöhte Erwärmung einer Leitung oder eines Kabels trägt auch zur Verkürzung der Lebensdauer der Anlage bei.
Leitungen und Kabel müssen daher mit Schutzorganen ausgestattet werden, die hohe Überströme und damit hohe Temperaturen an diesen elektrischen Betriebsmitteln nach Möglichkeit ausschließen.
Ein Überstrom ist jeder Strom, dessen Wert die für die Leitung oder das Kabel zulässige dauernde Strombelastbarkeit überschreitet.
Zwei Arten von Überströmen sind zu unterscheiden:
– **Überlaststrom,** der in einem an sich fehlerfreien Stromkreis auftritt, z. B. infolge Überlastung durch den Anschluß zu vieler Stromverbraucher, und
– **Kurzschlußstrom,** der durch einen praktisch widerstandslosen Fehler (vollkommener Kurzschluß) zwischen betriebsmäßig unter Spannung stehenden Punkten entsteht.
Als Überstromschutzorgane dürfen Geräte eingesetzt werden, die sowohl Überlast- wie Kurzschlußschutz gewährleisten; das sind z. B.:
– Schmelzsicherungen nach DIN 57 636/VDE 0636 Teil 1 bis 4, für den Kabel- und Leitungsschutz Typ gL,

– Leitungsschutzschalter nach DIN 57 641/VDE 0641,
– Leistungsschalter nach DIN 57 660 Teil 101/VDE 0660 Teil 101/09.82. Genaue Bezeichnung der Bestimmungen siehe Zusammenstellung der Normen im Teil 530 dieser Erläuterungen.

Auswahl und Errichtung der Schutzorgane:
Siehe Teil 530 dieser Erläuterungen.

Strombelastbarkeit von Kabeln und Leitungen:
Siehe DIN 57 100 Teil 532/VDE 0100 Teil 532 bzw. DIN 57 298 Teil 2/ VDE 0298 Teil 2, ebenso Teil 523 dieser Erläuterungen.
Vergleiche auch die **Bilder 430-1** und **430-2** und die Tabellen 523-A und 523-D.

Anmerkung:
Das Wort „Leitung" wird in diesen Erläuterungen auch als Oberbegriff für Kabel, Leitungen und andere Mittel zur Stromübertragung (z. B. Stromschienen) angewendet.

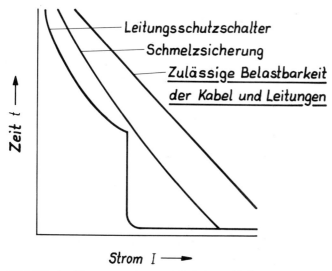

Bild 430-1 Überstromschutz von Kabeln und Leitungen

Zeit-/Strom-Kennlinien:
– von Leitungsschutzschaltern
– von Schmelzsicherungen
– der Belastbarkeit von Kabeln und Leitungen

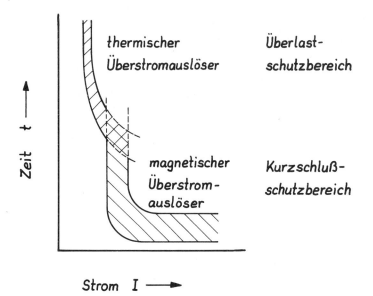

Bild 430-2 Bereich der Auslösecharakteristik von Leitungsschutzschaltern

2 Überlastschutz

VDE: Abschnitt 5
IEC: Abschnitt 433

Überlastung eines Stormkreises liegt dann vor, wenn mehr Strom entnommen wird, als auf Grund des Leiterquerschnittes, der Isolation und der Verlegungsart vorgesehen ist. Nach einer gewissen Zeit der Wärmeeinwirkung, d. h. bevor die Isolation gefährdet ist, muß der überlastete Stromkreis selbsttätig durch ein Überlastschutzorgan abgeschaltet werden.
Überlastschutzorgane müssen am Anfang jedes Stromkreises sowie an allen Stellen eingebaut werden, an denen die Strombelastbarkeit gemindert wird. Das Überlastschutzorgan darf im Zuge der zu schützenden Leitung beliebig versetzt werden, wenn der Leitungsabschnitt vor dem Überlastschutzorgan gegen Kurzschluß geschützt ist und weder Abzweige noch Steckvorrichtungen enthält, es darf bis zu 3 m versetzt werden, wenn die Leitungen und Kabel vor dem Schutzorgan kurzschluß- und erdschlußsicher sowie nicht in der Nähe brennbarer Materialien verlegt sind.

2.1 Koordinierung der zu schützenden Kabel und Leitungen mit dem Schutzorgan

Der Ausgangswert für die Festlegung der Kennwerte der Überstromschutzorgane ist der Betriebsstrom I_B, mit dem die zu schützende Leitung belastet werden soll; entsprechend muß der Leiterquerschnitt ausgewählt werden.
Der Nenn- oder Einstellstrom I_N des Schutzorgans muß gleich oder größer sein als der zugrundegelegte Betriebsstrom I_B. Die Strombelastbarkeit I_Z der Leitung muß wiederum gleich oder größer sein als der Nenn- oder Einstellstrom I_N des Schutzorgans.
Daraus ergibt sich die Beziehung

$$I_B \leq I_N \leq I_Z \tag{1}$$

I_B Betriebsstrom des Stromkreises,
I_N Nennstrom oder Einstellstrom des Schutzorganes,
I_Z Strombelastbarkeit der Leitung.

Der Auslösestrom I_2 des Schutzorgan der mit Sicherheit zur Auslösung führt, darf nach internationaler Festlegung höchstens das 1,45fache der Strombelastbarkeit der Leitung betragen:

$$I_2 \leq 1,45 \, I_Z \tag{2}$$

Daraus folgt, daß die Leitungsisolation als gefährdet anzusehen ist, wenn der für die Zuordnung maßgebende Auslösestrom I_2 des Schutzorgans größer ist als das 1,45fache der Strombelastbarkeit der Leitung. Der Faktor 1,45 berücksichtigt auch die Beeinflussung der Lebensdauer von Leitungen durch Überströme.
Durch Umstellung der Beziehung (2) ergibt sich

$$\frac{I_2}{1,45} \leq I_Z$$

oder

$$I_Z \geq \frac{I_2}{1,45}$$

d. h. der Querschnitt einer Leitung oder eines Kabels muß mindestens mit einem

Strom belastbar sein, der dem Wert $\dfrac{I_2}{1,45}$ entspricht.

I_1 ist der kleine Prüfstrom des Schutzorgans,
I_2 ist der große Prüfstrom des Schutzorgans.

Werte für I_1 und I_2 sind in Tabellen der Gerätebestimmungen (z. B. in DIN 57 636/VDE 0636 und DIN 57 641/VDE 0641) angegeben, siehe auch **Tabellen 430-E** und **430-F**, Seite 221 dieser Erläuterungen.

Der Auslösestrom I_2 ist normalerweise größer als die Strombelastbarkeit I_z der zu schützenden Leitung.

Auch vom Schutzorgan nicht erfaßbare Dauerströme zwischen I_z und I_1 (kleiner Prüfstrom) setzen die Lebensdauer der Leitung herab, ihr Vorkommen gilt jedoch als Projektierungsfehler im Sinne der Regel $I_B \leq I_N \leq I_z$.

In einzelnen Fällen, z. B. bei länger anstehenden Überlastströmen, die kleiner sind als I_2, garantieren die Beziehungen (1) und (2) nicht unbedingt einen ausreichenden Schutz. Die Stromkreise müssen daher so gestaltet werden, daß kleine Überlastungen von langer Dauer nicht regelmäßig auftreten.

Bei Schmelzsicherungen und bei Leitungsschutzschaltern (LS-Schaltern) ist I_N der Nennstrom, bei Leistungsschaltern ist I_N der eingestellte Strom (Einstellstrom).

Bei Leistungsschaltern (z. B. nach DIN 57 660 Teil 101/VDE 0660 Teil 101) gibt es keinen „großen Prüfstrom". Hier ist für I_2 der Stromwert*) einzusetzen,

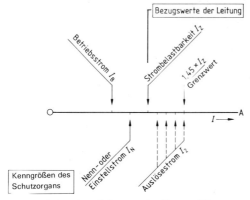

Bild 430-3 Koordinierung der Kenngrößen
von Leitungen und Schutzorganen

I_1 = Kleiner Prüfstrom
I_2 = Großer Prüfstrom
 1,45 × I_z
 – zum Schutz der Leitung ist hier eine wirksame Auslösung des Schutzorgans erforderlich

---

*) I_2 für Leistungsschalter nach DIN 57 660 Teil 101/VDE 0660 Teil 101/09.82: Tabelle VIII, Kenndaten für das Auslösen allpolig belasteter stromabhängig verzögerter Überlastauslöser. – IEC: Publikation 157-1 (1973), Tabelle VIII; siehe auch Tabelle 430-B, Seite 208.
I_2 für Motoschutzschalter:
VDE 0660 Teil 104/09.82 und IEC-Publikation 292-1 (1969), Abschnitt 7.5.3.2.1:
$I_2 \leq 1,2 \cdot I_N$, auslösen innerhalb von 2 h.

der die Auslösung des Überlastauslösers des Leistungsschalters unter den in den Gerätebestimmungen festgelegten Bedingungen bewirkt. Vergleiche auch die allgemeingültige Festlegung von I_2 in DIN 57 100 Teil 430/VDE 0100 Teil 430, Abschnitt 5.2, Seite 4:

„I_2 Der Strom, der eine Auslösung des Schutzorgans unter den in den Gerätebestimmungen festgelegten Bedingungen bewirkt (großer Prüfstrom)."

2.2 Zusammenhang zwischen großem Prüfstrom und kleinem Prüfstrom

Der **große Prüfstrom** I_2 ist wie folgt definiert:
a) für Leitungsschutzschalter nach DIN 57 641/VDE 0641/6.78:
„2.2.6 Großer Prüfstrom (I_2) ist der Strom, der unter festgelegten Bedingungen den Leitungsschutzschalter auslöst."
b) für Schmelzsicherungen nach DIN 57 636/VDE 0636 Teil 1/8.76:
„2.3.11.2 Großer Prüfstrom (I_f)
Prüfstrom, der das Ausschalten des Sicherungseinsatzes vor Ablauf einer bestimmten Prüfdauer (konventionelle Prüfdauer) bewirkt."

Der **kleine Prüfstrom** I_1 ist wie folgt definiert:
a) nach DIN 57 641/VDE 0641/6.78:
„2.2.5 Kleiner Prüfstrom (I_1) ist der Strom, den der Leitungsschutzschalter während eines festgelegten Zeitraumes unter festgelegten Bedingungen ohne auszulösen führen kann."
b) nach DIN 57 636/VDE 0636 Teil 1/8.76:
„2.3.11.1 Kleiner Prüfstrom (I_{nf}) Prüfstrom, der durch den Sicherungseinsatz während einer bestimmten Prüfdauer (konventionelle Prüfdauer), ohne Ausschalten zu bewirken, fließen kann."

Über den Zusammenhang zwischen dem kleinen und dem großen Prüfstrom ist z. B. in DIN 57 641/VDE 0641/6.78, Abschnitt 22.2 „Verzögerte Auslösung", folgendes gesagt:
22.2.1 Ein Strom (I_1), entsprechend dem kleinen Prüfstrom, fließt 1 h durch alle Pole, vom kalten Zustand aus.
Der Leitungsschutzschalter darf nicht auslösen.
Der Strom (I_2) wird dann innerhalb 5 s stetig gesteigert bis zum großen Prüfstrom.

Der Leitungsschutzschalter muß innerhalb von 1 h auslösen.
Werte für den kleinen und den großen Prüfstrom für Leitungsschutzschalter siehe DIN 57 641/VDE 0641/6.78, Tabelle 16a, ebenso in Tabelle 430-E dieser Erläuterungen.
Es wird darauf hingewiesen, daß in VDE 0636 für Sicherungen wie auch in der französischen Norm C15-100 der kleine Prüfstrom mit I_{nf} und der große Prüfstrom mit I_f bezeichnet wird (nf: non fonctionnement, f: fonctionnement).

Zur Erklärung der Abkürzungen I_{nf} und I_f sei gesagt, daß im Englischen der kleine Prüfstrom für Schmelzsicherungen „non fusing current" und der große Prüfstrom „fusing current" (Schmelzstrom) genannt wird. Werte für den kleinen und großen Prüfstrom von Schmelzsicherungen siehe DIN 57 636/VDE 0636, ebenso in Tabelle 430-F dieser Erläuterungen. Die Werte dieser Prüfströme werden häufig als Vielfaches des Nennstromes angegeben (z. B. 2,1 · I_N oder 1,6 · I_N).

2.3 Erläuterungen zur Tabelle 1 aus DIN 57 100 Teil 430/VDE 0100 Teil 430/6.81

In VDE 0100 Teil 430 vom Juni 1981 wird den grundlegenden Beziehungen

$$I_B \leq I_N \leq I_Z \tag{1}$$

$$I_2 \leq 1,45 \cdot I_Z \tag{2}$$

eine Tabelle (Tabelle 1 in VDE 0100 Teil 430 bzw. Tabelle 430-A dieser Erläuterungen) vorausgestellt, die die Erfüllung der Teilbeziehung aus (1)
$I_N \leq I_Z$
und die Beziehung (2)
$I_2 \leq 1,45 \cdot I_Z$
regelt für
– Leitungsschutzsicherungen (DIN 57 636/VDE 0636) und
– Leitungsschutzschalter (DIN 57 641/VDE 0641)
  (LS-Schalter)
einerseits und
– isolierte Leitungen und
– nicht im Erdreich verlegte Kabel
andererseits, alles für eine Umgebungstemperatur von 30 °C. Das bedeutet, daß bei Anwendung von Sicherungen und LS-Schaltern die Leiterquerschnitte direkt nach Tabelle 1 von VDE 0100 Teil 430 bzw. nach Tabelle 430-A ausgewählt werden können. Das heißt aber auch: wenn die Voraussetzungen zur Anwendung dieser Tabelle 430-A gegeben sind – das ist bei Gebäudeinstallationen im allgemeinen der Fall –, dann kann entsprechend der folgenden vereinfachten Beziehungen vorgegangen werden:

$I_B \leq I_N$ (nach Tabelle 430-A);
$I_N \triangleq S$ (nach Tabelle 430-A).

Bei Anwendung von Leistungsschaltern nach VDE 0660 müssen die Leiterquerschnitte nach Tabelle 2 in VDE 0100 Teil 523 bzw. nach Tabelle 523-A dieser Erläuterungen ausgewählt werden (vergleiche Abschnitt 5.2 von

VDE 0100 Teil 430). Der entsprechende Arbeitsgang ist in Bild 430-5 dieser Erläuterungen dargestellt.

Die Strombelastbarkeitswerte I_z nach Tabelle 2 in DIN 57 100 Teil 523/VDE 0100 Teil 523 müssen bei gleichzeitiger Berücksichtigung der Beziehung (2) auch in allen Fällen angewendet werden, die von den Konditionen der Tabelle 1 in DIN 57 100 Teil 430/VDE 0100 Teil 430 abweichen – d. h. für andere Umgebungstemperaturen als 30 °C und für alle anderen Verlegearten als die, die in den Gruppen 1, 2 und 3 nach VDE 0100 Teil 523 festgelegt sind; siehe auch Text in Anschluß an die Tabelle 430-A.

Als wichtigste Änderung gegenüber der seitherigen Bestimmungen VDE 0100m/7.76, Tabelle 6, ist festzustellen, daß die zulässigen Nennströme

Tabelle 430-A
Zuordnung der Schutzorgane nach DIN 57 100 Teil 430/VDE 0100 Teil 430/6.81
Tabelle 1
Zuordnung des Nennstromes I_N von
– *Leitungsschutzsicherungen nach DIN 57 636/VDE 0636 und*
– *Leitungsschutzschalter nach DIN 57 641/VDE 0641*
zu den Nennquerschnitten S von
– isolierten Leitungen und
– nicht im Erdreich verlegten Kabeln
bei einer Umgebungstemperatur bis 30 °C.

Nennquerschnitt S mm²	Nennstrom I_N					
	Gruppe 1		Gruppe 2		Gruppe 3	
	Cu A	Al A	Cu A	Al A	Cu A	Al A
0,75	–	–	6	–	10	–
1	6	–	10	–	10	–
1,5	10	–	10[1])	–	20	–
2,5	16	10	20	16	25	20
4	20	16	25	20	35	25
6	25	20	35	25	50	35
10	35	25	50	35	63	50
16	50	35	63	50	80	63
25	63	50	80	63	100	80
35	80	63	100	80	125	100
50	100	80	125	100	160	125
70	125	–	160	125	200	160
95	160	–	200	160	250	200
120	200	–	250	200	315	200
150	–	–	250	200	315	250
185	–	–	315	250	400	315
240	–	–	400	315	400	315
300	–	–	400	315	500	400
400	–	–	–	–	630	500
500	–	–	–	–	630	500

[1]) Für Leitungen mit nur zwei belasteten Adern kann bis zur endgültigen internationalen Festlegung von deren Strombelastbarkeit weiterhin ein Schutzorgan von 16 A gewählt werden.

der Schutzorgane um eine Stufe herabgesetzt wurden. Dies ist bedingt durch die Heraufsetzung der Umgebungstemperatur der Leitungen und Kabel von 25 °C auf 30 °C und durch internationale Vereinbarungen bei der Zuordnung der Schutzorgane, insbesondere auch durch die Beziehung (2).

Weitere Erläuterungen zur Auswahl von Leitungen unter dem Gesichtspunkt des Überstromschutzes und der Umgebungstemperaturen siehe VDE 0100 Teil 523 bzw. Teil 523 dieser Erläuterungen.

Nach DIN 57 100 Teil 523/VDE 0100 Teil 523/6.81, Abschnitt 5.1, werden die drei Gruppen wie folgt unterschieden:

Gruppe 1: Eine oder mehrere in Rohr verlegte einadrige Leitungen,

z. B. H07V -U nach DIN 57 281 Teil 103/VDE 0281 Teil 103.

Gruppe 2: Mehraderleitungen, z. B. Mantelleitungen, Rohrdrähte, Bleimantel-Leitungen, Stegleitungen, bewegliche Leitungen.

Gruppe 3: Einadrige, frei in Luft verlegte Leitungen und Kabel, wobei diese mit einem Zwischenraum, der mindestens ihrem Durchmesser entspricht, verlegt sind.

Anmerkung 1:
In Schaltanlagen und Verteilern ist die jeweils in Frage kommende Gruppe zu beachten; eine genaue Zuordnung ist in Vorbereitung für DIN 57 660 Teil 500/VDE 0660 Teil 500/...

Tabelle 430-B.
(Tabelle VIII aus DIN 57 660 Teil 101/VDE 0660 Teil 101/09.82)
Kenndaten für das Auslösen allpolig belasteter stromabhängig verzögerter Überlastauslöser

Überlast-auslöser	Einstell-strom I_r Ampere	A	B	T Stunden	Umgebungstemperatur Bezugswert
nicht tem-peraturkom-pensiert*)	$I_r < 63$	1,05	1,35	2	+ 20 °C oder + 40 °C, falls nicht anders vom Hersteller angegeben
	$I_r > 63$	1,05	1,25	2	
temperatur-kompensiert*)	$I_r < 63$	1,05	1,30	1	+ 20 °C
		1,05	1,40	1	– 5 °C
		1,00	1,30	1	+ 40 °C
	$I_r > 63$	1,05	1,25	2	+ 20 °C
		1,05	1,35	2	– 5 °C
		1,00	1,25	2	+ 40 °C

Der Wert B entspricht dem großen Prüfstrom.

Ausführliche Erläuterung der Tabelle, siehe DIN 57 660 Teil 101/VDE 0660 Teil 101 oder IEC-Publikation 157-1 (1973).

Anmerkung:
Wenn ein dreipoliger Überlastauslöser nur zweipolig belastet ist, darf der Wert B um 10 % erhöht werden.

---

*) in bezug auf die Umgebungstemperatur

Anmerkung 2:
Die Tabelle 1 in DIN 57 100 Teil 430/VDE 0100 Teil 430/6.81 und der zugehörige Text werden zur Zeit vom Komitee 221 redaktionell überarbeitet, um die vielen Anregungen aus der Fachöffentlichkeit zu berücksichtigen.
Diese Tabelle 1 (Tabelle 430-A dieser Erläuterungen) beruht auf einer Dauer-Strombelastbarkeit (Dauerlast). Nicht-Dauerlast wurde bisher nicht berücksichtigt. Vergleiche hierzu den Entwurf DIN 57 100 Teil 430 A1/VDE 0100 Teil 430 A1 vom Juni 1983. Dort wird eine Tabelle vorgeschlagen für „Nicht-Dauerlast" und eine Umgebungstemperatur unter 30 °C.
Unter „Dauerlast" versteht man hier den ununterbrochenen Betrieb mit der zulässigen Strombelastbarkeit während langer Zeit (z. B. 30 Jahre).

3 Kurzschlußschutz

VDE: Abschnitt 6
IEC: Abschnitte 434 und 473.2

Beim Kurzschluß entsteht die Wärme – im Gegensatz zur Überlastung – sehr schnell. In der sehr kurzen Zeit kann keine Wärme an die Umgebung abgegeben werden, sie wird daher im Leiter gespeichert. Die Zeit zum Ausschalten eines vollkommenen Kurzschlusses darf auch hier nicht länger sein als die Zeit, in der dieser Strom die Leiter auf die höchstzulässige Grenztemperatur erwärmt (DIN 57 100 Teil 430/VDE 0100 Teil 430, Abschnitt 6.3.2).
Kurzschlußschutzorgane müssen am Anfang jedes Stromkreises sowie an allen Stellen eingebaut werden, an denen die Kurzschlußstrom-Belastbarkeit der Leitung gemindert wird, sie dürfen bis zu 3 m versetzt werden, wenn die Leitungen und Kabel vor den Schutzorganen kurzschluß- und erdschlußsicher sowie nicht in der Nähe brennbarer Materialien verlegt sind.
Die zulässige Ausschaltzeit des Kurzschlußschutzorgans ist vor allem abhängig von
– dem Strom bei vollkommenem Kurzschluß, d. h. dem Kurzschlußstrom und
– der möglichen Temperaturbelastbarkeit der Leiterisolierung.

Auch der Querschnitt und das Leitermaterial – d. h. das Wärmefassungsvermögen und die Wärmeleitfähigkeit –, der zu schützenden Leitung gehen in diese Betrachtung ein.
Weichlotverbindungen müssen beachtet werden, damit sie bei Kurzschluß nicht schmelzen.
Weichlotverbindungen in Leistungsstromkreisen sollten vermieden werden. Die heutige Technik bietet bessere Mittel:
z. B. Preßverbindung, Schweißverbindung oder Hartlotverbindung.

3.1 Berechnung der zulässigen Ausschaltzeit im Kurzschlußfall

Bei Kurzschlüssen, die höchstens 5 s und mindestens 0,1 s lang anstehen, kann die Zeit, in der ein Kurzschlußstrom die Leiter von der höchstzulässigen Temperatur im Normalbetrieb bis zur Grenztemperatur erwärmt, in erster Näherung durch die nachstehende **Gleichung** ermittelt werden:

$$t = (k \cdot \frac{S}{l})^2$$

Darin bedeutet

t zulässige Ausschaltzeit (in s),

S Leiterquerschnitt (in mm^2)*),

l Strom bei vollkommenem Kurzschluß (in A)
(prospektiver Kurzschlußstrom),

k Faktor zur Berücksichtigung der Kurzschlußbelastbarkeit von Leitermaterial und Isolation (Wärmefassungsvermögen, Wärmeleitfähigkeit), ausgehend vom betriebswarmen Zustand (Anfangstemperatur) bis zur zulässigen Endtemperatur. Dieser k-Faktor ist ein „Materialbeiwert''.

Werte für den Faktor k, z. B.:

- 115 bei PVC-isolierten Kupferleitern sowie bei Weichlotverbindungen,
- 134 bei Kupferleitern mit Isolierung aus Naturkautschuk, Butylkautschuk, vernetztem Polyäthylen und Äthylen-Propylen,
- 76 bei PVC und Aluminiumleitern.

Ausführliche Tabellen dieser k-Faktoren sind in DIN 57 100 Teil 540/ VDE 0100 Teil 540 Tabellen 3 bis 6 angegeben (dort für die Berechnung von Schutzleiterquerschnitten). Bei der Berechnung der k-Faktoren für den Teil 540 lagen neuere Erkenntnisse vor als für den Teil 430. Eine Anpassung der Faktoren in Teil 430 ist für später vorgesehen, zur Zeit gibt es kleinere Abweichungen. Methode zur Ermittlung des k-Faktors siehe Abschnitt 3.1 des Teiles 430 dieser Erläuterungen.

Anwendung der k-Faktoren für die Schutzleiter-Berechnung siehe Abschnitt 5.1 des Teiles 540 dieser Erläuterungen.

Die obengenannte Gleichung ist abgeleitet aus der Gleichung

$$l^2 \cdot t = k^2 \cdot S^2,$$

wobei der l^2t-Wert (Stromwärmewert) einen Bezug zur Wärmeentwicklung infolge des elektrischen Stromes gibt. Der l_2t-Wert entspricht der in Wärmeenergie umgesetzten Verlustleistung des Stromes in einem Leiter mit dem Widerstand von 1 Ω (Stromwärmewert oder spezifische Energie in Ws$/\Omega$ = A^{2}s).

Für Zeiten außerhalb des Bereiches 0,1 s bis 5 s müssen andere Berechnungsmethoden angewendet werden.

Bei sehr kurzen Zeiten ($< 0,1$ s), bei denen auch die Unsymmetrie des Stromes von Bedeutung ist, und bei Anwendung strombegrenzender Schutzorgane gibt der Wert $k^2 \cdot S^2$ die höchstzulässige Durchlaßenergie $l^2 \cdot t$ des Kurzschlußschutzorgans an.

---

*) Das Kurzzeichen S ist abgeleitet aus dem gleichlautenden englischen und französischen Wort „section'', deutsch: Querschnitt.

Die $I^2 t$-Werte der Schutzorgane in Abhängigkeit vom prospektiven Kurzschluß-strom werden vom Hersteller angegeben.

Der vollkommene oder unbeeinflußte Kurzschlußstrom, mit anderen Worten der „prospektive Kurzschlußstrom" ist z. B. in DIN 57 641/VDE 0641/6.78 wie folgt definiert:

„Prospektiver Kurzschlußstrom ist der eingeschwungene Strom (nach DIN 57 102 Teil 2/VDE 0102 Teil 2), der in einem bestimmten Stromkreis un-ter angegebenen Bedingungen dauernd fließen würde, wenn der Leitungs-schutz-Schalter durch eine vernachlässigbare Impedanz ersetzt ist."

Eine inhaltlich ähnliche Definition findet man in der VDE-Bestimmung für Schmelzsicherungen (DIN 57 636 Teil 1/VDE 0636 Teil 1/8.76 Seite 11).

3.2 Methode zur Ermittlung des k-Faktors (Materialbeiwert k)

Der k-Faktor wird durch folgende Gleichung bestimmt:

$$k = \sqrt{\frac{Q_C\,(B+20)}{\rho_{20}} \ln\left(1 + \frac{\vartheta_f - \vartheta_i}{B + \vartheta_i}\right)}$$

Bedeutung der einzelnen Größen:

Q_C ist die volumetrische Wärmekapazität des Leiterwerkstoffs (in $J/°C\,mm^3$),

B ist der Reziprokwert des Temperaturkoeffizienten des spezifischen Wider-stands bei 0 °C für den Leiterwerkstoff (in °C),

ρ_{20} ist der spezifische Widerstand des Leiterwerkstoffs bei 20°C (in $\Omega\,mm$),

ϑ_i ist die Anfangstemperatur des Leiters (in °C),

ϑ_f ist die Endtemperatur des Leiters (in °C),

20 zu addierender Wert (in °C).

Werte zur Ermittlung des k-Faktors (Materialbeiwert) siehe Tabelle 430-C. Quelle: DIN 57 100 Teil 540/VDE 0100 Teil 540 und IEC-Publikation 364-5-54 (1980), Anhang A.

Es wird auf folgende Aussage in den Erläuterungen zu DIN 57 100 Teil 430/VDE 0100 Teil 430, Seite 17 verwiesen:

Tabelle 430-C. Werte zur Ermittlung des k-Faktors (Materialbeiwert):

Leiter-werkstoff	B	Q_c	ρ_{20}	$\sqrt{\dfrac{Q_C\,(B+20)}{\rho_{20}}}$
	°C	$J/(°C\,mm^3)$	Ωmm	$A\sqrt{s}/mm^2$
Kupfer	234,5	$3,45 \times 10^{-3}$	$17,241 \times 10^{-6}$	226
Aluminium	228	$2,5 \times 10^{-3}$	$28,264 \times 10^{-6}$	148
Blei	230	$1,45 \times 10^{-3}$	214×10^{-6}	42
Stahl	202	$3,8 \times 10^{-3}$	138×10^{-6}	78

Anmerkung: Die k-Faktoren zur Kurzschlußberechnung haben nichts mit den k-Faktoren des § 9 von VDE 0100/5.73 zu tun. Die k-Faktoren des § 9 werden nicht in die neue VDE 0100 übernommen.

Die zur Zeit vorliegenden k-Faktoren gelten nur für Abschaltzeiten bis zu 5 s. Solange noch keine k-Faktoren für Abschaltzeiten von mehr als 5 s bei IEC festgelegt sind, kann der Errichter bei Leitungen, in denen Kurzschlüsse von mehr als 5 s Dauer auftreten können, nur dann einen ausreichenden Schutz bei Kurzschluß voraussetzen, wenn sie gemäß DIN 57 100 Teil 430/VDE 0100 Teil 430, Abschnitt 7.1, durch ein gemeinsames Schutzorgan zum Schutz bei Überlast und Kurzschluß geschützt sind.

Nomogramm zur Ermittlung der höchstzulässigen Leitungs- bzw. Kabellängen bei einpoligen Kurzschlüssen in 380/220-V-Netzen für Sicherungen nach DIN 57 636/VDE 0636, die nur bei Kurzschluß schützen sollen, und PVC-isolierten Leitern bis 16 mm² Cu.

Beispiel:

Nennstrom der
Sicherung   50 A
Leiterquerschnitt   6 mm²
Schleifenimpedanz   300 mΩ
Höchstzulässige
Leitungslänge   58 m

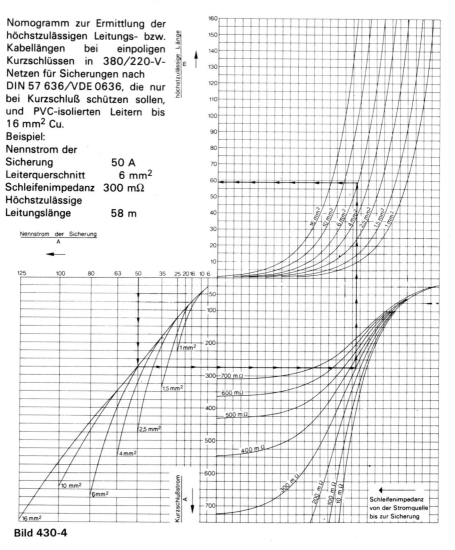

Bild 430-4

3.3 Zulässige Leitungslängen

Die maximal zulässigen Leitungslängen PVC-isolierter Leiter, bei denen die zulässigen Ausschaltzeiten t noch eingehalten sind, können bei Kurzschlüssen für eine Reihe von Schutzorganen, **die nur bei Kurzschluß schützen sollen,** aus Nomogrammen bzw. aus Tabellen ermittelt werden (siehe DIN 57 100 Teil 430/ VDE 0100 Teil 430, Seite 11 bis 15).
Die Nomogramme bzw. Tabellen entlasten den Planer und Errichter elektrischer Anlagen von der relativ aufwendigen Rechnung mit der Gleichung $I^2 \cdot t = k^2 \cdot S^2$.
Beispiel eines dieser Nomogramme siehe **Bild 430-4** dieser Erläuterungen.
Beispiel einer dieser Tabellen siehe **Tabelle 430-D** dieser Erläuterungen.

Tabelle 430-D. (Aus VDE 0100 Teil 430/6.81, Seite 15)
Höchstzulässige Leitungs- bzw. Kabellänge bei einpoligen Kurzschlüssen in 380/220-V-Netzen für Sicherungen nach DIN 57 636/VDE 0636, die nur bei Kurzschluß schützen sollen und bei PVC-isolierten Leitern von 25 bis 150 mm² Cu

| Querschnitt mm² | Nennstrom der Sicherung A | Kurzschlußstrom A | Höchstzulässige Länge bei einer Schleifenimpedanz bis zur Sicherung | | | | |
			10 mΩ m	50 mΩ m	100 m m	200 m m	300 mΩ m
25	80	450	222	205	183	138	92
	100	560	178	161	139	93	46
	125	740	134	116	94	48	–
	160	960	102	85	62	14	–
35	100	560	248	224	193	129	63
	125	740	186	162	131	66	–
	160	960	142	178	86	20	–
	200	1310	103	78	46	–	–
50	125	740	264	229	185	92	–
	160	960	202	167	121	28	–
	200	1310	146	110	64	–	–
	250	1580	119	84	37	–	–
70	160	960	279	230	167	38	–
	200	1310	201	152	88	–	–
	250	1580	165	115	51	–	–
	315	2070	123	73	8	–	–
95	200	1310	268	201	116	–	–
	250	1580	219	152	67	–	–
	315	2070	163	96	10	–	–
	400	2650	124	56	–	–	–
120	200	1310	331	247	142	–	–
	250	1580	271	187	82	–	–
	315	2070	202	118	13	–	–
	400	2650	153	69	–	–	–
150	250	1580	327	226	99	–	–
	315	2070	244	142	15	–	–
	400	2650	185	83	–	–	–
	500	3550	131	30	–	–	–

Grundlage der in den Nomogrammen und Tabellen enthaltenen Werte sind Aussagen der DIN 57 102 Teil 2/VDE 102 Teil 2, der VDE 0660 und der VDE 0100 m/7.76. Zur Minimierung des Rechenaufwandes ist ein eigens dazu entwickeltes EDV-Programm angewendet worden. Spezifische Anlagedaten: Es wurde mit häufig anzutreffenden mittleren Werten gerechnet; ferner wurden z. B. 4-Leiter-Kabel/Leitungen berücksichtigt (nicht $3^1/2$-Leiter- oder 1-Leiter-Kabel/Leitungen).

Es wird auf folgende Aussage in den Erläuterungen zu DIN 57 100 Teil 430/ VDE 0100 Teil 430, Seite 17, verwiesen:

Falls aus den Nomogrammen und Tabellen im Anhang zu DIN 57 100 Teil 430/ VDE 0100 Teil 430 unzureichende Leitungslängen abgelesen werden, kann nur dann ein ausreichender Schutz bei Kurzschluß vorausgesetzt werden, wenn die Leitungen oder Kabel gemäß DIN 57 100 Teil 430/VDE 0100 Teil 430, Abschnitt 7.1, durch ein gemeinsames Schutzorgan zum Schutz bei Überlast und Kurzschluß geschützt sind.

4 Schutz durch ein gemeinsames Schutzorgan für Uberlast- und Kurschlußschutz

VDE: Abschnitt 7.1
IEC: Abschnitt 435.1

Ein Schutzorgan für den Überlastschutz, das entsprechend der Tabelle 1 von DIN 57 100 Teil 430/VDE 0100 Teil 430 ausgewählt ist, und dessen Ausschaltvermögen mindestens dem Strom bei vollkommenem Kurzschluß an der Einbaustelle entspricht, gewährleistet zugleich auch den Kurzschlußschutz für die nachgeordnete Leitung. Diese Aussage gilt auch für Überlast-Schutzorgane, die entsprechend den Beziehungen (1) und (2) (siehe Abschnitt 2.1 von Teil 430 dieser Erläuterungen) ausgewählt wurden.

Für bestimmte Typen von Leitungsschutz- oder Leistungsschaltern, besonders solche ohne Kurzschlußstrombegrenzung, trifft dies nicht für den ganzen Bereich denkbarer Kurzschlußströme zu. Für diesen Fall wird auf Abschnitt 6.3.2.3 von DIN 57 100 Teil 430/VDE 0100 Teil 430 verwiesen:

„6.3.2.3 Bei sehr kurzen zulässigen Ausschaltzeiten ($< 0,1$ s) muß das aus der Gleichung zu ermittelnde Produkt $k^2 \cdot S^2$ größer sein als der vom Hersteller angegebene $I_2 \cdot t$-Wert des strombegrenzenden Schutzorgans.

Anmerkung:
Diese Bedingung ist erfüllt, wenn eine Leitungsschutzsicherung bis 63 A Nennstrom vorhanden ist und der kleinste zu schützende Leitungsquerschnitt mindestens 1,5 mm^2 Cu beträgt."

Zitat des IEC- bzw. CENELEC-Abschnittes 435.1:

„435.1 Schutz durch ein gemeinsames Schutzorgan
Entspricht das Ausschaltvermögen eines entsprechend Abschnitt 433 ausge-
wählten Überlastschutzorgans mindestens dem unbeeinflußten Kurzschlußstrom an der Einbaustelle, so gewährleistet es gleichzeitig den Kurzschlußschutz der nachgeschalteten Leitung.
Anmerkung:
Dies braucht bei bestimmten Typen von Leistungsschaltern, besonders solchen ohne Kurzschlußstrombegrenzung, nicht für sämtliche Kurzschlußströme zuzutreffen; der Nachweis erfolgt entsprechend Abschnitt. 434.3."

5 Ausnahmen vom Überlast- und Kurzschlußschutz

VDE: Abschnitte 5.6, 6.4.3 und 6.4.4
IEC: Abschnitte 473.1.2, 473.1.4 und 473.2.3

Auf den **Überlast- und Kurzschlußschutz** muß verzichtet werden, wenn die
Unterbrechung eine Gefahr darstellt, z. B.
– bei Erregerstromkreisen umlaufender Maschinen,
– bei Speisestromkreisen von Hub- und Fördermagneten,
– bei Sekundärstromkreisen von Stromwandlern,
– bei gewissen Steuer-, Regel- und Signalstromkreisen,
– bei Stromkreisen, die der Sicherheit dienen
  (z. B. wenn durch Ausfall des Stromkreises Lebensgefahr für Menschen entstehen könnte).

Auf den **Kurzschlußschutz** darf ferner verzichtet werden bei Leitungen, die
elektrische Maschinen (Generatoren), Transformatoren, Gleichrichter und Akkumulatoren mit ihren Schalttafeln verbinden, ebenso bei Meßstromkreisen.

5.1 Kurzschluß- und erdschlußsichere Verlegung von Leitungen

In allen Fällen, in denen auf den Kurzschlußschutz verzichtet wird, müssen entsprechende andere Schutzvorkehrungen getroffen werden, z. B. muß die Leitung **kurzschluß- oder erdschlußsicher** verlegt werden; sie darf nicht unmittelbar auf brennbaren Baustoffen angebracht werden.
Zur Interpretation dieser Festlegung wird auf einige Stellen in VDE 0100/5.73
und in der neuen VDE 0100 verwiesen:

§ 3g) 3.2 [Begriffserklärung von Fehlerarten] (jetzt: DIN 57 100
Teil 200/VDE 0100 Teil 200, Abschnitt 10.4.2):
„Als kurzschlußsicher und erdschlußsicher gelten Betriebsmittel oder Strom-
bahnen, bei denen durch Anwenden geeigneter Maßnahmen oder Mittel unter
normalen Betriebsbedingungen weder ein Kurzschluß noch ein Erdschluß zu erwarten ist."

§ 30b) 3.2 [Bau nicht fabrikfertiger Schaltanlagen und Verteiler]
(jetzt DIN 57 100 Teil 729/VDE 0100 Teil 729, zur Zeit Entwurf)
„Die Anschlußleiter auf der Einspeiseseite von Überstromschutzorganen dürfen
für die durch das Schutzorgan verminderte Kurzschlußbeanspruchung bemessen werden, wenn sie im Inneren der Schaltanlage oder des Verteilers angeordnet und kurzschluß- und erdschlußsicher (siehe § 3g) 3.2) ausgeführt sind.
Anmerkung:
Kurzschluß- und erdschlußsicher sind z. B. Leiteranordnungen aus starren Leitern oder aus Einaderlei-
tungen, bei denen eine gegenseitige Berührung und die Berührung mit geerdeten Teilen durch ausreichende Abstände, durch Abstandhalter, durch Führung in getrennten Isolierstoffkanälen (z. B. in Rohren) oder durch geeignete Bauart (NSGAFöu, Nennspannung mindestens 3 kV oder gleichwertige) verhindert ist."

§ 50a) [Feuergefährdete Betriebsstätten] jetzt: DIN 57 100 Teil 720/
VDE 0100 Teil 720/03.83, insbesondere der Abschnitt 4.1.3:
„Schutzabstand
Isolationsfehlern ist durch Verlegen von einadrigen Mantelleitungen, Einaderka-
beln oder durch gleichwertige Maßnahmen vorzubeugen.
Beispiele für gleichwertige Maßnahmen:
– Schienenverteiler
– je eine PVC-Aderleitung in je einem Kunststoffrohr."

§ 60 k) 2.2 [Hilfsstromkreise]
„Wenn in besonderen Fällen (siehe z. B. § 41d) 3) dieser Schutz entfallen muß,
sind die Leitungen jedoch kurzschluß- und erdschlußsicher (§ 3g) 3.2, § 30b)
3.2) zu verlegen."

Festlegungen zur kurzschluß- und erdschlußsicheren Verlegung von Leitungen
sind vorgesehen in:
– Abschnitt 10.2 von DIN 57 100 Teil 520/VDE 0100 Teil 520, zur Zeit Entwurf;
– DIN 57 660 Teil 500/VDE 0660 Teil 500, zur Zeit in Vorbereitung.

5.2 Ausnahmen von Kurzschlußschutz bei IEC und CENELEC

In der IEC-Publikation 364-4-473 und in dem CENELEC-Harmonisierungsdokument 384.4.473 wird bezüglich der Ausnahme vom Kurzschlußschutz in Abschnitt 473.2.3 folgendes festgelegt:

„Kurzschlußschutzorgane dürfen entfallen
– bei Leitungen, die Generatoren, Transformatoren, Gleichrichter und Akku-
mulatorenbatterien mit ihren Schalttafeln verbinden, wobei die Schutzorgane in diesen Schalttafeln angeordnet sind,
– bei Stromkreisen gemäß Abschnitt 473.1.4, deren Unterbrechung den Betrieb der entsprechenden Anlagen gefährden könnte,
– bei bestimmten Meßstromkreisen,

vorausgesetzt, daß die beiden nachstehenden Bedingungen gleichzeitig erfüllt sind:
a) die Leitung ist so ausgeführt, daß die Gefahr eines Kurzschlusses auf ein Mindestmaß beschränkt ist (siehe Absatz b) des Abschnittes 473.2.2.1),
b) die Leitung befindet sich nicht in der Nähe brennbarer Baustoffe.''

6 Sechs Schritte zur Ermittlung der Leiterquerschnitte und zur Auswahl der Schutzorgane

Normalerweise sind hierfür folgende sechs Schritte erforderlich:

1. Schritt: Bestimmen des Betriebsstromes I_B des Stromkreises.
2. Schritt: Bestimmen des Nennstromes der Sicherung oder des Leitungsschutzschalters oder des Einstellstromes des Auslösers des Leistungsschalters (I_N).
3. Schritt: Ermittlung der Leiterquerschnitte des Stromkreises,
   – des Außenleiters,
   – des Neutralleiters,
   – des Schutzleiters oder PEN-Leiters.
4. Schritt: Überprüfung des Spannungsfalls.
5. Schritt: Ermittlung des Kurzschlußverhaltens des Schutzorgans (falls nötig).
6. Schritt: Nachprüfung der Leitungslänge bezüglich der Anwendung von Überstromschutzorganen zum Schutz gegen gefährliche Körperströme im TN-, TT- und IT-Netz.

Als 7. Schritt kann man die Überprüfung der Selektivität der Schutzorgane betrachten; siehe Abschnitt 6.1 des Teiles 530 dieser Erläuterungen.

Es gibt mindestens drei Methoden zur Ermittlung der Leiterquerschnitte und Schutzorgane:
a) grobe Methode: Anwendung von Tabellen.
b) einfache Rechenmethode: Berechnung mit einfachen Hilfsmitteln, z. B. Rechenschieber oder Tischrechner. Französischen Vorschlag siehe **Bild 430-5**.
c) optimale wirtschaftliche Methode, insbesondere bei großen Anlagen anzuwenden: Ermittlung der Werte mit Rechnerprogramm (Datenbank erforderlich; Kurzschlußstromberechnung z. B. nach DIN 57 102/VDE 0102). Siehe auch Abschnitte 3.3 und 6.5 des Teiles 430 dieser Erläuterungen.

6.1 Ermitteln des Betriebsstromes I_B des Stromkreises

Beim Anschluß von nur einem Gerät an einen Stromkreis ist der Betriebsstrom I_B des Stromkreises identisch mit dem Betriebsstrom (Nennstrom) dieses Gerätes.

Beim Anschluß **mehrerer Geräte** an einen Stromkreis ergibt sich der Betriebsstrom I_B des Stromkreises aus der Summe der Betriebsströme jedes Verbrauchsmittels. Gegebenenfalls ist ein Gleichzeitigkeitsfaktor g zu berücksichtigen:

I_B (Strkr) = $\Sigma\ I_B$ (Geräte) $\cdot\ g$ (Gleichzeitigkeitsfaktor)

Zu erwartende Erweiterungen der Stromkreisanschlüsse sollten gegebenenfalls durch einen weiteren Multiplikationsfaktor berücksichtigt werden.
Angaben zu Gleichzeitigkeitsfaktoren gibt es in VDE 0100 oder in der IEC-Publikation 364 nicht.
Aus anderen Normen seien folgende Werte als Richtwerte genannt:
- Beleuchtung   bis 1
- Heizung und
  Klimaanlagen   bis 1
- Steckdosen (in Wohnungen)   0,1 bis 0,2 zum Teil höher
- Steckdosen (in Industrie und Gewerbe)   bis 1

Weitere Informationen zu Gleichzeitigkeitsfaktoren: siehe Abschnitt 5 des Teiles 310 dieser Erläuterungen.

6.2 Ermitteln des Nennstromes bzw. des Einstellstromes des Schutzorgans (I_N)

Der Nennstrom I_N der Sicherung oder des Leitungsschutzschalters bzw. der Einstellstrom I_N des Auslösers des Leistungsschalters muß größer sein als der gemäß Abschnitt 6.1 ermittelte Betriebsstrom I_B.
Vergleiche die Beziehung (1)

$I_B \leq I_N \leq I_Z$.

a) Die Nennströme der Sicherungen und der Leitungsschutzschalter können der Tabelle 1 von DIN 57 100 Teil 430/VDE 0100 Teil 430 bzw. der Tabelle 430-A dieser Erläuterungen, entnommen werden, wenn die Umgebungstemperatur von 30 °C und die genannten Verlegearten zutreffen.
Die dort angegebenen Nennströme I_N dieser Schutzorgane berücksichtigen bereits die in den Beziehungen (1) und (2) festgelegten Bedingungen. Die Anwendung dieser Tabelle erspart die Arbeitsgänge, die beim Vorgehen nach (b) und (c) erforderlich sind.
Vergleiche auch Abschnitt 2.3 des Teiles 430 dieser Erläuterungen und den folgenden Abschnitt 6.3.1 sowie das Bild 430-5.

b) Die Nennströme der Sicherungen und Leitungsschutzschalter können auch der für Sicherungen zuständigen Norm DIN 57 636/VDE 0636 bzw. für Leitungsschutzschalter der Norm DIN 57 641/VDE 0641 entnommen werden – oder den technischen Listen der Hersteller dieser Schutzorgane.
Die Nennströme müssen diesen Normen entnommen werden, wenn die normalerweise zu erwartende Umgebungstemperatur von 30 °C abweicht

oder eine andere Verlegeart vorgesehen ist als zu Tabelle 430-A angegeben. Hierzu müssen ferner die Überlegungen angestellt werden, die die Beziehungen (1) und (2) erfüllen; vergleiche den folgenden Abschnitt 6.3.1 und das Bild 430-5.

c) Der Einstellstrom der Leistungsschalter oder Schutzschalter ergibt sich aus dem Einstellbereich des jeweiligen Auslösers. Auch hier müssen die Überlegungen angestellt werden, die die Beziehungen (1) und (2) erfüllen.

In DIN 57 100 Teil 430/VDE 0100 Teil 430, Abschnitt 5.2 (erster Satz auf Seite 4), wird ausdrücklich festgelegt, daß, wenn Tabelle 1 (Tabelle 430-A) nicht angewendet wird – oder nicht angewendet werden kann –, die Überlegungen entsprechend den Beziehungen (1) und (2) angestellt werden müssen.

6.3 Ermitteln der Leiterquerschnitte S des Stromkreises

6.3.1 Querschnitt der Außenleiter

Entsprechend der Beziehung (1) $I_B \leq I_N \leq I_Z$ muß der Nennstrom bzw. der Einstellstrom des Schutzorganes kleiner sein als die zulässige Belastbarkeit der Leiter (siehe Teil 523 dieser Erläuterungen). Belastbarkeitstabellen sind in entsprechenden Kabel-Bestimmungen z. B. DIN 57 298 Teil 2/VDE 0298 Teil 2/ 11.79 und in DIN 57 100 Teil 523/VDE 0100 Teil 523, Tabelle 2, enthalten. Die Zuordnung der Belastbarkeit von Leitern wird dort für drei verschiedene Verlegearten angegeben (siehe Tabelle 523-B dieser Erläuterungen).

Die Belastbarkeitswerte der Leiter sind im allgemeinen nicht identisch mit den Nennströmen der Schutzorgane. Daher ist der Nennstrom des Schutzorgans meistens kleiner als die Belastbarkeit I_Z des Leiters.

In Tabelle 1 von DIN 57 100 Teil 430/VDE 0100 Teil 430 (siehe Tabelle 430-A dieser Erläuterungen) wird direkt die Zuordnung von Leiterquerschnitten von Leitungen und Kabeln zu den Nennströmen von Sicherungen und LS-Schaltern vorgenommen. In dieser „Tabelle 1" werden zugleich die in DIN 57 100 Teil 523/VDE 0100 Teil 523 festgelegten drei Verlegearten berücksichtigt. Bei der Ermittlung des Leiterquerschnittes mit Hilfe der „Tabelle 1" erübrigt sich die Anwendung der Belastbarkeitswerte I_Z nach Tabelle 2 von DIN 57 100 Teil 523/VDE 0100 Teil 523/06.81.

Die Anwendung der „Tabelle 1" vermeidet das zeitlich sicher etwas aufwendige Verfahren mit den Beziehungen

$$I_B \leq I_N \leq I_Z \tag{1}$$

$$I_2 \leq 1{,}45 \cdot I_Z \tag{2}$$

den Leiterquerschnitt zu ermitteln.

Die variabel einstellbaren Überlastauslöser von Leistungsschaltern können die differenzierten Werte der Strombelastbarkeit der Leiter besser (wirtschaftlicher) ausnutzen als die Sicherungen und LS-Schalter.

Im zweiten Satz des Abschnittes 5.2 von DIN 57 100 Teil 430/VDE 0100 Teil 430 wird diese Möglichkeit ausdrücklich angegeben.

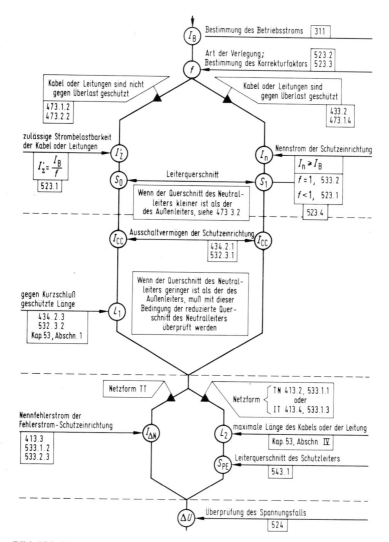

Bild 430-5

Französischer Vorschlag zum Ermitteln der Leiterquerschnitte und der Schutzeinrichtungen. Das Diagramm zeigt die von der Norm NF C 15 - 100 vorgesehenen verschiedenen Arbeitsgänge mit Hinweisen auf die entsprechenden Abschnitte der Norm NF C 15 - 100. Quelle: Jahrbuch Elektrotechnik '83, Seite 459 bis 461, VDE-VERLAG, Berlin und Offenbach.

Beitrag von C. Rémond, UTE, Paris: Einführung in die „Französische Norm für Niederspannungsanlagen (NF C 15 -100)".

Tabelle 430-E. Nennstrom sowie kleiner und großer Prüfstrom für Leitungsschutz-schalter (Tabelle 16a aus DIN 57 641/VDE 0641)

Lfd. Nr	1	2	3	4
			Prüfströme	
1	Nennstrom I_N A	kleiner Prüfstrom I_1 A	großer Prüfstrom I_2 A	Kenngröße
2	4	6	8,4	6
3	6	9	11,4	9
4	8	12	15,2	12
5	10	15	19,0	15
6	12	16,8	21,0	17
7	16	22,4	28,0 ·	22
8	20	28	35,0	28
9	25	35	43,75	35
10	32	41,5	51,2	42
11	(35)	(45,5)	(56,0)	(46)
12	40	52	64,0	52
13	50	65	80,0	65
14	63	82	100,8	82

Ein Strom (I_1) entsprechend dem kleinen Prüfstrom nach Tabelle 16a) fließt 1 h durch alle Pole, vom kalten Zustand aus.
Der LS-Schalter darf nicht auslösen.
Der Strom (I_2) wird dann innerhalb 5 s stetig gesteigert bis zum großen Prüfstrom nach Tabelle 16a).
Der LS-Schalter muß innerhalb von 1 h auslösen.

Tabelle 430-F. Nennstrom sowie kleiner und großer Prüfstrom für Schmelzsicherungen (Tabelle 4 aus DIN 57 636 Teil 1/VDE 0636 Teil 1) Festgelegte Strom- und Zeitwerte für das Nichtabschmelzen und Abschmelzen von Sicherungseinsätzen der Betriebsklassen gL und gB*)

1	2	3	4
Nennstrom I_N A	kleiner Prüfstrom A	großer Prüfstrom A	konventionelle Prüfdauer h
bis 4	$1,5\,I_N$	$2,1\,I_N$	1
über 4 bis 10	$1,5\,I_N$	$1,9\,I_N$	1
über 10 bis 25	$1,4\,I_N$	$1,75\,I_N$	1
über 25 bis 63	$1,3\,I_N$	$1,6\,I_N$	1
über 63 bis 160	$1,3\,I_N$	$1,6\,I_N$	2
über 160 bis 400	$1,3\,I_N$	$1,6\,I_N$	3
über 400	$1,3\,I_N$	$1,6\,I_N$	4

*) Werte für andere Betriebsklassen siehe Einzelbestimmungen zu DIN 57 636/VDE 0636.

Tabelle 430-G. Vorschlag für eine Arbeitsunterlage zur Ermittlung der Leiterquerschnitte S, die die Bedingungen des Schutzes gegen Überlast erfüllen (VDE 0100 Teil 430)

Spalte: 1	2	3	4	5	6
Strom-kreis	I_B $\leq$	I_N $\leq$	I_Z	Reduktions-Umrechnungs-faktoren	$I_{Z\,red.}$
Bezeich-nung lt. Projekt-unterlagen	Ermitteln lt. Projekt-unterlagen	nach VDE-Bestim-mung oder Geräteliste	Werte nach VDE 0100 Teil 523 oder VDE 0298 Teil 2 oder nach Kabellisten der Hersteller ermitteln		Wert nach Spalten 4 u. 5 berechnen

Kurzzeichen-Erklärung siehe im Text der Erläuterungen!
Bei der Anwendung eines Reduktions- oder Umrechnungsfaktors gilt: $I_B \leqq I_n \leqq I_{Zred.}$

Es sei nochmals darauf verwiesen, daß die Tabelle 430-A („Tabelle 1") nur für eine Umgebungstemperatur bis 30 °C und die drei Verlegearten Gruppe 1, 2 und 3 gilt.
Die Verlegearten Gruppe 1, 2 und 3 sind bei der Tabelle 430-A und in Teil 523 beschrieben. Die dort genannten Beispiele behandeln PVC-isolierte Leitungen. Der Gruppe 3 sind auch die in Luft, d. h. nicht in der Erde verlegten Kabel zuzuordnen.
Für andere Verlegearten und andere Umgebungstemperaturen müssen, wie bereits in Abschnitt 6.2 gesagt, für die Ermittlung der Leiterquerschnitte die Bedingungen (1) und (2) untersucht und angewendet werden. Bezüglich der Belastbarkeit von Kabeln gibt DIN 57 298 Teil 2/VDE 0298 Teil 2/11.79 detaillierte Einzelheiten, für Leitungen DIN 57 100 Teil 523/VDE 0100 Teil 523, ferner auch ein 1982 veröffentlichter Entwurf aus der internationalen Arbeit: DIN 57 100 Teil 523/VDE 0100 Teil 523 A2, zur Zeit IEC 64(Central Office)115, Publikation 364, Section 523, Current Carrying Capacities, siehe auch Teil 523 dieser Erläuterungen.
Einen Vorschlag für eine Arbeitsunterlage zur Ermittlung der Leiterquerschnitte, die die Bedingungen des Überlastschutzes erfüllen, siehe Tabelle 430-G.

6.3.2 Querschnitt des Neutralleiters

Der Querschnitt des Neutralleiters kann dem Querschnitt des Außenleiters entsprechen; er kann auch einen geringeren Querschnitt haben, z. B. entsprechend dem Querschnitt des PEN-Leiters nach **Tabelle 540-G** dieser Erläuterungen.

223

7	8	9	10	11
entspricht gesuchtem S [mm²]	l_2	$\leq 1{,}45\, l_{Z\,red.}$	Bedingung Sp. 8/9 erfüllt ja/nein	Ergebnis: S [mm²] wenn ja: S ist richtig! wenn nein: nochmals ab Spalte 4 rechnen!
Leiterquerschnitt eintragen, der dem $l_{Z\,red.}$ nach Spalte 6*) entspricht	Werte nach: VDE 0636, VDE 0641, VDE 0600 Teil 101 Teil 104	Multiplikation: $1{,}45 \cdot$ Wert aus Spalte 6*)		

*) Bei der Ermittlung ohne Reduktions- oder Umrechnungsfaktor die Werte nach Spalte 4 anwenden.
Werte für l_2 siehe auch Seiten 208 und 221.

Schutz des Neutralleiters:
Der Schutz des Neutralleiters bei Überlast und Kurzschluß wird in Abschnitt 9 von DIN 57 100 Teil 430/VDE 0100 Teil 430 geregelt. Der Bedeutung wegen wird der Text dieses Abschnittes hier wiederholt.

a) Neutralleiter im TN- oder TT-Netz
„9.2.1.1 Entspricht der Querschnitt des Neutralleiters mindestens dem Querschnitt der Außenleiter, so braucht für den Neutralleiter weder eine Überstromerfassung noch ein Abschaltorgan vorgesehen zu werden.
9.2.1.2 Ist der Querschnitt des Neutralleiters geringer als der der Außenleiter, so ist eine seinem Querschnitt angemessene Überstromerfassung im Neutralleiter vorzusehen; diese Überstromerfassung muß die Abschaltung der Außenleiter, jedoch nicht unbedingt die des Neutralleiters bewirken.
Es ist jedoch zulässig, auf eine Überstromerfassung im Neutralleiter zu verzichten, wenn
– 9.2.1.2.1 der Neutralleiter durch das Schutzorgan der Außenleiter des Stromkreises bei Kurzschluß geschützt wird und
– 9.2.1.2.2 der Höchststrom, der den Neutralleiter durchfließen kann, bei normalem Betrieb beträchtlich geringer ist als der Wert der Strombelastbarkeit dieses Leiters.

Anmerkung:
Diese zweite Bedingung ist erfüllt, wenn die übertragene Leistung möglichst gleichmäßig auf die Außenleiter aufgeteilt ist, z. B. wenn die Summe der Leistungsaufnahme der zwischen Außenleiter und Neutralleiter angeschlossenen Verbrauchsmittel, wie Leuchten und Steckdosen, sehr viel kleiner ist als die gesamte über den Stromkreis übertragene Leistung. Der Querschnitt des Neutralleiters sollte nicht kleiner sein als die Werte in Tabelle 10-1 in VDE 0100/05.73."

b) Neutralleiter im IT-Netz

„9.2.2 Wenn das Mitführen des Neutralleiters erforderlich ist, muß im Neutralleiter jedes Stromkreises eine Überstromerfassung vorgesehen werden, die die Abschaltung aller aktiven Leiter des betreffenden Stromkreises (einschließlich des Neutralleiters) bewirkt.
Auf diese Überstromerfassung darf jedoch verzichtet werden, wenn der betrachtete Neutralleiter durch ein vorgeschaltetes Schutzorgan, z. B. an der Einspeisung der Anlage gegen Kurzschluß geschützt ist."

Festlegung für das Abschalten des Neutralleiters: Wenn die Abschaltung des Neutralleiters vorgeschrieben ist, muß die verwendete Schutzeinrichtung so beschaffen sein, daß der Neutralleiter in keinem Fall vor den Außenleitern ausgeschaltet und nach diesen wieder eingeschaltet werden kann. Vergleiche Abschnitt 9.3 von DIN 57 100 Teil 430/VDE 0100 Teil 430.

6.3.3 Querschnitt des Schutzleiters oder des PEN-Leiters
Die Querschnitte von Schutzleitern und PEN-Leitern werden in Abhängigkeit vom Querschnitt der Außenleiter ermittelt, siehe DIN 57 100 Teil 540/VDE 0100 Teil 540, Abschnitt 5.1, bzw. Abschnitt 5.1 des Teiles 540 dieser Erläuterungen.

6.4 Überprüfen des Spannungsfalls

Bei der Bemessung von Leitungen und Kabeln ist der für das jeweilige Betriebsmittel zulässige Spannungsfall zu berücksichtigen (siehe DIN 57 100 Teil 523/ VDE 0100 Teil 523, Abschnitt 4).
Die zulässigen Spannungstoleranzen der Betriebsmittel sind im allgemeinen in den Normen bzw. VDE-Bestimmungen oder in den Betriebsanweisungen der entsprechenden Geräte angegeben. Die Elektrizitätsversorgungsunternehmen (EVU) fordern ebenfalls die Einhaltung bestimmter Spannungswerte in den Zuleitungen, siehe VDE-Schriftenreihe Band 32, Seite 11 oder die Technischen Anschlußbedingungen (TAB) der VdEW, Abschnitt 7.1. Formelsammlungen geben Berechnungsmethoden für die Ermittlung der Leitungslängen oder zur Ermittlung des Spannungsfalls an.
Formeln und Diagramme siehe **Bild 430-6** und zugehörigen Text!
Die unter dem Gesichtspunkt des Überstromschutzes ermittelten Querschnitte sind entsprechend zu überprüfen und nötigenfalls zu erhöhen (verstärken).
In Wechselstrom- und Drehstromnetzen ist bei Kabeln und Leitungen unter 16 mm^2 der induktive Blindwiderstand meist zu vernachlässigen. Es genügt hier, mit dem Gleichstromwiderstand zu rechnen.

– *im Drehstromsystem Spannungsfall längs einer Leitung*

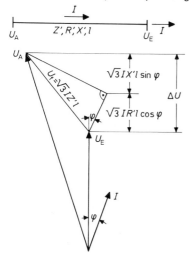

U_f Betrag des Spannungsfalls

ΔU Längsspannungsfall (Komponente des Spannungsfalls in Richtung der Bezugsspannung)

U_A Spannung am Anfang der Leitung
U_E Spannung am Ende der Leitung

Ein am Ende einer Leitung mit der Länge l (in km) (kilometrische Widerstandswerte R' und X' in Ω/km) abgenommener Strom verursacht den Längsspannungsabfall

Bild 430-6
Spannungsfall längs einer Leitung

Spannungsfall $\Delta U = I \, (R' \cdot \cos \varphi \pm X' \cdot \sin \varphi) \, l \cdot \sqrt{3}$ in V
(oberes Vorzeichen für induktive, unteres für kapazitive Reaktanz)
oder, ausgedrückt in % der Nennspannung U_N des Netzes,

prozentualer Spannungsfall $\Delta u = \dfrac{\Delta U}{U_N} \cdot 100$ in %

– *im Einphasen-Wechselstromsystem*
Spannungsfall $\Delta U = I \, (R' \cdot \cos \varphi \pm X' \cdot \sin \varphi) 2 \cdot l$ in V

prozentualer Spannungsfall $\Delta u = \dfrac{\Delta U}{U_N} \cdot 100$ in %

– *im Gleichstromsystem*
Spannungsfall $\Delta U = I \cdot R' \cdot 2 \cdot l$ in V

prozentualer Spannungsfall $\Delta u = \dfrac{\Delta U}{U_N} \cdot 100$ in %

Erklärung der Kurzzeichen zu Bild 430-6:

ΔU Spannungsfall (absolut) in V,

Δu Spannungsfall in %,

U_N Nennspannung des Netzes in V,
  (In Drehstromnetzen die Außenleiterspannung, z. B. 380 V)

I Leiterstrom in A,

R' kilometrischer Wirkwiderstand Ω/km,

X' kilometrischer Blindwiderstand Ω/km,

l einfache Leitungslänge in km.

Anmerkung:
In der neuen VDE 0100 und in diesen Erläuterungen wird für die Nennspannung gegen geerdete Leiter auch das Kurzzeichen U_0 angewendet.

Der Spannungsfall ist zunächst kein sicherheitstechnischer Punkt. Auf Grund vieler Anfragen bemüht sich das Komitee, einen Vorschlag für VDE 0100 zu bearbeiten, der etwa folgenden Inhalt haben sollte (siehe Abschnitt 9 von DIN 57 100 Teil 520/VDE 0100 Teil 520, zur Zeit Entwurf):

– Der Spannungsfall zwischen dem Anfang der Verbraucheranlage, z. B. Hausanschlußkasten, und dem zu versorgenden Betriebsmittel soll nicht größer als 4 % der Nennspannung des Netzes sein.

In einigen VDE-Bestimmungen für Betriebsmittel werden Spannungstoleranzen angegeben, innerhalb denen das Gerät noch betrieben werden kann (z.B. für Motoren).
Hier sei auch auf die Norm DIN 18 015, Elektrische Anlagen in Wohngebäuden, (Teil 1 vom April 1980, Abschnitt 5.3.1) verwiesen.

6.5   Ermitteln des Kurzschlußverhaltens des Schutzorgans (falls nötig)

Die Grundsätze des Kurzschlußschutzes werden in Abschnitt 3 des Teils 430 dieser Erläuterungen behandelt. Die Bestimmungen dazu sind in Abschnitt 6 von DIN 57 100 Teil 430/VDE 0100 Teil 430 festgelegt.
In der Installationstechnik wird im allgemeinen ein gemeinsames Schutzorgan sowohl für den Schutz bei Überlast als auch für den Schutz bei Kurzschluß eingesetzt (siehe Abschnitt 7.1 von DIN 57 100 Teil 430/VDE 0100 Teil 430).

In den Erläuterungen zu DIN 57 100 Teil 430/VDE 0100 Teil 430, Seite 16/17, heißt es hierzu:
„Dieser Abschnitt (6.3.2 Ausschaltzeit) muß vom Errichter im Zusammenhang mit dem **Abschnitt 7.1 (Schutz durch ein gemeinsames Überstromschutzorgan)** gesehen werden, da in der Regel ein und dasselbe Schutzorgan sowohl für den Schutz bei Überlast als auch für den Schutz bei Kurzschluß eingesetzt wird. Ist dieses gemeinsame Schutzorgan richtig gewählt für den Schutz bei Überlast, dann braucht entsprechend Abschnitt 7.1 vom ganzen Abschnitt 6.3.2 nur noch der Abschnitt 6.3.2.3 beachtet zu werden. Und dieser auch nur dann, wenn die Vorsicherung größer als 63 A ist."

Für Schutzorgane, die nur bei **Kurzschluß** schützen sollen, gilt Abschnitt 6.3.2.1 von DIN 57 100 Teil 430/VDE 0100 Teil 430. Dort wird auf Nomogramme und Tabellen am Ende der Bestimmungen (Seite 11 bis 15) verwiesen, vgl. Bild 430-4 dieser Erläuterungen.

Die Nomogramme gelten für PVC-isolierte Leiter bis 16 mm^2 Cu; die Tabellen gelten für PVC-isolierte Leiter ab 25 mm^2 bis 150 mm^2, Aluminium bzw. Kupfer.

Im ersten Nomogramm (Seite 11 von DIN 57 100 Teil 430/VDE 0100 Teil 430) ist mit einer Pfeil-Linie der Umgang mit dem Nomogramm erklärt. Neu ist, daß die Schleifenimpedanz der Anlage von der Stromquelle bis zum Schutzorgan bekannt sein muß. Bei EVU-Anlagen können die Werte dort erfragt werden; bei verbrauchereigenen Anlagen muß die Schleifenimpedanz errechnet oder gemessen werden. Band 32 der VDE-Schriftenreihe enthält ausführliche Erläuterungen zur Anwendung der Nomogramme.

Bei großen Anlagen mit eigener Stromversorgung ist es zweckmäßig, den Kurzschlußstrom nach DIN 57 102/VDE 0102 zu berechnen. Siehe auch Abschnitte 3.3 und 6 des Teiles 430 dieser Erläuterungen.

6.6 Nachprüfen der Anwendung des Überstromschutzes für den Schutz bei indirektem Berühren nach Teil 410 (TN-, TT-, IT-Netz)

– siehe Erläuterungen zum Teil 410

Wenn Überstromschutzorgane zum Schutz bei indirektem Berühren eingesetzt werden (z. B. im TN-Netz), so müssen die für den Überlast- und Kurzschlußschutz ermittelten Leiterquerschnitte und Leiterlängen mit den Bedingungen für die Schutzmaßnahmen mit Schutzleiter (Teil 410) verglichen werden.

7 Schutz von parallelgeschalteten Leitern

VDE: Abschnitt 6.4.5
IEC: Abschnitte 433.3 und 473.2.4

In DIN 57 100 Teil 430/VDE 0100 Teil 430 wird im Abschnitt 6, Schutz bei Kurzschluß (Abschnitt 6.4.5) lediglich gesagt, daß Festlegungen hierzu in Vorbereitung sind.

Verbindliche Festlegungen zum Schutz von parallelgeschalteten Leitern sind also aus VDE 0100 zur Zeit noch nicht zu entnehmen. In der IEC-Publikation 364 sind zu diesem Thema auch nur sehr kurze Bestimmungen zu finden:
– in IEC-Publikation 364-4-43 (1977)
  Abschnitt 433, Überlastschutz
  Unterabschnitt 433.3, Schutz von parallelgeschalteten Leitern (deutsche Übersetzung des Textes siehe HD 384.4.43),

- in IEC-Publikation 364-4-473
  Abschnitt 473.2, Kurzschlußschutz
  Unterabschnitt 473.2.4, Kurzschlußschutz von parallel geschalteten Leitern
  (deutsche Übersetzung des Textes siehe HD 384.4.43).

In den CENELEC-Harmonisierungsdokumenten sind folgende Festlegungen enthalten:
In HD 384.4.43, Überstromschutz

- Abschnitt 433, Überlastschutz
  „433.3   Schutz parallelgeschalteter Leiter
  Werden mehrere parallelgeschaltete Leitungen durch ein gemeinsames Überstromorgan geschützt, so gilt als Wert von I_z die Summe der Strombelastbarkeitswerte aller Leitungen. Eine derartige Anordnung ist jedoch nur dann zulässig, wenn die Leitungen so verlegt sind, daß sie im wesentlichen gleiche Ströme führen.
  Anmerkung: In der Praxis gilt dies nur für Leitungen, die die gleichen elektrischen Eigenschaften haben (Art, Verlegung, Länge, Querschnitt) und in ihrem Verlauf keine Abzweige aufweisen. Eine Überprüfung kann zweckmäßig sein."

Die Anmerkung ist in der IEC-Publikation 364-4-43 nicht enthalten.
CENELEC-TC 64 hielt es für erforderlich, die Bedingungen anzugeben, unter denen die Bestimmungen des Abschnittes 433.3 anwendbar sind.

- Abschnitt 434, Kurzschlußschutz
  „434.4 Schutz parallelgeschalteter Leitungen
  Mehrere parallelgeschaltete Leitungen dürfen durch ein gemeinsames Kurzschlußschutzorgan geschützt werden, wenn die Ansprechkennlinie des Schutzorgans und die Verlegungsart*) der parallelgeschalteten Leiter entsprechend aufeinander abgestimmt sind. Bei der Wahl des Schutzorgans ist Kapitel 53 zugrundezulegen.
  Anmerkung: Aufmerksamkeit ist den Bedingungen zu widmen, die bei einem Kurzschluß auftreten, der nicht alle Leitungen erfaßt. Ausführliche Bestimmungen sind in Bearbeitung."

Der Abschnitt 434.4 wurde der IEC-Publikation 364-4-473, Abschnitt 473.2.4, entnommen und in Analogie zu Abschnitt 433.3 in das HD 384.4.43 aufgenommen.

Wichtig für den Schutz parallelgeschalteter Leitungen ist auch die Koordination von Überlast- und Kurzschlußschutz: Der Schutz durch ein gemeinsames Schutzorgan für den Schutz gegen Überlast und gegen Kurzschluß wird in Abschnitt 4 des Teils 430 dieser Erläuterungen behandelt. Es wird aber auch auf den Abschnitt 435.1 bei IEC bzw. bei CENELEC verwiesen.

---

*) Hier ist nicht nur an die übliche „Verlegeart" gedacht. Auch für die parallelgeschalteten Leiter können sich unterschiedliche Bedingungen ergeben. Beispiel: Bei Verlegung der Leiter auf Kabelpritschen ändert sich der induktive Widerstand der Leiter, die jeweils am Rand der Kabelpritsche liegen.

Der Schutz von parallelgeschalteten Leitern wird ausführlich behandelt in
- VDE-Schriftenreihe Band 21 (Seite 113 bis Seite 119);
- VDE-Schriftenreihe Band 32 (Seite 99 bis 102);
- Les Installations Electriques dans le Bâtiment, Chapitre 43, page 272–283: Protection de Conducteur en parallele (C. Remond);
- Commentary on the 15th edition of the IEE Wiring Regulations, Chapter 6, page 96–98: Conductors in parallel (B. D. Jenkins).

Einzelheiten zum Schrifttum für Teil 430 siehe Abschnitt 9. Es wird auch auf Abschnitt 5.6 des Teiles 523 dieser Erläuterungen verwiesen.

8 Übergangsfrist für DIN 57 100 Teil 430/VDE 0100 Teil 430 vom Juni 1981

In der als VDE-Bestimmung gekennzeichneten Norm heißt es dazu:
„Beginn der Gültigkeit.
Diese als VDE-Bestimmung gekennzeichnete Norm gilt ab 1. Juni 1981.
Daneben gilt VDE 0100/5.73 § 41, VDE 0100m/7.76 und VDE 0100v$_1$/6.77 noch bis 31. Mai 1983.
Eine Anpassung bestehender Anlagen wird nicht gefordert."
Diese Regelung besagt, daß die neuen Bestimmungen ab 1. Juni 1981 für alle vom 1. Juni 1981 ab geplanten, errichteten oder wesentlich geänderten Anlagen gilt. Für Anlagen, die bereits vor dem 1. Juni 1981 in der Planung oder im Bau waren, gelten noch die alten Bestimmungen des § 41 vom Mai 1973 bzw. vom Juli 1976 bis zum 31. Mai 1983.
Als wesentliche Änderung gilt z. B. das Auswechseln einer Leitung. Das Auswechseln einer Sicherung, das Ersetzen eines Leitungsschutzschalters oder eines Unterteils einer Schmelzsicherung gilt nicht als eine solche wesentliche Änderung. In bestehenden Anlagen können die Bestimmungen, die zum Zeitpunkt der Errichtung gegolten haben, angewendet werden, z. B. VDE 0100/5.73 § 41.

9 Schrifttum zum Teil 430

- *Haufe, H.; Oehms, K.-J.; Vogt, D.:*
  Bemessung und Schutz von Leitungen und Kabeln nach DIN 57 100/ VDE 0100 Teil 430 und Teil 523. VDE-Schriftenreihe, Band 32, 2. Auflage 1981.
- Kommentare zu den ausländischen Normen:
  siehe Schrifttum zum Teil 1 „Allgemeine Einführung".
- *Schrank, W.:*
  Erläuterungen zu den Bestimmungen für das Errichten von Starkstromanlagen mit Nennspannungen bis 1000 V (VDE 0100/5.73).

VDE-Schriftenreihe, Band 21, 3. überarbeitete Auflage 1974.
 — hier aufgeführt wegen der Erläuterungen zum § 41, insbesondere zu
   § 41c)1:
   „Parallelschaltung von Leitungen und Kabeln"
   Anmerkung: Die behandelten Grundsätze zum Schutz paralleler Leitungen gelten auch weiterhin; Einzelheiten, z. B. die Belastbarkeit, Verweise auf andere Bestimmungen, können durch neuere Normen geändert sein.

 — Literatur zur Strombelastbarkeit von Leitungen und Kabeln: siehe Teil 523
   dieser Erläuterungen,
 — Literatur zur Auswahl und Anwendung von Überstromschutzorganen: siehe
   Teil 530 dieser Erläuterungen,

 — Berechnung des Spannungsfalls:
   — AEG-Hilfsbuch 2 (1967), 10. Auflage,
     Handbuch der Elektrotechnik,
     AEG-Telefunken, 1 Berlin 33.
   — Handbuch für Schaltanlagen (1975), 5. Auflage,
     Brown, Boverie und Cie. AG,
     Mannheim.

 — CENELEC-Schriftstück 64B(SEC)2083, Juni 1979,
   Entwurf für einen Anhang zum HD 384.4.43
   (Kapitel 43, Überstromschutz; Abschnitt 434, Kurzschlußschutz).
 — CENELEC-Schriftstück 64B(SEC)2084, Juni 1979,
   Erläuterungen zum Kurzschlußschutz.

 — Behandlung der „Selektivität" in einer französischen Fachzeitschrift:
   Sélectivité et limitation enfin réconciliées par le system Sellim (Selectivité-
   Limitation).
   Quelle: 3E, Documents Techniques, 3E No. 475, Décembre 1981, Janvier
   1982, Rédaction, 71 Boulevard Richard Lenoir, 75001 Paris.

 — *Beyer, E.* und *Eltschka, R.:* Zukunftsgerechte Elektroinstallation (Abschnitt 3,
   Belastungsdiagramme im Haushalt), Elektrizitätswirtschaft, Jg. 79 (1980),
   Heft 4, Seite 144-146.

 — zur Ermittlung des Materialbeiwertes k:
   Elektra, Nr. 24, Oktober 1972, Herausgeber CIGRE, 112, Boulevard Haussmann, 75 008 Paris.

Teil 450 Schutz gegen Unterspannung

VDE:–
IEC: Kapitel 45, zur Zeit Entwurf 64(Secretariat)348

Wenn ein Teil einer elektrischen Anlage oder ein elektrisches Betriebsmittel durch einen Spannungsfall negativ beeinflußt, z. B. beschädigt werden kann, müssen geeignete Maßnahmen zum Schutz oder zur Sicherheit der Anlage bzw. des Betriebsmittels vorgesehen werden.

Ebenso müssen Schutzmaßnahmen angewendet werden, wenn ein Spannungsausfall oder auch die Wiederkehr der Spannung gefährliche Situationen für Personen oder Sachwerte verursachen.

Die Unterspannungsauslöser können auch verzögert arbeiten, wenn die zu schützenden Einrichtungen eine kurze Unterbrechung oder einen kurzen Spannungseinbruch ohne Nachteile vertragen (z. B. 2 s).

Bei der Anwendung von Schützen darf der verzögerte Abfall oder die verzögerte Wiedereinschaltung eine momentan **notwendige** Abschaltung durch ein Steuergerät oder ein Schutzorgan nicht verhindern.

Wenn durch eine automatische Rückschaltung des Unterspannungsauslösers eine Gefahr entsteht, muß die Wiedereinschaltung von Hand erfolgen.

Geräte für die Unterspannungsauslösung: siehe Abschnitt 5 des Teiles 530 dieser Erläuterungen:

– Unterspannungsrelais,
   die einen Steuerschalter oder einen Leistungsschalter betätigen;
– Schütze.

Teil 460 Trennen und Schalten

VDE: –
IEC: Kapitel 46

– **Zusammenstellung von zuzuordnenden nationalen und internationalen Bestimmungen und Normen zum Teil 460**

1. DIN IEC 64(CO)80/VDE 0100 Teil 46/...80, Entwurf 1.
   Errichten von Starkstromanlagen bis 1000 V.
   Schutzmaßnahmen.
   Trennen und Schalten.
2. IEC-Publikationen 364-4-46, erste Ausgabe, 1981.
   Elektrische Anlagen von Gebäuden. Schutzmaßnahmen.
   Trennen und Schalten (Isolation and switching).
3. Großbritannien: IEE Wiring Regulations, 15. Ausgabe, 1981
   Kapitel 46: Trennen und Schalten (Isolation and switching)
4. Frankreich: Norm NF C 15-100.
   Kapitel 46: Trennen und Schalten (Sectionnement et commande).

– **Erläuterungen:**

Die IEC-Publikation zum Kapitel 46, Trennen und Schalten, ist 1981 erschienen. Ein entsprechendes CENELEC-Harmonisierungsdokument oder eine entsprechende VDE-Bestimmung liegt noch nicht vor.
Nach dem Trennen und Schalten von PEN-Leitern, Neutralleitern und Schutzleitern wird sehr häufig gefragt. Die bei IEC mit deutscher Zustimmung vereinbarte Regelung soll hier erläutert werden.
Das Kapitel 46 behandelt Maßnahmen zum örtlichen und fernbetätigten Trennen und Schalten. Diese Maßnahmen sollen Gefahren verhindern oder beseitigen, die in elektrischen Anlagen, oder an elektrischen Betriebsmitteln und Maschinen auftreten können. Die Schaltgeräte zum „Trennen und Schalten" werden im Abschnitt 537 der IEC-Publikation 364-5-537 behandelt.
Die Maßnahme „Trennen" von Stromkreisen wird bei IEC wie folgt geregelt:

„462 Trennen
462.1 Jeder Stromkreis muß von jedem aktiven Leiter der Zuleitung (Versorgungsleitung) getrennt werden können; Ausnahmen sind in Abschnitt 461.2 im einzelnen behandelt".

Anmerkung: Der Neutralleiter ist ein aktiver Leiter, da er geeignet ist elektrische Energie zu übertragen (siehe Abschnitt 2, Begriffe, zum Teil 410 dieser Erläuterungen).

Der Abschnitt 461.2 lautet:

„In TN-C-Netzen darf der PEN-Leiter nicht getrennt oder geschaltet werden. In TN-S-Netzen braucht der Neutralleiter nicht getrennt oder geschaltet werden.

Anmerkung: Der Schutzleiter darf in keiner der Netzformen getrennt oder geschaltet werden (siehe IEC-Abschnitt 543.3.3)''

Die britischen Regeln haben die Festlegungen von IEC übernommen. Die französischen Normen verlangen bisher grundsätzlich das Trennen und Schalten des Neutralleiters.

Begriffserklärungen zu den Ausdrücken „Trennen'' und „Schalten'' sind bei IEC in Vorbereitung, zur Zeit Entwurf 1 (IEV 826) (Central Office) 1193 vom November 1982:

„Trennen'' steht im Zusammenhang mit dem Unterbrechen der Einspeisung einer elektrischen Anlage bei der Gefahr des direkten Berührens, – „Schalten'' steht im Zusammenhang mit Gefahren bei Arbeiten an mechanischen Teilen elektrisch betriebener Geräte,

(vergleiche Anhang zu Entwurf DIN IEC 64(CO)80/VDE 0100 Teil 46/...80).

Teil 520   Verlegen von Kabeln und Leitungen

VDE: Teil 520; zur Zeit Entwurf
IEC: Kapitel 52; zur Zeit in Vorbereitung

Die Grundgedanken der Gliederung des Teiles 520 der neuen VDE 0100, so auch die Zuordnung der Strombelastbarkeit von Leitungen und Kabeln in Teil 523, ist der derzeitigen Systematik des Kapitels 52 der IEC-Publikation 364 entnommen. Leider ist der Entwurf hierzu vom März 1978 noch nicht weiterbearbeitet. Der zur Zeit letzte Entwurf ist im IEC-Schriftstück 64(Secretariat)222 enthalten. Auf Vorschlag der englischen Delegation wurde in der Sitzung des IEC-TC 64 im Oktober 1980 die Arbeitsgruppe 19 (WG 19, siehe Tabelle 100-I dieser Erläuterungen) gebildet. Es zeigte sich in den vergangenen Jahren, daß die Leitungsverlegung eines der schwierigsten Themen der Harmonisierung ist, sowohl bei IEC wie auch bei CENELEC. Die kontinentalen Verlegungsmethoden (auch die deutschen) weichen erheblich von denen der englisch-sprechenden Länder (z. B. Großbritannien und USA) ab.
Im folgenden wird die Übersetzung der Gliederung des IEC-Kapitels 52, die die Grundlage für die Gliederung des Teiles 520 der neuen VDE 0100 ist, wiedergegeben (nach IEC 64(Secretariat)222 vom März 1978):

Kapitel 52: Verlegen von Kabeln und Leitungen
Abschnitt   521: Bestimmungen für die Auswahl und die Errichtung bezüglich der äußeren Einflüsse;
522: Vermeidung von schädlichen Einflüssen zwischen Leitungen unterschiedlicher Gewerke (z. B. Starkstrom-, Fernmeldetechnik, Gas, Wasser, Abwasser, Klimaanlagen*));
523 Strombelastbarkeit von Leitern (nicht in 64(Secretariat)222 behandelt; zur Zeit 64(Central Office)115, siehe Abschnitt 5 des Teiles 523 dieser Erläuterungen*));
524 Querschnitte der Leiter (Mindestquerschnitte von Leitern allgemein, Mindestquerschnitte von Neutralleitern*));
525 Spannungsfall in Verbraucheranlagen;
526 Elektromechanische und elektrothermische Beanspruchungen;
527 Klemmen und Verbindungen;
528 Brandabschnitte (Schottungen*));
529 Bestimmungen für besondere Leitungs- und Kabelanlagen.

---

*) Ergänzungen des Übersetzers

DIN 57 100 Teil 520/VDE 0100 Teil 520 ist 1983 als Entwurf erschienen. Dieser Entwurf enthält ausführliche Erläuterungen zu den Bestimmungen für das Verlegen von Leitungen und Kabeln, so daß zunächst in diesem Buch darauf nicht näher eingegangen wird.

Die IEC-Abschnitte 524, Mindestquerschnitte, und 525, Spannungsfall, werden zur Zeit in DIN 57 100 Teil 523/VDE 0100 Teil 523 behandelt. Zu dieser Regelung hat sich das Komitee K221 entschlossen, um die entsprechenden Inhalte aus der alten VDE 0100 übernehmen zu können. Die Stellen der endgültigen Zuordnung sind im Teil 520 (Entwurf) mit entsprechenden Überschriften versehen.

Für Mindestquerschnitte von Schutzleitern, PEN-Leitern und Potentialausgleichsleitern siehe Teil 540 dieser Erläuterungen. Der Spannungsfall wird zur Zeit im Abschnitt 6.4 des Teiles 430 dieser Erläuterungen behandelt, im Zusammenhang mit der Bemessung von Kabeln und Leitungen.

Bezüglich der Erläuterungen von Inhalten des Entwurfs von DIN 57 100 Teil 520/VDE 0100 Teil 520 wird zur Zeit auf die „Erläuterungen" im Entwurf im Anschluß an den Bestimmungstext verwiesen.

„Allgemeines für Leitungen" wird auch in DIN 57 298 Teil 3/VDE 0298 Teil 3/...81, zur Zeit Entwurf 1, behandelt. Einige Stichworte aus dem Inhalt dieser als VDE-Bestimmung gekennzeichneten Norm: Leitungen nach harmonisierten und nationalen Normen, thermische und mechanische Beanspruchungen, Zugkräfte, Biegerradien, besondere Anforderungen für Leitungen zur festen Verlegung, Anwendung von flexiblen Leitungen, Transport und Lagerung. Allgemeines für Kabel: siehe DIN 57 298 Teil 1/VDE 0298 Teil 1.

Noch etwas zur **Lebensdauer von Kabeln und Leitungen:**

Die Lebensdauer von Kabeln und Leitungen hängt unter anderem von dem Werkstoff und der Temperatur, insbesondere aber von der Anzahl der aufgetretenen Überlastungen oder Kurzschlüsse ab. Interessant ist die Feststellung, daß kleine Querschnitte weitaus mehr Kurzschlüsse ohne ungünstige Dauereinflüsse ertragen können als große Querschnitte; wegen des großen Metallvolumens größerer Querschnitte wird die beim Kurzschluß entstandene Wärme länger gehalten und damit dauert auch ihre ungünstige Einwirkung auf die Leiterisolation länger an.

Schrifttum

Guthmann, O.: Kabel und Leitungsverlegung aus der Sicht der VDE-Bestimmungen. etz Bd. 103 (1982) Heft 5, Seite 239 bis 242.

Teil 523   Strombelastbarkeit von Kabeln und Leitungen

VDE: Teil 523
IEC: Abschnitt 523

Zusammenstellung der zuzuordnenden nationalen und internationalen Bestimmungen und Normen zum Teil 523

1. DIN 57 100 Teil 523/VDE 0100 Teil 523/6.81
   Errichten von Starkstromanlagen bis 1000V;
   Bemessung von Leitungen und Kabeln,
   Mechanische Festigkeit, Spannungsfall und Strombelastbarkeit.
2. DIN 57 100 Teil 523 A1/
   VDE 0100 Teil 523 A1/...81, Entwurf 1, Titel wie 1.
   Änderungen der Gruppeneinteilung für 2 der 3 Verlegearten.
   Anmerkung: Der Entwurf 1 ist durch den Entwurf 2 abgelöst.
3. DIN IEC 64(CO)115/
   VDE 0100 Teil 523 A2/...82, Entwurf 2, Titel wie 1.
   Veröffentlichung des IEC-Entwurfes für den Abschnitt 523 der IEC-Publikation 364, Strombelastbarkeit.
4. DIN 57 298 Teil .../VDE 0298 Teil ...
   Verwendung von Kabeln und isolierten Leitungen für Starkstromanlagen
   4a. Teil 1/...78 Entwurf 1
        Allgemeines für Kabel
   4b. Teil 2/11.79
        Empfohlene Werte für Strombelastbarkeit von Kabeln mit Nennspannungen U_0/U bis 18/30 kV
   4c. Teil 3/...81 Entwurf 1, Allgemeines für Leitungen
   4d. Teil 4/... (in Vorbereitung), Strombelastbarkeit von Leitungen
5. IEC-Entwurf 64 (Central Office) 115
   Elektrische Anlagen von Gebäuden
   Publikation 364. Kapitel 52: Verlegen von Leitungen und Kabeln. Abschnitt 523: Strombelastbarkeit (IEC-Publikation zur Zeit im Druck).
6. Großbritannien:
   IEE Wiring Regulations, 15th Edition 1981
   – Abschnitte 522-1 bis 522-7, Current-carrying capacity.
   – Appendix 9, Current-carrying capacities and voltage drops for cables and flexible cords.
7. Frankreich:
   Norm NF C15-100
   Chapitre 52, Canalisations
   Article 523, Courants admissibles
   523.1 Valeurs des courants admissibles.

8. USA:
    National Electrical Code 1981
    Article 310, Conductors for General Wiring
    Table 310-16 ⎫
    Table 310-17 ⎪ Allowable Ampacities of Insulated Conductors
    Table 310-18 ⎬ (Strombelastbarkeit für isolierte
    Table 310-19 ⎭ Leiter, für verschiedene Verlegearten)
9. IEC-Publikation 287 (1969).
    Calculation of the continuous current rating of cables,
    – mit den Nachträgen 1, 2, 3,(1977) und 4(1978), sowie 287 A (1978).

1 Strombelastbarkeit von isolierten Leitungen und von nicht in der Erde verlegten Kabeln nach DIN 57 100 Teil 523/VDE 0100 Teil 523/6.81

1.1 Allgemeines

Bei der Auswahl und der Verlegung von Leitungen und Kabeln ist deren zulässige Strombelastbarkeit ein wesentlicher Faktor. Die Strombelastbarkeit ist stark abhängig von einigen Umgebungsbedingungen, so z.B.
– von der Umgebungstemperatur,
– von der Art der Verlegung,
– von dem Einfluß benachbarter Leitungen.
Anmerkung: Definition der Umgebungstemperatur, siehe Abschnitt 4.4 des Teiles 320 dieser Erläuterungen.

1.2 Strombelastbarkeit bei 30 °C

Werte für die zulässige Strombelastbarkeit (I_Z) für isolierte Leitungen und für nicht in der Erde verlegte Kabel werden in DIN 57 100 Teil 523/VDE 0100 Teil 523/6.81, Tabelle 2, angegeben; siehe auch **Tabelle 523-A** dieser Erläuterungen. Die dort genannten Werte für die Strombelastbarkeit beziehen sich auf eine Umgebungstemperatur (Bezugstemperatur) von 30 °C. Die prozentualen Belastbarkeitsänderungen (Reduktion) werden in **Tabelle 523-B** genannt. Entsprechende Umrechnungsfaktoren von IEC: siehe Tabelle 523-G; sie berücksichtigen auch Temperaturen unter 30 °C.
Die Belastbarkeitswerte in der Tabelle 523-A sind ungünstiger als in der vergleichbaren Tabelle der seither gültigen Bestimmungen in VDE 0100/5.73, § 41a, Tabelle 41-2. In der Bestimmung von 1973 galt als Umgebungstemperatur 25 °C. Die Änderung der Belastbarkeitswerte ist bedingt durch die Anhebung dieser Bezugstemperatur, aber auch durch die Ergebnisse von Belastbarkeitsversuchen (Tests).

Tabelle 523-A. (Tabelle 2 aus VDE 0100 Teil 523)
Zulässige Strombelastbarkeit I_z isolierter Leitungen und nicht im Erdreich verlegter Kabel bei Umgebungstemperaturen von 30 °C

Nennquerschnitt S mm²	Gruppe 1 Cu A	Gruppe 1 Al A	Gruppe 2 Cu A	Gruppe 2 Al A	Gruppe 3 Cu A	Gruppe 3 Al A
0,75	–	–	12	–	15	–
1	11	–	15	–	19	–
1,5	15	–	18	–	24	–
2,5	20	15	26	20	32	26
4	25	20	34	27	42	33
6	33	26	44	35	54	42
10	45	36	61	48	73	57
16	61	48	82	64	98	77
25	83	65	108	85	129	103
35	103	81	135	105	158	124
50	132	103	168	132	198	155
70	165	–	207	163	245	193
95	197	–	250	197	292	230
120	235	–	292	230	344	268
150	–	–	5	263	391	310
185	–	–	382	301	448	353
240	–	–	453	357	528	414
300	–	–	504	409	608	479
400	–	–	–	–	726	569
500	–	–	–	–	830	649

Anmerkung: die Strombelastbarkeitswerte sind für Dauerlast; siehe Abschnitt 1.2 des Teiles 523 dieser Erläuterungen.

Tabelle 523-B. (Tabelle 3 aus VDE 0100 Teil 523)
Zulässige Strombelastbarkeit I_z isolierter Leitungen und nicht im Erdreich verlegter Kabel bei Umgebungstemperaturen über 30 °C bis 55 °C

Umgebungstemperatur in °C	Strombelastbarkeit I_z in % der Werte der Tabelle 523-A	
	Gummiisolierung (zulässige Leitertemperatur 60 °C)	PVC-Isolierung (zulässige Leitertemperatur 70 °C)
über 30 bis 35	91	94
über 35 bis 40	82	87
über 40 bis 45	71	79
über 45 bis 50	58	71
über 50 bis 55	41	61

Bei der internationalen Harmonisierung der elektrotechnischen Sicherheitsbestimmungen hat man sich auf den neuen, höheren Wert (30 °C) geeinigt. In anderen Ländern galt dieser Wert schon früher. In Deutschland wurden infolge historisch bedingten Rohstoffmangels in der Vergangenheit die Leiterwerkstoffe thermisch höher belastet. Andererseits muß man berücksichtigen, daß in südlichen Ländern die durchschnittliche Umgebungstemperatur höher ist als in Deutschland.
Die Strombelastbarkeitswerte in Teil 523/6.81 sind für **Dauerlast**. Werte für „Nicht-Dauerlast" sind in Vorbereitung; siehe entsprechenden Hinweis im Entwurf DIN 57 100 Teil 430 A1/VDE 0100 Teil 430 A1 vom Juni 1983 und im Abschnitt 2.3 (Anmerkung 2) des Teiles 430 dieser Erläuterungen.

1.3 Drei Gruppen von Verlegearten

In der Tabelle 523-A werden die Strombelastbarkeitswerte für drei unterschiedliche Verlegearten (Gruppe 1, 2, 3) aufgeführt. Die drei Gruppen werden in **Tabelle 523-C** angegeben.

Tabelle 523-C. Die drei Verlegearten – nach VDE 0100 Teil 523/6.81

Gruppe 1: Eine oder mehrere in Rohr verlegte einadrige Leitungen, z. B. H07V-U nach DIN 57 281 Teil 103/VDE 0281 Teil 103;
Gruppe 2: Mehraderleitungen, z. B. Mantelleitungen, Rohrdrähte, Bleimantel-Leitungen, Stegleitungen, bewegliche Leitungen;
Gruppe 3: Einadrige, frei in Luft verlegte Leitungen und Kabel, wobei diese mit einem Zwischenraum, der mindestens ihrem Durchmesser entspricht, verlegt sind.
Anmerkung: In Schaltanlagen und Verteilern ist die jeweils in Frage kommende Gruppe zu beachten.

Anmerkung des Autors zu Tabelle 523-C:
Eine genaue Zuordnung der drei Verlegearten in Schaltanlagen und Verteilern ist zur Zeit (Januar 1983) für DIN 57 660 Teil 500/VDE 0660 Teil 500 in Vorbereitung. Entwurfsveröffentlichung zu gegebener Zeit beachten.

1.4 Übergangsfrist für DIN 57 100 Teil 523/VDE 0100 Teil 523/6.81

Wegen der Regelung der „Übergangsfrist" wird auf Abschnitt 8 des Teils 430 dieser Erläuterungen verwiesen. Der Inhalt dieses Abschnittes ist auch für DIN 57 100 Teil 523/VDE 0100 Teil 523 anzuwenden.

2 Strombelastbarkeit von Kabeln nach DIN 57 298 Teil 2/ VDE 0298 Teil 2/11.79

Für **in der Erde verlegte Kabel** gilt VDE 0298 Teil 2. Die Werte der Strombelastbarkeit für in der Erde verlegte Kabel gelten auch für kurze Anschlußenden die in Luft verlegt sind; siehe VDE 0100 Teil 523, Abschnitt 6.

DIN 57 298 Teil 2/VDE 0298 Teil 2 trägt den Titel „Empfohlene Werte für Strombelastbarkeit von Kabeln mit Nennspannungen U_0/U bis 18/30 kV''. Diese als VDE-Bestimmung gekennzeichnete Norm gibt die Belastbarkeitswerte für Kabel an, für Verlegung in Erde wie auch in Luft. Beispiele für Belastbarkeitswerte für in Luft verlegte Kabel, Beispiele für Umrechnungsfaktoren für die Häufung von Kabeln in der Luft, bei mehradrigen Kabeln für Wechselstrom, bzw. Drehstrom und bei einadrigen Kabeln für Gleichstrom sind in VDE 0298 Teil 2/11.79 angegeben.

Geltungsbereich von DIN 57 298 Teil 2/VDE 0298 Teil 2:

„Diese als VDE-Bestimmung gekennzeichnete Norm gilt für die Strombelastbarkeit von Kabeln mit Nennspannungen U_0/U bis 18/30 kV in Starkstromanlagen nach VDE 0255; DIN 57 265/VDE 0265; VDE 0271; DIN 57 272/VDE 0272 und DIN 57 273/VDE 0273.

Die Angaben gelten für den ungestörten Betrieb bei den in den Tabellen 2 und 3 aufgezählten Betriebsarten und Legebedingungen sowie für den Kurzschlußfall.''

DIN 57 298 Teil 2/VDE 0298 Teil 2/11.79 ist eine für die Planung und Ausführung von Kabel- und Leitungsanlagen wichtige und hilfreiche VDE-Bestimmung.

3 Strombelastbarkeit von Leitungen nach DIN 57 298 Teil 4/ VDE 0298 Teil 4

(Ein Entwurf ist zur Zeit in Vorbereitung)

Dieser Teil 4 wird umfangreiche Festlegungen zur Strombelastbarkeit von Leitungen enthalten; er wird große Teile des Entwurfes DIN IEC 64(CO)115/ VDE 0100 Teil 523 A2 übernehmen. Die Bearbeitung dieses Teiles 4 wird jedoch noch einige Zeit in Anspruch nehmen.

4 Strombelastbarkeit von Leitern für Stromschienensysteme

Zur Dauerbelastung von Leitern in Stromschienensystemen ist in DIN 57 100 Teil 523/VDE 0100 Teil 523, Abschnitt 8, folgendes festgelegt:

„Für fabrikfertige Stromschienensysteme sind die Herstellerangaben zu beachten.

Für nicht fabrikfertige Stromschienensysteme sind die Leiterquerschnitte nach Gruppe 3 in Tabelle 2 (Tabelle 523-C dieser Erläuterungen) oder nach DIN 43 670 und DIN 43 671 zu bemessen.

Anmerkung:
Bei der Bemessung der Leiterquerschnitte ist zu berücksichtigen:
– die Lage der Leiter zueinander
– die verminderte Wärmeabfuhr, z.B. durch eine Umhüllung
– Lage der Leiter zur Umhüllung
– Lage der Leiter zu leitenden inaktiven Teilen (Wirbelströme, Induktionswärme)
– senkrechte oder waagerechte Schienenführung.''

5 Strombelastbarkeit festverlegter, isolierter Kabel und Leitungen nach der IEC-Publikation 364, Abschnitt 523

5.1 Allgemeines

Von IEC TC 64 liegt ein neues Schriftstück zur Strombelastbarkeit von Leitungen und Kabeln ohne Bewehrung zur festen Verlegung vor, 64 (Central Office) 115, (Entwurf, August 1981). Es ist in Deutschland als Entwurf auf rosa Papier veröffentlicht: DIN-IEC 64 (CO)115/VDE 0100 Teil 523 A2/...82. Der IEC-Entwurf wurde inzwischen angenommen; die entsprechende IEC-Publikation ist zur Zeit im Druck.

Das IEC-Schriftstück behandelt im Kapitel 52, Verlegen von Leitungen und Kabeln, den Abschnitt 523, Strombelastbarkeit. Dieser Abschnitt gilt nur für Kabel ohne Bewehrung und für Leitungen, bei Nennspannungen bis 0,6/1 kV.

Die Anforderungen dieses Abschnitts sollen für eine ausreichende Lebensdauer der Leiter und der Isolation von Leitungen bzw. von Kabeln sorgen, auch wenn sie den thermischen Auswirkungen der zulässigen Strombelastbarkeit für längere Zeiträume unterworfen sind. Andere Überlegungen beziehen sich auf die Auswahl von Leiterquerschnitten im Hinblick auf Anforderungen zum Schutz gegen gefährliche Körperströme (siehe Teil 410), zum Schutz gegen thermische Einflüsse (siehe Teil 420), zum Überstromschutz von Kabeln und Leitungen (siehe Teil 430), zum Spannungsfall und zu Grenztemperaturen von Geräteanschlußklemmen, an denen die Leiter angeschlossen sind.

Die Tabellenwerte des IEC-Abschnittes 523 (VDE 0100 Teil 523 A2) sind nach den in der IEC-Publikation 287 angegebenen Verfahren ermittelt. Hierbei wurde „Dauerbetrieb" zugrunde gelegt; in der Praxis ist jedoch häufig ungleichförmiger Betrieb anzutreffen.

Es wird auf den Text des „Nationalen Vorwortes" und die vielen Anmerkungen im Entwurf DIN 57 100 Teil 523/VDE 0100 Teil 523 A2 verwiesen.

Tabelle 523-D. (Tabelle 52 A aus IEC-Publikation 364, Abschnitt 523, z. Z. Entwurf und DIN IEC 64(CO)115/VDE 0100 Teil 523 A2/...82, Entwurf 1), Text an IEC-Druckvorlage angepaßt.

Werte der oberen Grenztemperaturen für Leitungen und Kabel
Bei Strombelastung eines Leiters über längere Zeiträume im Normalbetrieb darf die zulässige Leitertemperatur nach folgender Tabelle nicht überschritten werden:

Isolationswerkstoff	Temperaturgrenze
PVC	70 °C an der Leiteroberfläche
XLPE und EPR	90 °C an der Leiteroberfläche
mineralisoliert mit PVC-Schutzhülle oder blank, Berühren erlaubt	70 °C an der äußeren PVC-Mantelfläche
mineralisoliert, blank (Berühren muß verhindert sein)	105 °C an der äußeren metallenen Mantelfläche

Kurzzeichen: PVC Polyvinylchlorid XLPE Vernetztes Polyäthylen (VPE)
EPR Äthylen-Propylen-Kautschuk

5.2 Grenztemperaturen und Bezugstemperaturen

Die oberen **Grenztemperaturen** werden angegeben; siehe **Tabelle 523-D**
Die **Bezugstemperaturen** für die Strombelastbarkeitswerte sind
– für Leitungen und Kabel in Luft,   30 °C
  unabhängig von der Verlegemethode
– für in der Erde verlegte Kabel,   20 °C
  sowohl für direkt in der Erde verlegte Kabel wie auch für Kabel die in Rohren
  in der Erde verlegt sind.

5.3 Thermischer Bodenwiderstand

Thermischer Bodenwiderstand: normalerweise 2,5 K · m/W, als Bezugswert für
die Tabellen in IEC-Abschnitt 523.
Es wird auf die IEC-Publikation 287, Anhang A zum Nachtrag Nr. 3 verwiesen.
Dieser Anhang A behandelt u. a. Umgebungstemperaturen und thermische Bo-
denwiderstände in verschiedenen Ländern.

5.4 Verlegemethoden, Strombelastbarkeit, Korrekturfaktoren

Dem IEC-Abschnitt 523 sind zahlreiche Tabellen und zwei Anhänge angefügt.
Zwei Tabellen geben die verschiedenen Verlegearten an, mit zugeordneten Leitungen und Kabel, jeweils mit dem Hinweis auf die zugehörigen Tabellen für die
Strombelastbarkeit und die Korrekturfaktoren bezüglich der Umgebungstemperatur und der Häufung. Siehe **Tabellen 523-E** und **523-F** (englischen und französischen Text im IEC-Schriftstück beachten).
Korrekturfaktoren für Lufttemperaturen, abweichend von 30 °C siehe **Tabelle 523-G.**
Es sei darauf verwiesen, daß die Faktoren für die niedrigeren Temperaturen natürlich nur dann angewendet werden dürfen, wenn sichergestellt ist, daß diese
niedrigeren Temperaturen auf Dauer nicht überschritten werden.
Korrekturfaktoren für Bodentemperaturen, die von der Bezugstemperatur von
20 °C abweichen, werden in der **Tabelle 523-H** aufgeführt. Für in Erde verlegte
Kabel muß nur dann ein Reduktionsfaktor angewendet werden, wenn für mehr
als einige Wochen pro Jahr die Temperaturen von 23 °C überschritten wird.
Wenn im Zuge eines Leitungsverlaufes (Leitungs- oder Kabeltrasse) unterschiedliche Umgebungstemperaturen auftreten, so ist die ungünstigste Bedingung für die Strombelastbarkeit zu berücksichtigen.
Anmerkung: Die in den Tabellen 523-E und 523-F genannten Tabellen 52C1
bis 52C12 und 52E1 bis 52E5 mit den Werten der zulässigen Strombelastbarkeit sind nicht in diesen Erläuterungen enthalten. Siehe hierzu die im Abschnitt
5.1 der Erläuterungen zum Teil 523 genannten Schriftstücke von IEC und VDE.

Tabelle 523-E.
(Tabelle 52 B1 aus IEC-Publikation 364, Abschnitt 523, zur Zeit Entwurf und DIN IEC 64(CO)115/VDE 0100 Teil 523 A2/...82, Entwurf 1) Zahlen und Text an die IEC-Druckvorlage angepaßt (Januar 1983).
Zusammenstellung der Verlegearten A bis D

Referenz-Verlegungsart (mit Skizze)	Andere Verlegungsarten mit der selben Strombelastbarkeit (ohne Skizze)		PVC-Isolation			XLPE/EPR Isolation			Mineralisolation		Reduktionsfaktor bei mehreren Stromkreisen (Gruppe)
			Einzelstromkreis		Korrekturfaktor für Umgebungstemperatur	Einzelstromkreis		Korrekturfaktor für Umgebungstemperatur	1,2 oder 3 Leiter	Korrekturfaktor für Umgebungstemperatur	
			$2c^{1}$	$3c^{2}$		$2c^{1}$	$3c^{2}$				
1	2	3	4	5	6	7	8	9	10	11	12
Aderleitungen in Installationsrohren in wärmeisolierenden Wänden	A	– Mehraderleitungen bzw. -kabel direkt in wärmeisolierenden Wänden – Aderleitungen in Installationsrohren im geschlossenen Kanal – Mehraderleitungen bzw. -kabel in Installationsrohren in isolierenden Wänden	52 C1 Spalte A	52 C3 Spalte A	52 D1	52 C2 Spalte A	52 C4 Spalte A	52 D1			52 E1
Aderleitungen in Installationsrohren auf Wänden	B	– Aderleitungen in Installationskanälen auf Wänden – Aderleitungen in Installationsrohren in durchlüfteten Bodenkanälen – Aderleitungen, Ein- ader- oder Mehraderleitungen bzw. -kabel in Installationsrohren oder Mantelrohren im Mauerwerk	52 C1 Spalte B	52 C3 Spalte B	52D1	52 C2 Spalte B	52 C4 Spalte B	52 D1			52 E1

[1] zwei belastete Adern
[2] drei belastete Adern

Tabelle 523-E. (Fortsetzung)

1	2	3	4	5	6	7	8	9	10	11	12
Mehraderleitungen bzw. -kabel auf Wänden	C	– Einaderleitungen bzw. -kabel in Wänden, Fußböden od. Decken – Mehraderleitungen bzw. -kabel direkt in Mauerwerk – Mehraderleitungen bzw. -kabel auf Fußböden – Einader- oder Mehraderleitungen bzw. -kabel in offenen oder belüfteten Kanälen – Mehraderleitungen bzw. -kabel in Installationskanälen oder -rohren in Luft oder auf Mauerwerk, unter Berücksichtigung des Faktors 0,8*)	52 C1 Spalte C	52 C3 Spalte C	52 D1	52 C2 Spalte C	52 C4 Spalte C	52 D1	52 C5 70°C 52 C6 105°C	52 D1	52 E1
Mehraderleitungen bzw. -kabel in Rohren im Erdreich	D	– Einaderleitungen bzw. -kabel in Mantelrohren im Erdreich – Einader- und Mehraderkabel direkt im Erdreich**)	52 C1 Spalte D	52 C3 Spalte D	52 D2	52 C2 Spalte D	52 C4 Spalte D	52 D2			52 E2 und 52 E3

*) Der Faktor 0,8 für die Reduktion der Strombelastbarkeit ist nicht erforderlich, wenn eine Leitung bzw. ein Kabel zum Schutz vor mechanischer Beanspruchung durch ein Installationsrohr oder -kanal von nicht mehr als 1 m Länge geführt ist und wenn das Rohr bzw. der Kanal in Luft oder auf Mauerwerk verlegt ist. Wenn das Rohr bzw. der Kanal auf weniger thermisch leitendem Material verlegt ist, darf eine Länge von 0,2 m nicht überschritten werden. Der Begriff „Mauerwerk" umfaßt nicht thermisch isolierendes Material. Strombelastbarkeitswerte für Leitungen und Kabel in thermisch isolierenden Baustoffen sind in Beratung.

**) Direkt im Erdreich verlegte Kabel dürfen nur dann in dieser Verlegungsart eingestuft werden, wenn der spezifische Wärmewiderstand in der Größenordnung von 2,5 K · m/W liegt. Bei niedrigeren Werten sind die Strombelastbarkeitswerte für direkt im Erdreich verlegte Kabel entsprechend höher als für Kabel in Mantelrohren.

Tabelle 523-F. (Tabelle 52 B2 aus IEC-Publikation 364, Abschnitt 523, zur Zeit Entwurf und DIN IEC 64(CO)115/VDE 0100 Tel 523 A2/...82, Entwurf 1) Zahlen und Text an die IEC-Druckvorlage angepaßt (Januar 1983).
Zusammenstellung der Verlegearten E, F und G

Referenz-Verlegungsart	PVC-Isolation		XLPE/EPR Isolation		Mineralisolation		Korrekturfaktoren bei mehreren Stromkreisen (Gruppe) und anderen Verlegungsarten		
	Einzel-stromkreis	Korrekturfaktor für Umgebungstemperatur	Einzel-stromkreis	Korrekturfaktor für Umgebungstemperatur	Einzel-stromkreis	Korrekturfaktor für Umgebungstemperatur	Anbringungsmittel	Tabelle	Verlegungsart
E Zwei- oder Mehraderleitungen bzw. -kabel in freier Luft	Kupfer 52 C9	52 D1	Kupfer 52 C11	52 D1	70 °C Umhüllung (Mantel) 52 C7	52 D1	Kabelwannen		H
Abstand zur Wand nicht kleiner als 0,3 x Leitungsdurchmesser D	Aluminium 52 C10		Aluminium 52 C12		105 °C Umhüllung (Mantel) 52 C8		Kabelroste	52 E4	J oder K
							– Kabelpritschen – Konsolen – aufgehängt an einem Tragdraht oder einer Kette		L

Tabelle 523-F. (Fortsetzung)

Referenz-Verlegungsart	PVC-Isolation		XLPE/EPR Isolation		Mineralisolation		Korrekturfaktoren bei mehreren Stromkreisen (Gruppe) und anderen Verlegungsarten		
	Einzel-stromkreis	Korrektur-faktor für Umgebungs-temperatur	Einzel-stromkreis	Korrektur-faktor für Umgebungs-temperatur	Einzel-stromkreis	Korrektur-faktor für Umgebungs-temperatur	Anbringungs-mittel	Tabelle	Verlegungs-art
F — Einaderleitungen bzw.-kabel mit gegenseitiger Berührung in der Luft	Kupfer 52 C9	52 D1	Kupfer 52 C11	52 D1	70 °C Umhüllung (Mantel) 52 C7	52 D1	Kabel-wannen		M
	Aluminium 52 C10		Aluminium 52 C12		105 °C Umhüllung (Mantel) 52 C8		Kabel-roste	52 E5	N oder P
Abstand zur Wand nicht kleiner als der Leitungsdurchmesser							– Kabel-pritschen – Konsolen – auf-gehängt an einem Tragdraht oder einer Kette		Q

Tabelle 523-F. (Fortsetzung)

Referenz-Verlegungsart	PVC-Isolation		XLPE/EPR Isolation		Mineralisolation		Korrekturfaktoren bei mehreren Stromkreisen (Gruppe) und anderen Verlegungsarten		
	Einzel-stromkreis	Korrektur-faktor für Umgebungs-temperatur	Einzel-stromkreis	Korrektur-faktor für Umgebungs-temperatur	Einzel-stromkreis	Korrektur-faktor für Umgebungs-temperatur	Anbrin-gungs-mittel	Tabelle	Verlegungs-art
G Einaderleitungen bzw. -kabel mit Zwischenraum und in freier Luft. Abstand zwischen den Leitungen oder Kabeln und auch zur Wand: mindestens 1 × Leitungsdurchmesser	Kupfer 52 C9 Aluminium 52 C10	52 D1	Kupfer 52 C11 Aluminium 52 C12	52 D1	70 °C Umhüllung (Mantel) 52 C7 105 °C Umhüllung (Mantel) 52 C8	52 D1	–	–	–

Tabelle 523-G.
(Tabelle 52 D1 aus IEC-Publikation 364, Abschnitt 523, zur Zeit Entwurf und DIN IEC 64(CO)115/VDE 0100 Teil 523 A2/...82, Entwurf 1) Zahlen und Text an die IEC-Druckvorlage angepaßt (Januar 1983).

Korrekturfaktoren für andere Lufttemperaturen als 30 °C, anzuwenden auf Strombelastbarkeitswerte von Leitungen bzw. Kabeln in Luft

Umgebungs-temperatur der Luft	Isolation			
	PVC	XLPE und EPR	Mineralisolation*)	
			PVC umhüllt oder blank, Berühren erlaubt 70 °C	blanke Umhüllung (Berühren muß verhindert sein) 105 °C
10	1,22	1,15	1,26	1,14
15	1,17	1,12	1,20	1,11
20	1,12	1,08	1,14	1,07
25	1,06	1,04	1,07	1,04
30	1,00	1,00	1,00	1,00
35	0,94	0,96	0,93	0,96
40	0,87	0,91	0,85	0,92
45	0,79	0,87	0,87	0,88
50	0,71	0,82	0,67	0,84
55	0,61	0,76	0,57	0,80
60	0,50	0,71	0,45	0,75
65	–	0,65	–	0,70
70	–	0,58	–	0,65
75	–	0,50	–	0,60
80	–	0,41	–	0,54
85	–	–	–	0,47
90	–	–	–	0,40
95	–	–	–	0,32

*) bei höheren Temperaturen nach Herstellerangaben

Tabelle 523-H.

(Tabelle 52D2 aus IEC-Publikation 364, Abschnitt 523, zur Zeit Entwurf, und DIN IEC 64(CO)115/VDE 0100 Teil 523 A2/...82, Entwurf 1) Zahlen und Text an die IEC-Druckvorlage angepaßt (Januar 1983).

Korrekturfaktoren für andere Bodentemperaturen als 20 °C, anzuwenden auf Strombelastbarkeitswerte von Kabeln ohne Bewehrung, verlegt in Erde

Temperatur des Erdreichs	Isolation	
	PVC	XLPE und EPR
10	1,10	1,07
15	1,05	1,04
20	1,0	1,0
25	0,95	0,96
30	0,89	0,93
35	0,84	0,89
40	0,77	0,85
45	0,71	0,80
50	0,63	0,76
55	0,55	0,71
60	0,45	0,65
65	–	0,60
70	–	0,53
75	–	0,46
80	–	0,38

5.5 Vereinfachte Tabellen im Anhang I zum IEC-Abschnitt 523

Im Anhang I zu dem Abschnitt 523 wird eine mögliche Methode gezeigt, die vorausgegangenen vielfältigen Tabellen vereinfacht darzustellen und damit ihre Inhalte, – d.h. die Strombelastbarkeitswerte bei den unterschiedlichen Verlegearten – leichter anzuwenden.

5.6 Berechnungsmethode im Anhang II zum IEC–Abschnitt 523

Im Anhang II wird die Methode zur Berechnung der Strombelastbarkeitswerte in den vorausgegangenen Tabellen 52 C1 bis 52 C12 angegeben, mit den notwendigen Berechnungsfaktoren.

6 Hinweis auf die IEC-Publikation 448 (1974)

Zur Zeit liegt zum Thema Strombelastbarkeit die IEC-Publikation 448 (1974) als IEC-Report vor; Titel: Strombelastbarkeit von Leitern für elektrische Anlagen von Gebäuden.

Es ist vorgesehen, die Publikation 448 aufzulösen. Der Inhalt des Schriftstückes 64 (Central Office) 115 soll in das Kapitel 52 als Abschnitt 523 in die IEC-Publikation 364 aufgenommen werden. Die in Abschnitt 523 enthaltenen Werte sind – verglichen mit den Werten in der Publikation 448 (1974) – von Basiswerten neuerer Erkenntnisse aus berechnet worden.

7 Berücksichtigung von Neutralleiter, PEN-Leiter und Schutzleiter

Neutralleiter und **PEN-Leiter** brauchen nur dann bei der Zahl der Leiter einer Leitung oder eines Kabels berücksichtigt zu werden, wenn diese tatsächlich Strom führen. Bei einer gleichmäßigen Belastung der Außenleiter eines Drehstromsystems, kann der Neutralleiter bzw. der PEN-Leiter vernachlässigt werden. Das Kabel (oder die Leitung) kann dann bezüglich der Belastbarkeit wie ein 3-Leiter Kabel behandelt werden.
Schutzleiter brauchen in diesem Zusammenhang ebenfalls nicht berücksichtigt zu werden.

8 Belastung paralleler Leiter

Bei **parallelen Leitern** ist darauf zu achten, daß sich der Strom gleichmäßig auf die einzelnen Leiter verteilt. Einzelheiten zum Schutz paralleler Leiter siehe Abschnitt 7 im Teil 430 dieser Erläuterungen.

9 Schrifttum

– VDE-Schriftenreihe Band 32
  Bemessung und Schutz von Leitungen und Kabeln (siehe Schrifttum zum Teil 430 dieser Erläuterungen)
  – insbesondere Abschnitt 3, Strombelastbarkeit von Kabeln und Leitungen.

Schrifttumsverzeichnis aus DIN 57 298 Teil 2/VDE 0298 Teil 2 (siehe dort).

Teil 530 Auswahl und Errichtung von Schalt- und Steuergeräten

VDE: Teil 530: zur Zeit in Vorbereitung
IEC: Kapitel 53: zur Zeit in Vorbereitung,
IEC: Abschnitt 537: Publikation 364-5-537 (1981)

Zusammenstellung von zuzuordnenden nationalen und internationalen Bestimmungen und Normen zum Teil 530

A. Errichten
1. VDE 0100/5.73, Errichten von Starkstromanlagen bis 1000 V.
   – § 31, Schaltgeräte; insbesondere die Abschnitte a) 3.1, a) 3.2, a) 3.3, b) 1., b) 8., b) 9.
2. DIN IEC 64(CO)107/VDE 0100 Teil 530/...82, Entwurf 1.
   Errichten von Starkstromanlagen bis 1000 V.
   Auswahl und Errichtung elektrischer Betriebsmittel. Schalt- und Steuergeräte (wird im Jahre 1983/84 von IEC-TC 64 nochmals überarbeitet).
3. DIN IEC 64(CO)81/VDE 0100 Teil 537/...80, Entwurf 1.
   Errichten von Starkstromanlagen bis 1000 V.
   Auswahl und Errichtung elektrischer Betriebsmittel.
   Trenn- und Schaltgeräte.
4. IEC-Publikation 364-5-537 (erste Ausgabe) 1981.
   Auswahl und Errichtung elektrischer Betriebsmittel. Geräte zum Trennen und Schalten.
5. DIN 43 880, Installationseinbaugeräte, Hüllmaße und zugehörige Einbaumaße.
6. Großbritannien: IEE-Wiring Regulations, 15th Edition, 1981. Chapter 53, Switchgear (for protection, isolation, and switching).
7. Frankreich: Norm NF C15-100 Chapitre 53, Appareillage.
8. USA: National Electrical Code, 1981. Einzelheiten siehe Normenverzeichnis zu Teil 430.
   – CENELEC: zur Zeit im Anhang IV des HD 384.4.43 vom Februar 1980 behandelt.

B. Geräte
9. Bestimmungen für Niederspannungssicherungen:
   DIN 57 636 Teil 1/VDE 0636 Teil 1/8.76, Allgemeine Festlegungen.
   DIN 57 636 Teil 2/VDE 0636 Teil 2/8.76, NH-System.
   DIN 57 636 Teil 3/VDE 0636 Teil 3/4.77, D-System.
   DIN 57 636 Teil 4/VDE 0636 Teil 4/4.77, D0-System.
   Anmerkung:
   Die Norm DIN 57 636/VDE 0636 wird überarbeitet, zur Zeit Entwürfe vom Dezember 1981, vergleiche neueste Ausgabe „Katalog, VDE-Vorschriftenwerk", VDE-VERLAG GmbH.

DIN 57 636 Teil 1/VDE 0636 Teil 1 „Niederspannungssicherungen; Allgemeine Festlegungen [VDE-Bestimmung]" beinhaltet grundlegende Festlegungen für Niederspannungs-Sicherungssysteme verschiedener Art. Die in der folgenden Übersicht genannten Teile 21 bis 41 von DIN 57 636/ VDE 0636, auch Einzelbestimmungen genannt, enthalten die für die einzelnen Sicherungssysteme und Betriebsklassen zutreffenden zusätzlichen Festlegungen, soweit sich für ein bestimmtes Sicherungssystem Besonderheiten gegenüber dem Hauptteil (Teil 1) ergeben.

Haupttitel: Niederspannungssicherungen	
DIN 57 636 Teil 1/ VDE 0636 Teil 1	Allgemeine Festlegungen
DIN 57 636 Teil 21 bis 23/ VDE 0636 Teil 21 bis 23	NH-System
DIN 57 636 Teil 31 bis 33/ VDE 0636 Teil 31 bis 33	D-System
DIN 57 636 Teil 41/ VDE 0636 Teil 41	DO-System

10. DIN 57 641/VDE 0641/6.78, Bestimmungen für Leitungsschutzschalter.
11. a) DIN 57 660 Teil 101/VDE 0660 Teil 101/09.82.
    Bestimmungen für Niederspannungsschaltgeräte,
    –, Leistungsschalter.
    b) DIN 57 660 Teil 104/VDE 0660 Teil 104/09.82.
    –, Niederspannungs-Motorstarter.
12. IEC-Publikation 157-1 (1973) mit Ergänzung A (1976) und B (1979).
    Low-voltage switchgear and controlgear, Part 1: Circuit breakers.
13. IEC-Publikation 241 (1968), First Edition (Report)
    Fuses for domestic and similar purposes.
14. IEC-Publikation 269:–
    Low-voltage fuses.
    Part 1 bis Part 4.
    Einzelheiten siehe „IEC-Catalogue of Publications".
15. IEC-Publikation 291
    Fuse definitions
    Einzelheiten siehe „IEC-Catalogue of Publications".
16. IEC-Publikation 292: –
    Low voltage motor starters.
    Part 1 bis Part 4.
    Einzelheiten siehe „IEC-Catalogue of Publications."

1 Allgemeines

Es wird zur Zeit auf den Inhalt des Abschnittes 531 des Entwurfs (rosa) DIN-IEC 64(CO)107/VDE 0100 Teil 530/...82 verwiesen.

2 Schutzorgane für die Schutzleiterschutzmaßnahmen beim indirekten Berühren

Siehe zur Zeit den Abschnitt 6.1.7 der Norm/VDE-Bestimmung DIN 57 100 Teil 410/VDE 0100 Teil 410/11.83. Siehe auch Seite 169 dieses Buches.

3 Schutzorgane zum Überlast- und Kurzschlußschutz

VDE: zur Zeit Teil 430, Abschnitt 4;
in Vorbereitung ist zur Zeit der Teil 530 Abschnitt 3 in VDE 0100 Teil 530/...82, Entwurf 1.
IEC: Abschnitt 533, zur Zeit Entwurf 64(CO)107, in Überarbeitung.

3.1 Kriterien zur Auswahl der Schutzorgane

In neuen Gebäudeinstallationen – für Wohnungen, Verwaltungen und auch für Industrie- und Gewerbebetriebe – werden für die **Verteilungsstromkreise** im allgemeinen Schmelzsicherungen **(Bilder 530-1 und 530-2)** angewendet, neuerdings auch Leistungsschalter.
Für die **Verbraucherstromkreise** (Endstromkreise) setzt man bevorzugt **Leitungsschutzschalter (Bild 530-3)** ein. Auch nach den Technischen Anschlußbedingungen (TAB) der VDEW*) sollen im Interesse der Kunden der EVU**) für diese Stromkreise Überstromschutzschalter, z. B. LS-Schalter ***), verwendet werden. Die Leitungsschutzschalter haben den Vorteil gegenüber den Schmelzsicherungen, daß sie nach ihrem Einbau normalerweise für die Lebensdauer der Anlage einsatzbereit sind.
Nach dem Auslösen des Schalters ist der Fehler, d. h. die Ursache des Auslösens, zu beseitigen, und der Schalter wird wieder in seine Betriebsstellung gebracht. Leitungsschutzschalter sind besonders geeignet für die Bedienung durch Laien.
Bei den **Schmelzsicherungen** ist die Handhabung nicht ganz so einfach. Nach dem Auslösen einer Schmelzsicherung muß der Sicherungseinsatz ausgewechselt werden; sowohl in Wohnungen wie in Betrieben ist für alle in der Anlage angewendeten Sicherungen eine gewisse Zahl von Ersatzeinsätzen vorrätig zu

*) VDEW Vereinigung Deutscher Elektrizitätswerke
**) EVU Elektrizitätsversorgungsunternehmen
***) Kurzform für „Leitungsschutzschalter"

Schraubkappe

Sicherungseinsatz
(Patrone)

Paßeinsatz

Berührungsschutzring

Sicherungssockel

Bild 530-1
Aufbau des D-Sicherungssystems Lindner-D-Sicherung

halten. Das Wartungspersonal größerer Betriebe soll diese ständig mitführen, um nach der Fehlerbeseitigung die Anlage kurzfristig wieder in Betrieb nehmen zu können.

In Deutschland unterscheidet man im wesentlichen zwei Schmelzsicherungssysteme:
– das D- bzw. DO-Sicherungssystem (Schraubsicherungen),
– das System der Niederspannungshochleistungs-(NH-)Sicherungen (mit messerförmigen Kontaktstücken).

Das D- bzw. das DO-System ist wegen der Unverwechselbarkeit des Sicherungseinsatzes hinsichtlich des Nennstromes und durch den Berührungsschutz (Schutz gegen direktes Berühren) auch durch Laien bedienbar. Dieses System kann daher sowohl in Hausinstallationen wie auch in industriellen Bereichen uneingeschränkt eingesetzt werden.

Das DO-System ist die schmalere Variante des D-Systems, das heißt ein System mit geringerem Platzbedarf. Beide Systeme bestehen aus Sicherungssockel, Sicherungseinsatz, Schraubkappe, Paßeinsatz und dem bereits erwähnten Berührungsschutz, meist einem besonderen Ring. D-Sicherungssystem siehe Bild 530-1.

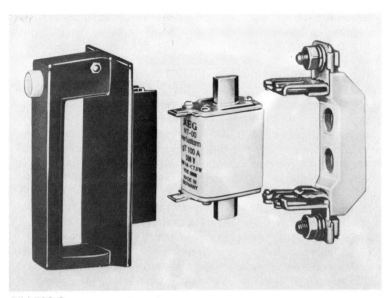

Bild 530-2
NH-Sicherungseinsatz Typ NT, Größe 0
Zeit-Strombereich gL/gT 160 A
mit einpoligem Sicherungsunterteil und Sicherungsaufsteckgriff
Foto: AEG-Telefunken

einpolige Leitungs-
schutzschalter ELFA
E81 L 6 ... 50 A

zweipolige Leitungs-
schutzschalter ELFA
E82 L 6 ... 50 A

dreipolige Leitungs-
schutzschalter ELFA
E 83 L 6 ... 50 A

Bild 530-3
Leitungsschutzschalter

– nach DIN 57 641/VDE 0641/6.78,
   Abschnitte 7.1 und 7.2:
   – Nennschaltvermögen ... 6000 A
   – Strombegrenzungsklasse ... 3
      (vorläufig nur für Schalter bis $I_N \leq$ 25 A)
      (früher Selektivtätsklasse)

Foto: AEG-Telefunken

Beim NH-Sicherungssystem ist keine Unverwechselbarkeit bezüglich des Nennstromes gegeben und kein Schutz gegen Berühren spannungsführender Teile gefordert. Daher darf das NH-System nur von Fachleuten angewendet werden; es ist auf den industriellen und gewerblichen Bereich sowie auf Anlagen der Elektrizitätsversorgung beschränkt. Es sei hier auch auf die Festlegungen in DIN 57 106 Teil 100/VDE 0106 Teil 100/3.83, verwiesen (Anordnung von Betätigungselementen in der Nähe berührungsgefährlicher Teile).

Das NH-Sicherungssystem besteht aus einem festen Unterteil, einem auswechselbaren Sicherungseinsatz mit messerförmigen Kontaktstücken und einem Bedienungselement (Werkzeug) zum Auswechseln des Sicherungseinsatzes. Siehe hierzu auch den anschließenden Abschnitt 3.1.1 „Anwendung des NH-Sicherungsaufsteckgriffes".

NH-Sicherungen können zusätzlich mit Schaltzustandsgeber und Auslösevorrichtung ausgestattet sein. NH-Sicherungssystem siehe Bild 530-2.

An dieser Stelle sei auch gesagt, daß es in vielen Ländern – nicht in Deutschland! – noch üblich ist, „open-wire-fuses" zu verwenden. Dort werden Schmelzleiter am laufenden Meter gekauft, die dann abgeschnitten als Verbindung zwischen den Kontaktblöcken des Sicherungsunterteiles dienen. Bei solchen Sicherungen ist natürlich, selbst wenn der hierfür bestimmte Schmelzleiter richtig ausgewählt ist, das Schaltvermögen sehr gering und die Brandgefahr sehr groß. In den IEE-Wiring Regulations (1981) wird die Anwendung der „semienclosed fuses" in Abschnitt 533-4 geregelt.

3.1.1 Anwendung von NH-Sicherungsaufsteckgriffen

NH-Sicherungsaufsteckgriffe gelten als Geräte zum Arbeiten an unter Spannung stehenden Teilen. Sie sind geeignet, neben Sicherungseinsätzen auch andere Vorrichtungen, die anstelle der Sicherungseinsätze in NH-Sicherungsunterteilen verwendet werden, wie Einsätze von Erdungs- und Kurzschließvorrichtungen, Blindsicherungselemente zur Sicherung gegen Wiedereinschalten oder Abdeckungen, einzusetzen und herauszunehmen.

Die NH-Sicherungsaufsteckgriffe müssen die Sicherungseinsätze und anderen Hilfsmittel zuverlässig halten, Überbrückungen weitestgehend ausschließen und ausreichend isolieren. Deshalb sind besondere Anforderungen an sie zu stellen. Besondere Gefährdung von Augen und Händen durch die Einwirkung von Lichtbögen. Hinweis: besonderer Schutz z. B. durch NH-Sicherungsaufsteckgriffe mit Stulpen.

Gemäß DIN 57 105 Teil 1/VDE 0105 Teil 1 Abschnitt 9.3 c) gilt das Auswechseln von NH-Sicherungseinsätzen als Arbeiten an unter Spannung stehenden Teilen. Ein solches Auswechseln ist nur erlaubt, wenn geeignete Hilfsmittel zur Verfügung stehen und benutzt werden. Aus diesem Grund wurde im Rahmen der VDE-Bestimmung „Körperschutzmittel, Schutzvorrichtungen und Geräte zum Arbeiten an unter Spannung stehenden Betriebsmitteln bis 1000 V",

DIN 57 680/VDE 0680 der Teil 4, NH-Sicherungsaufsteckgriffe, herausgegeben.
Hierin sind alle Gesichtspunkte berücksichtigt, die bei Geräten zum Arbeiten an
unter Spannung stehenden Betriebsmitteln bis 1000 V erfüllt sein müssen.
Es war in der Vergangenheit eine in der Praxis verbreitete Gewohnheit, Auf-
steckgriffe in Anlagen dauernd auf den Laschen der Sicherungseinsätze stecken
zu lassen, um sie im Bedarfsfalle zur Hand zu haben. Prüfungen haben ergeben,
daß die in NH-Sicherungsaufsteckgriffen zum Teil verwendeten Isolierstoffe die
in der Praxis nach einer Überlastung auftretenden Temperaturen nicht immer
aushalten. Deswegen ist in der Gebrauchsanleitung für NH-Sicherungsaufsteckgriffe angegeben, daß es nicht statthaft ist, NH-Sicherungsaufsteckgriffe
auf den Grifflaschen in Betrieb befindlicher Anlagen zu belassen. Die NH-Sicherungsaufsteckgriffe sind nicht ein Teil des NH-Sicherungssystems. Sie sind wie
isolierte Werkzeuge getrennt von anderen Werkzeugen aufzubewahren.

3.2 Funktionsmerkmale von Schmelzsicherungen

Die Funktionsmerkmale von Niederspannungssicherungen werden durch ihr
Zeit- und Stromverhalten bestimmt; dies wird durch die Zeit- und Stromkenn-
linie ausgewiesen, sowie durch die Fähigkeit, Ströme über den gesamten Bereich oder nur über einen Teilbereich ihrer Zeit-/Strom-Kennlinie auszuschalten.

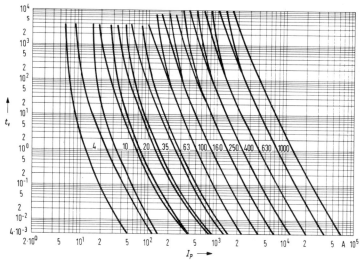

Bild 530-4 Zeit/Strom-Bereiche für Leitungsschutz-Sicherungen nach DIN 57 636
Teil 1/VDE 0636 Teil 1/8.76.
I_p unbeeinflußter (prospektiver) Kurzschlußstrom
t_v virtuelle Zeit. Eine Zeitspanne, die man erhält, wenn man einen I^2t-Wert durch das
Quadrat des unbeeinflußten (prospektiven) Stromes dividiert.

Die Zeit- und Stromkennlinien zeigen das zeitliche Verhalten von Sicherungseinsätzen in Abhängigkeit vom Ausschaltstrom, der die Sicherung zum Schmelzen und Ausschalten bringt (**Bild 530-4**).
Folgende Funktionsklassen und Betriebsklassen von Niederspannungssicherungen werden unterschieden:

3.2.1 Funktionsklassen der Schmelzsicherungen
Die Funktionsklassen legen fest, welchen Strombereich der Sicherungseinsatz
ausschalten kann.

Funktionsklasse g: Ganzbereichssicherungen
(generall purpose fuses) –. Sicherungseinsätze, die Ströme
bis wenigstens zu ihrem Nennstrom dauernd führen und
Ströme vom kleinsten Schmelzstrom bis zum Nennausschaltstrom ausschalten können.

Funktionsklasse a: Teilbereichssicherungen
(accompanied fuses oder back up fuses) –. Sicherungseinsätze, die Ströme bis wenigstens zu ihrem Nennstrom dauernd führen und Ströme oberhalb eines bestimmten Vielfaches ihres Nennstromes bis zum Nennausschaltstrom ausschalten können.

3.2.2 Betriebsklassen der Schmelzsicherungen
Die Betriebsklassen sind durch zwei Buchstaben gekennzeichnet, von denen
der erste die Funktionsklasse, der zweite das zu schützende Objekt kennzeich-
net.
Folgende **Schutzobjekte** sind festgelegt:
L: Kabel- und Leitungsschutz
M: Schaltgeräteschutz
R: Halbleiterschutz
B: Bergbau-Anlagenschutz

Hieraus ergeben sich folgende **Betriebsklassen:**
gL: Ganzbereichs-Kabel- und Leitungsschutz
aM: Teilbereichs-Schaltgeräteschutz
aR: Teilbereichs-Halbleiterschutz
gR: Ganzbereichs-Halbleiterschutz
gB: Ganzbereichs-Bergbauanlagenschutz.

So hat man eine sehr variable Anwendung von Schmelzsicherungen in der Ener-
gieversorgung (EVU) und in industriellen und gewerblichen Anlagen, die von
Fachleuten betreut werden.

Ein Vorteil der Schmelzsicherungen liegt in dem relativ hohen Ausschaltvermögen und der erreichbaren Selektivität; sie sind auch als Vorsicherungen für andere Überstromschutzorgane, z. B. Leitungsschutzschalter oder Leistungsschalter, geeignet.

Kleiner und großer Prüfstrom von Schmelzsicherungen der Betriebsklassen gL und gB siehe Tabelle 430-F dieser Erläuterungen.

3.3 Einsatz von Überstromschutzorganen

Leitungsschutzschalter haben im allgemeinen einen wesentlichen geringeren Platzbedarf als Schmelzsicherungen (Ausnahme: Schraubsicherung Typ D0). Anstelle von einer Schraubsicherung des Typs D kann man bis zu zwei Leitungsschutzschalter in eine Verteilungstafel einbauen. Dies reduziert die Größe und den Platzbedarf für Verteilungstafeln und Schaltanlagen von Gebäudeinstallationen erheblich.

Abhängig vom Gleichzeitigkeitsfaktor der zu versorgenden Stromkreise wird die zu projektierende Belegungsdichte von Schalttafeln mit Überstromschutzorganen durch deren Wärmeentwicklung und die der angeschlossenen Leitungen begrenzt.

Die unkompensierten Bimetallauslöser z. B. von Leitungsschutzschaltern würden gegebenenfalls schon bei Nennbetrieb auslösen und damit eine zu starke Erwärmung der Schalttafeln weitgehend verhindern.

Anmerkung: Bei „kompensierten" Bimetallauslösern wird das stromdurchflossene Bimetall durch ein „Gegenbimetall" ständig an die Umgebungstemperatur angepaßt.

In solchen Fällen empfiehlt es sich, bei der Projektierung die Stromkreise nicht bis zur zulässigen Leitungsbelastung bzw. nicht bis zum Nennstrom der zugeordneten Überstromschutzorgane auszulasten.

Ein weiteres Kriterium für die Dichte der Belegung und auch für die Baugröße von Leitungsschutzschaltern sind die Anschlußklemmen und der zugehörige Anschlußraum für Zuleitungen und Ableitungen. Bedingt durch die anzuschließenden Leitungsquerschnitte ist für die Anschlüsse ein Mindestplatzbedarf erforderlich. Diese Gesichtspunkte sind in DIN 43 880 „Installationseinbaugeräte, Hüllmaße und zugehörige Einbaumaße" berücksichtigt.

Bei Schmelzsicherungen gibt es das Problem des Anschlußraumes nur in geringem Maße, da diese recht groß sind, verglichen mit dem Platzbedarf für die Anschlußklemmen.

Andererseits müssen NH-Sicherungen in Abständen voneinander montiert werden, um Berührungsgefahren beim Auswechseln oder Überschläge im Betrieb zu vermeiden. Durch isolierende Trennwände können diese Abstände verringert werden.

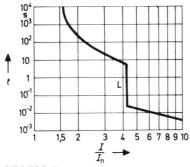

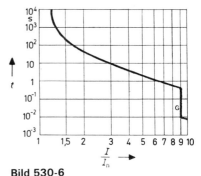

Bild 530-5

Mittlere Auslösekennlinie von Leitungs-
schutz-Schaltern ELFA mit L-Charakteristik

Foto: AEG-TELEFUNKEN

Bild 530-6

Mittlere Auslösekennlinie von Leitungs-
schutz-Schaltern ELFA mit G-Charakteristik

Foto: AEG-TELEFUNKEN

3.4 Charakteristik der Leitungsschutzschalter

Nach den Bestimmungen in DIN 57 641/VDE 0641/6.78, Abschnitt 6 d), gibt
es nur noch Leitungsschutzschalter mit der Auslösecharakteristik Typ L
(Bild 530-5). Aufgrund dieser Situation wurde VDE 0100/5.73, § 41 c) 2.2 geändert. In der DIN 57 100 Teil 430/VDE 0100 Teil 430/6.81 lautet der entsprechende Absatz 10.1.2 jetzt wie folgt: „Beleuchtungsstromkreise in Hausinstallationen dürfen nur mit Überstromschutzorganen bis 16 A gesichert werden". Damit ist die frühere Sonderstellung von LS-Schaltern mit H-Charakteristik entfallen. Bis 1977: L-Charakteristik maximal 10 A oder H-Charakteristik
maximal 16 A; die H-Charakteristik ist in den Bestimmungen VDE 0641/6.78
nicht mehr aufgeführt.

Es sei vermerkt, daß weiterhin Leitungsschutzschalter der G-Charakteristik
(Kennlinie siehe **Bild 530-6**) nach der internationalen CEE-Publikation
19/1959 hergestellt werden. Sie werden als Überlast- und Kurzschlußschutz
von Geräten (z. B. Kleinmotoren) angewendet und dienen gleichzeitig dem Leitungsschutz. Durch die hohe magnetische Ansprechgrenze werden die Anlauf-
ströme von Motoren und die Einschaltströme von Transformatoren so aufgefan-
gen, daß es zu keinen ungewünschten Auslösungen kommt. Eine VDE-Bestimmung für den LS-Schalter, Typ G, gibt es nicht, daher ist eine Anwendung in
VDE 0100 nicht vorgesehen. VDE 0100 ist jedoch, wenn G-Automaten in Abstimmung mit gegebenenfalls zuständigen Abnahmeinstanzen in Installations-
anlagen eingesetzt werden, sinngemäß zu beachten. Siehe hierzu auch die VDE-
Druckschrift VDE 0022/6.77 „Vorschriftenwerk des Verbandes Deutscher
Elektrotechnik (VDE) e.V.", insbesondere Abschnitt 2.3.4. Dort heißt es, daß von
bestimmten Anforderungen in den VDE-Bestimmungen abgewichen werden

kann, wenn dabei mindestens die gleiche Sicherheit gewahrt bleibt (siehe VDE 0050/1.38 „Energiewirtschaftsgesetz und VDE-Bestimmungen").

Die hohe magnetische Ansprechgrenze der G-Automaten erforderte nach der alten Regelung bei Einbeziehung in Schutzmaßnahmen einen auf 10 erhöhten k-Faktor (für L-Automaten 3,5 nach Tabelle 9-1, VDE 0100/5.73). Unproblematisch ist die hohe magnetische Ansprechgrenze, wenn z. B. eine Fehlerstrom-Schutzeinrichtung den Schutz gegen gefährliche Körperströme bei indirektem Berühren übernimmt.

Anmerkung:
In der neuen DIN 57 100/VDE 0100 entfallen diese k-Faktoren, sie werden durch entsprechende Abschaltzeiten ersetzt; siehe Erläuterungen zu Teil 410, Abschnitt 6.1.

Um über den möglichen Leitungsschutz bei Kurzschlußbeanspruchung und über die Selektivität zur vorgeschalteten Schmelzsicherung eine Aussage zu ermöglichen, werden die Leitungsschutzschalter entsprechend dem Grad ihrer Strombegrenzung in Klassen, d. h. in „Strombegrenzungsklassen", eingeteilt. Früher verwendete man hierfür den Ausdruck „Selektivitätsklasse". Außerdem unterscheidet man die LS-Schalter nach ihrem Nennschaltvermögen (Kurzschluß-schaltvermögen).

Nennschaltvermögen und Strombegrenzungsklasse müssen auf dem LS-Schalter angegeben werden (siehe Bild 530-3). Kleiner und großer Prüfstrom von Leitungsschutzschaltern: siehe Tabelle 430-E dieser Erläuterungen, bzw. DIN 57 641/VDE 0641/6.78.

3.5 Leitungsschutzschalter und Sicherungen bei Wechselstrom und Gleichstrom

Leitungsschutzschalter in Einbauform werden im allgemeinen nur für Wechselstrom hergestellt. Schmelzsicherungen können in der Regel für Gleich- und Wechselstrom angewendet werden. Es gibt schraubbare Leitungsschutzschalter (Schraubautomaten), und auch Einbauleitungsschutzschalter, die für Gleich- und Wechselstrom geeignet sind.

4 Geräte zum Schutz gegen Überspannung

Dieser Abschnitt bleibt zur Zeit frei.

5 Geräte zum Schutz gegen Unterspannung

VDE: –
IEC: Abschnitt 535, zur Zeit Entwurf 64(Secretariat)348
Folgende Geräte können zum Schutz gegen Unterspannung angewendet werden:

– Unterspannungsrelais,
  die einen Steuerschalter oder einen Leistungsschalter betätigen
– Schütze.

6 Koordination von Schutzorganen

6.1 Selektivität der Schutzorgane für den Überlast- und Kurzschlußschutz

VDE: –
IEC: Abschnitt 536.1 (noch nicht bearbeitet)

6.1.1 Allgemeines

Selektivität der Schutzeinrichtungen bedeutet, daß bei einem Fehler nur die Schutzeinrichtung unmittelbar vor der Fehlerstelle anspricht.

Bei **Überlaststrom** ist die Frage der Selektivität leicht lösbar, wenn zwei aufeinanderfolgende Schutzeinrichtungen abnehmende Nennwerte (Staffelung der Ansprechströme) haben. Außerdem ist die Auslösecharakteristik dieser Schutzeinrichtungen zu beachten.

Bei einem **Kurzschluß** jedoch durchfließt der Strom die in Reihe geschalteten Schutzeinrichtungen, und sein Wert muß ausreichend sein, um das Ansprechen des Gerätes mit dem jeweils kleinsten Ansprechstrom als erstabschaltende Schutzeinrichtung zu gewährleisten.

6.1.2 Selektivität zwischen Leitungsschutzschaltern und Schmelzsicherungen

Wie bereits in Abschnitt 3.1 gesagt, haben Leitungsschutzschalter den Vorteil, daß die damit abgesicherten Stromkreise nach Beseitigung von Störungen sofort wieder in Betrieb genommen werden können. Dieser Vorzug wird illusorisch, wenn beim Abschalten von Kurzschlußströmen die nach VDE 0100/5.73, § 31 a) 3.2, vorzuschaltende Schmelzsicherung mit anspricht. In Wohnbauten ist davon gewöhnlich die im plombierten Hausanschlußkasten befindliche Hausanschlußsicherung betroffen. Dann fällt die ganze Anlage mit zahlreichen gesunden Stromkreisen aus, bis der Störungsdienst die Sicherung ersetzt hat. Die nach VDE 0100/5.73, § 31, dem Leitungsschutzschalter vorzuordnende Schmelzsicherung soll den LS-Schalter gegen Beschädigung durch Kurzschlußströme schützen, die höher sind als sein Schaltvermögen. Diese Vorsicherung darf höchstens 100 A Nennstrom haben.

Leitungsschutzschalter sollen aus den genannten Gründen selektiv zu den gebräuchlichen Vorsicherungen arbeiten, d. h., sie sollen in dem in Betracht kommenden Strombereich alle Störungen allein abschalten können, ohne daß die Vorsicherung mit anspricht. Leitungsschutzschalter und Vorsicherung werden vom gleichen Kurzschlußstrom durchflossen.

Der LS-Schalter arbeitet selektiv, wenn seine Ausschaltzeit kleiner ist als die Schmelzzeit der Vorsicherung. Aus physikalischen Gründen lassen sich beim Leitungsschutzschalter die zum Öffnen der Kontakte und die zur Ausbildung und Löschung des Schaltlichtbogens benötigte Zeitspanne zu größeren Strömen nicht annähernd so stark verkürzen, wie die Schmelzzeiten von Sicherungen. Daher gibt es für jede Reihenschaltung von Leitungsschutzschalter und Vorsicherung grundsätzlich einen gewissen Grenzwert des Kurzschlußstromes, die

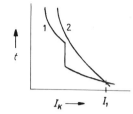

Bild 530-7
Selektivität von LS-Schaltern zu vorgeschalteten Schmelzeinsätzen
1 Gesamtausschaltzeit eines LS-Schalters
2 Schmelzzeit einer Sicherung höherer Nennstromstärke
I_1 Selektivitätsgrenze

Selektivitätsgrenze, bei deren Überschreitung die Sicherung anspricht, bevor der LS-Schalter die Unterbrechung des Stromes vollenden kann **(Bild 530-7)**. Die von den Herstellern der Leitungsschutzschalter für die Vorsicherung ange-gebenen Mindestgrößen **(Tabelle 530-A)** schließen also ein Ansprechen der Vorsicherung nicht völlig aus, sofern in der betreffenden Anlage hohe Kurz-schlußströme zu erwarten sind. Gegebenenfalls empfiehlt es sich, eine größere Vorsicherung vorzusehen, um die Selektivitätsgrenze über den Bereich der zu erwartenden Kurzschlußströme zu legen.

6.1.3 Selektivität zwischen zwei Schmelzsicherungen

Selektivität zwischen zwei Schmelzsicherungen nach DIN 57 636 Teil 1/ VDE 0636 Teil 1 ist gegeben, wenn der Nennstrom der vorgeschalteten Schmelzsicherung mindestens das 1,6fache des Nennstromes der nachge-schalteten Sicherung beträgt. Das gilt bei Leitungsschutzsicherungen für Nenn-ströme $\geq$ 16 A. Eventuelle Abweichungen siehe Einzelbestimmungen. Bei Schmelzsicherungen nach internationalen Normen (IEC) sind Stufungen vom 2- oder 2,5fachen Nennstrom erforderlich, um Selektivität zu erzielen.

Tabelle 530-A. Vorsicherungen für Leitungsschutzschalter mit L-Charakteristik

Nennstrom	A	6	10	16	20	25	32	35
Kenngröße[1])		9	15	22	28	35	42	46
Minimale Vorsicherung[3])	A	16	20	25	35	50	50	50
Maximale Vorsicherung[2])[3])	A	100	100	100	100	100	100	100
Kleiner Prüfstrom	A	9	15	22,4	28	35	41,5	45,5
Großer Prüfstrom	A	11,4	19	28	35	43,75	51,2	56

[1] Die Kenngröße (gerundeter Betrag des kleinen Prüfstromes) kann bei LS-Schaltern mit L-Charakteristik auf dem Typenschild angegeben werden.
[2] Gemäß VDE 0100 § 31a) 3.2.1
[3] Sicherungen nach VDE 0636/8.76

6.1.4 *Grundsatz für die Selektivität gegenüber vorgeschalteten Schmelz-sicherungen*

Für die Selektivität sowohl eines Leitungsschutzschalters (mit magnetischem Auslöser) wie auch einer Schmelzsicherung in bezug auf die **vorgeschaltete** Schmelzsicherung gilt:

Selektivität zwischen zwei Überstromschutzorganen besteht bis zu dem pro-spektiven Kurzschlußstrom (Selektivitätsgrenze), bis zu dem der Durchlaß-I^2-t-Wert (I^2t-Wert = Stromwärmewert) des Leitungsschutzschalters bzw. der Schmelz-I^2t-Wert einer an seiner Stelle verwendeten Schmelzsicherung kleiner ist als der Schmelz-I^2t-Wert der Vorsicherung.

6.1.5 *Selektivität zwischen zwei Leitungsschutzschaltern – bzw. zwischen zwei Leistungsschaltern*

Wie in Abschnitt 3.1 (Teil 530 dieser Erläuterungen) bereits gesagt, werden in elektrischen Anlagen für Gebäude als Hauptsicherung bzw. für die Absicherung der Verteilungsstromkreise wegen der Selektivität Schmelzsicherungen ange-wendet. Aus Gründen des besseren Personenschutzes und der Betriebssicher-heit werden an diesen Stellen neuerdings auch mechanische Schutzorgane (Lei-tungsschutzschalter oder Leistungsschalter) eingesetzt.

Dabei ist die Selektivität zwischen den Leitungsschutzschaltern der Endstrom-kreise und den entsprechenden vorgeschalteten Schutzschaltern allgemein noch nicht so gut gelöst wie mit vorgeschalteten Schmelzsicherungen. Gleiches gilt für Verteilungen mit Motorstromkreisen. Verschiedene Hersteller von me-chanischen Schutzorganen bieten bereits spezifische Lösungen an. Wegen der firmenspezifischen Lösungen sollen Einzelheiten hier noch nicht behandelt wer-den. Im Abschnitt 8, Schrifttum zum Teil 530, wird auf entsprechende Veröf-fentlichungen in Fachzeitschriften verwiesen. Vergleiche Grundsatzdarstellung der Strom-/Zeit-Kennlinien von zwei LS-Schaltern in **Bild 530-8**.

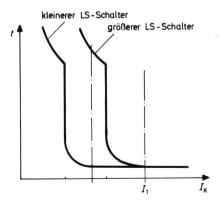

Bild 530-8 Selektivität zwischen zwei LS-Schaltern, Grundsatzdarstellung der Strom-/Zeit-Kennlinien. I_1 Selektivitätsgrenze.

6.2 Zusammenfassung von Fehlerstromschutzschaltern mit Schutzorganen zum Überlast- und Kurzschlußschutz

Es wird zur Zeit auf den Inhalt des Abschnittes 536.2 des Entwurfs (rosa) DIN-IEC 64(CO)107/VDE 0100 Teil 530/...82 verwiesen.

7 Geräte zum Trennen und Schalten

Es wird zur Zeit auf den Inhalt des Entwurfs (rosa) DIN IEC 64(CO)81/ VDE 0100 Teil 537/...80, Entwurf 1, verwiesen. –
Bei IEC gilt die Publikation 364-5-537 (1981).

8 Schrifttum zum Teil 530

Auswahl und Errichtung der Schutzorgane:

- *Krefter, K.-H.:* Neue Bestimmungen für Niederspannungs-Hochleistungssicherungen. DIN 57 636/VDE 0636 Teil 1 und Teil 21. Elektrizitätswirtschaft, Bd. 82 (1983), Heft 8, Seite 274 bis 276.
- *Spindler, J.:* Sicherungsfreie Verteilungen mit strombegrenzenden Leistungsschaltern. etz-b, Band 27 (1975), Heft 20/21, Seite 552 bis 553.
- *Spindler, J.:* Sicherungsfreie Niederspannungsverteilungen mit strombegrenzenden Leistungsschaltern. Technische Mitteilungen, AEG-Telefunken, 68 (1978), Heft 6/7, Seite 295 bis 298.
- *Spindler, J.:* Leistungsschalter oder Schmelzsicherungen? Elektro-Anzeiger, Verlag W. Giradet, Essen, (1979) Nr. 21.
- *Petterson, P.-O. und Spindler, J.:* Schmelzsicherungsfreie Niederspannungsverteilung. Elektro-Anzeiger, Verlag W. Giradet, Essen, (1979) Nr. 6.
- Verband der Sachversicherer:
  30 Jahre Fehlerstrom-Schutzschalter. Sonderheft, de, München oder VdS, Köln, 1982.
- *Kussy, F.:* Amerikanische Vorschriften und Richtlinien im Niederspannungsschaltgerätebau. etz, Bd. 103 (1982), Heft 1, Seite 1097 bis 1100.
- *Theml, H.:* Anordnung von Betätigungselementen in der Nähe berührungsgefährlicher Teile. etz, Bd. 104 (1983), Heft 1, Seite 20 bis 25.

Selektivität von Schutzorganen:

- *Greefe, K. und Runtsch, E.:* Stotz-Hauptsicherungsautomat für die Niederspannungsgebäudeinstallation. BBC-Nachrichten (1981), Heft 5/6, Seite 207 bis 214.

– *Jenkins, B. D.:* Commentary on the 15th Edition of the IEE-Wiring Regulations, (siehe Schrifttum zur „Allgemeinen Einführung",) Abschnitt 10.2, Discrimination, Seite 129 ff.
– VDE-Schriftenreihe, Band 32, 2. Auflage 1981, *Haufe, H.; Oehms, K.-J.; Vogt, D.:* Bemessung und Schutz von Leitungen und Kabeln nach DIN 57 100/VDE 0100 Teil 430 und Teil 523, – insbesondere Seite 89 ff.

Alterung von Schmelzsicherungen:

Bors, S.; Chen, R.: Beitrag zur Frage der Alterung von Schmelzsicherungen E und M (Wien), Heft 6 (1962), S. 131–135.
– *Behse, G.:* Einfluß von Schmelzleiter und Lotwerkstoff auf das Verhalten von Sicherungsschmelzleitern im Überlastbereich. etz, Bd. 100 (1979), H. 26, S. 1516–1518.
– *Behse, G.:* Über das Zeit/Strom-Verhalten von gealterten Sicherungsschmelzleitern mit Lotauftrag. etz-Archiv Bd. 3, (1981), H. 8, S. 269–272.
Möllenhoff, K.: Kennlinienbeständigkeit von NH-Sicherungen. etz-b, Bd. 29 (1977), H. 11, S. 361–362.

Teil 540 Erdung, Schutzleiter, Potentialausgleichsleiter (auch PEN-Leiter)

Zusammenstellung von zuzuordnenden nationalen und internationalen Bestimmungen und Normen, Stand Februar 1983

1. DIN 57 100 Teil 540/VDE 0100 Teil 540/...83
   Errichten von Starkstromanlagen mit Nennspannung bis 1000 V; Auswahl und Errichtung elektrischer Betriebsmittel; Erdung, Schutzleiter, Potentialausgleichsleiter.
   Die Norm wird zur Zeit zum Druck vorbereitet.
2. DIN 57 141/VDE 0141/7.76
   VDE-Bestimmung für Erdungen in Wechselstromanlagen für Nennspannungen über 1 kV.
3. DIN 57 150/VDE 0150/04.83
   Schutz gegen Korrosion durch Streuströme aus Gleichstromanlagen.
4. DIN 57 165/VDE 0165/6.80
   Errichten elektrischer Anlagen in explosionsgefährdeten Bereichen, mit der Änderung A1 von 12.80.
5. DIN 57 185 Teil 1/VDE 0185 Teil 1/11.82
   DIN 57 185 Teil 2/VDE 0185 Teil 2/11.82
   Blitzschutzanlage
   – Allgemeines für das Errichten (Teil 1)
   – Errichten besonderer Anlagen (Teil 2)
6. VDE 0190/5.73
   Bestimmungen für das Einbeziehen von Rohrleitungen in Schutzmaßnahmen von Starkstromanlagen mit Nennspannungen bis 1000 V.
7. DIN 57 800 Teil 2/VDE 0800 Teil 2/7.80
   Fernmeldetechnik; Erdung und Potentialausgleich.
8. Richtlinien für das Einbetten von Fundamenterdern in Gebäudefundamente (1975). Herausgegeben von der Vereinigung deutscher Elektrizitätswerke e.V. (VdEW) 6000 Frankfurt 70, Stresemannallee 23.
9. IEC-Publikation 364-5-54 (erste Ausgabe) 1980
   Elektrische Anlagen von Gebäuden; Auswahl und Errichtung elektrischer Betriebsmittel; Erdung und Schutzleiter.
10. CENELEC-Harmonisierungsdokument: 384.5.54, zur Zeit in Vorbereitung. Titel wie IEC-Publikation 364-5-54.
11. Großbritannien: IEE Wiring Regulation, 15th Edition 1981, Chapter 54, Earthing Arrangements and Protective Conductors.
12. Frankreich: Norm NF C 15-100 (1982) Chapitre 54. Prise de Terre, Conducteurs de Protection.

13. USA: National Electrical Code, 1981
    Article 250, Grounding. (Bestimmungen nicht an IEC angepaßt)
14. Österreich:
    a) ÖVE-B 5/1969 Maßnahmen zum Schutze von Rohrleitungen und Kabeln gegen Korrosion durch Streuströme aus Gleichstromanlagen
    b) ÖVE-E 49/1973+ÖVE-E49 a/1976 (eingearbeitet) Blitzschutzanlagen
    c) ÖVE-E 90/1972 Rohrleitungen als Erder und ihre Einbeziehung in Schutzmaßnahmen von elektrischen Anlagen mit Nennspannungen bis 1000 V
    d) ÖVE-E 90 a/1979 Nachtrag a zu den Vorschriften über Rohrleitungen als Erder und ihre Einbeziehung in Schutzmaßnahmen von elektrischen Anlagen mit Nennspannungen bis 1000 V, ÖVE-E 90/1972
    e) ÖVE-EH 40, Teil 1/1979 Werkstoffe und Querschnitte von Erdern bezüglich der Korrosion. Teil 1: Feuerverzinkter Band- und Rundstahl für Erder
    f) ÖVE-EH 41/1975 Erdungen in Wechselstromanlagen mit Nennspannungen über 1 kV
    g) ÖVE-EH 41 a/1980 Nachtrag a zu den Vorschriften über Erdungen in Wechselstromanlagen mit Nennspannungen über 1 kV
    h) ÖNORM 2790 (1975) Elektroinstallationen, Erdungsanlagen, Fundamenterder.
15. DDR: TGL 200-0602/03/09.82 Schutzmaßnahmen in elektrotechnischen Anlagen; Schutz beim Berühren betriebsmäßig nicht unter Spannung stehender Teile; Abschnitt 3.2: Schutzleiter. Abschnitt 11: Potentialausgleich.

1 Allgemeines

1.1 Entstehung des Teiles 540

Die meisten Sachinhalte von VDE 0100 Teil 540 sind der deutschen Öffentlichkeit bereits 1978 als VDE 0100 Teil 101/...78 (IEC 64) zur Stellungnahme vorgelegt worden. Der deutsche Entwurf beruhte auf dem IEC-Entwurf 64 (Central Office) 68 vom November 1977, der seit 1972 unter starker deutscher Beteiligung entstanden war. Als wesentliche Vorlage diente damals der Entwurf zu VDE 0141/7.76.
Soweit durchsetzbar sind die zu dem IEC-Entwurf eingegangenen nationalen – auch deutschen – Einsprüche bei den nachfolgenden internationalen Beratungen berücksichtigt worden. Die Beratungen führten schließlich zur IEC-Publikation 364-5-54. Aus dieser IEC-Publikation wurde der CENELEC-Entwurf 64A

(Secretariat) 1082 erarbeitet. Auch hierzu wurden eine Reihe von deutschen Änderungsanträgen eingebracht. Im September 1980 wurde der Entwurf zum CENELEC-Harmonisierungsdokument (HD) 384.5.54 verabschiedet. Zur gleichen Zeit entstand der Entwurf DIN 57 100 Teil 540/VDE 0100 Teil 540 vom Januar 1982 auf der Grundlage der IEC-Publikation 364-5-54 (1980). In die Neufassung von VDE 0100 Teil 540 mußten neben den Bestimmungen aus dem Harmonisierungsdokument auch noch Teile aus der VDE 0100/5.73 übernommen werden, um die Geschlossenheit und Verständlichkeit der Bestimmungen zu erhalten.

Die Norm/VDE-Bestimmung zum Teil 540 wird zur Zeit (April 1983) zum Druck vorbereitet.

In diesen Erläuterungen sollen auch Erkenntnisse behandelt werden, die beim Zusammentragen des Stoffes für die IEC-Publikation von verschiedenen Ländern zur Verfügung gestellt wurden. Dies sind insbesondere Unterlagen aus Österreich, der Schweiz und den USA sowie aus England und Frankreich. Aus Deutschland wurde der IEC als Basisdokument neben der VDE 0100/5.73 auch die VDE 0141/7.76, Bestimmungen für Erdungen in Wechselstromanlagen für Nennspannungen über 1 kV, und der vorausgegangene Entwurf vorgelegt, da in dieser Bestimmung eine Reihe von Aussagen auch sinnvoll für Niederspannungsanlagen anzuwenden sind.

Der Verweis auf die jeweiligen Abschnitte der IEC-Publikation 364-5-54 erleichtert das Auffinden der Ursprungstexte, aber auch das Auffinden der entsprechenden Festlegungen im Harmonisierungsdokument von CENELEC, in den englischen „Wiring Regulations" und in der französischen Norm C15-100, die, wie bereits gesagt, ebenso wie die neue VDE 0100 nach dem IEC-Schema gegliedert sind.

1.2 Ablösung von Paragraphen aus VDE 0100/5.73

Von DIN 57 100 Teil 540/VDE 0100 Teil 540, sind insbesondere folgende Paragraphen von VDE 0100/5.73 betroffen:

§ 6 b) 2, Schutzleiter
§ 9 b)4, Tabelle 9-2, Mindestquerschnitte für Schutzleiter
§ 20, Allgemeine Bestimmungen für Erder und Erdungen
§ 21, Anordnung und Ausführung von Erdern und Ausführung von Erdungsleitungen

Ferner sind auch einige Paragraphen aus VDE 0190/5.73 betroffen, z.B. § 3, § 4, § 5.

Die Bilder und Tabellen aus § 20 von VDE 0100/5.73 wurden nicht übernommen, da sie keine sicherheitsrelevanten Festlegungen enthalten und durch neuere Angaben in DIN 57 141/VDE 0141/7.76, „Bestimmungen für Erdungen in Wechselstromanlagen über 1 kV", ersetzt sind.

2 Begriffe

VDE: DIN 57 100 Teil 200/VDE 0100 Teil 200/04.82
IEC: IEV, Kapitel 826

In diesem Abschnitt der Erläuterungen werden die wichtigsten Begriffe und die zugehörigen Begriffsbestimmungen zum Thema Erdung usw. aus dem zuständigen IEC-Schriftstück (zur Zeit 1 (IEV 826) (Central Office) 1153, Entwurf vom Januar 1981, und aus VDE 0100 Teil 200A1/04.82 gegenübergestellt. Beide Texte sind zum Verständnis des Teiles 540 erforderlich. Die Begriffsbestimmungen in DIN 57 100 Teil 200/VDE 0100 Teil 200/04.82 wurden aus VDE 0100/5.73 übernommen und teilweise überarbeitet, d.h. den Festlegungen in anderen VDE-Bestimmungen, z.B. DIN 57 141/VDE 0141, bzw. den internationalen Tendenzen angepaßt. Die Texte aus IEC werden später auch von VDE 0100 berücksichtigt werden.
Neben den deutschen Begriffen werden in diesen Erläuterungen die von IEC festgelegten englischen und französischen Begriffe genannt; die Texte der englischen und französischen Begriffsbestimmungen können dem oben genannten IEC-Schriftstück entnommen werden. Dem IEC-Text ist die laufende Nummer (Abschnitts-Nr.) aus dem IEC-Wörterbuch (IEV), Kapitel 826, zugeordnet.
Anmerkung: Die entsprechende IEC-Publikation 50 (826) ist Ende 1982 erschienen.

IEV*): Abschnitt 826-04 Erdung
e: Earthing
f: Mises à la terre **)

IEV: 04-01***) Erde
e: Earth,
Ground (USA)
f: Terre

Das leitfähige Erdreich, dessen elektrisches Potential an jedem Punkt vereinbarungsgemäß gleich Null gesetzt wird.

VDE:
8.1 **Erde** ist die Bezeichnung sowohl für die Erde als Ort, als auch für die Erde als Stoff, z.B. die Bodenarten Humus, Lehm, Sand, Kies, Gestein; sie ist ein leitender Stoff, dessen elektrisches Potential außerhalb des Einflußbereiches von Erdern als Null betrachtet wird.

---

*) IEV: Internationales Elektrotechnisches Wörterbuch (Vocabulary)
**) e: englisch
f: französisch
***) Die komplette Nummer ist 826-04-01, vergleiche Abschnitt 2 des Teils 410 dieser Erläuterungen. Die IEC-Nummern sind im Teil 540 jeweils nur verkürzt wiedergegeben.

IEV: 04-02 Erder
e: Earth electrode
f: Prise de terre

Ein leitfähiges Teil oder mehrere leitfähige Teile, die in gutem Kontakt mit Erde sind und mit dieser eine elektrische Verbindung bilden.

VDE:
8.6 **Erder** ist ein Leiter, der in die Erde eingebettet ist und mit ihr in leitender Verbindung steht, oder ein Leiter, der in Beton eingebettet ist, der mit der Erde großflächig in Berührung steht (z.B. Fundamenterder).

IEV: 04-03 Gesamterdungswiderstand
e: Total earthing resistance
f: Résistance global de mise à la terre

Der Widerstand zwischen der Haupterdungsklemme und Erde.

VDE:
8.15 **Erdungswiderstand** ist die Summe von Ausbreitungswiderstand des Erders und Widerstand der Erdungsleitung.

IEV: 04-04 Elektrisch unabhängige Erder
e: Electrically independent earth electrodes
f: Prises de terre électriquement distinctes; prises de terre indépendantes

Erder, die in einem solchen Abstand voneinander angebracht sind, daß der höchste Strom, der durch einen Erder fließen kann, das Potential der anderen Erder nicht nennenswert beeinflußt.

VDE:
Dieser Begriff wird in VDE 0100 Teil 200/04.82 nicht behandelt; Analogie besteht jedoch zu:
8.5 **Bezugserde** ist der Teil der Erde, insbesondere der Erdoberfläche außerhalb des Einflußbereiches eines Erders bzw. einer Erdungsanlage, in welchem zwischen zwei beliebigen Punkten keine merklichen, vom Erdungsstrom herrührenden Spannungen auftreten.

IEV: 04-05 Schutzleiter (Symbol: PE)
e: Protective conductor
Equipment grounding conductor (USA)
f: Conducteur de protection

Ein Leiter, der für einige Schutzmaßnahmen gegen gefährliche Körperströme er-

forderlich ist, um die elektrische Verbindung zu einem der nachfolgenden Teile herzustellen:
- Körper der elektrischen Betriebsmittel
- fremde leitfähige Teile
- Haupterdungsklemme
- Erder
- geerdeter Punkt der Stromquelle oder künstlicher Sternpunkt.

VDE:

6.3 **Schutzleiter** (PE) ist ein Leiter, der bei einigen Schutzmaßnahmen bei indirektem Berühren zum Verbinden von Körpern mit
- anderen Körpern
- fremden leitfähigen Teilen
- Erdern, Erdungsleitungen und geerdeten aktiven Teilen verwendet wird.
Anmerkung: Hierfür wurde bisher die Kurzbezeichnung „SL" benutzt.

Bei IEC wird der Ausdruck **Protective Conductor** sowohl als Oberbegriff für alle in diesem Abschnitt behandelten Leiter benutzt, als auch für den Schutzleiter im Sinne von VDE 0100. In den neuen Britischen Wiring Regulations ist Protective Conductor Oberbegriff und definiert wie IEV 826-04-05. Darüber hinaus gibt es dort den **Circuit protective conductor:** Ein Schutzleiter der die Körper der elektrischen Betriebsmittel mit der Haupterdungsklemme (Potentialausgleichsschiene) verbindet. Vergleiche auch Abschnitt 5.3, zweiter Absatz, in diesen Erläuterungen zu Teil 540. Seitheriger englischer Ausdruck für den Schutzleiter: earth continuity conductor.

IEV: 04-06 PEN-Leiter (Symbol: PEN)
e: PEN conductor
f: Conducteur PEN

Ein geerdeter Leiter, der zugleich die Funktionen des Schutzleiters und des Neutralleiters erfüllt.
Anmerkung: Die Bezeichnung PEN resultiert aus der Kombination der beiden Symbole PE für den Schutzleiter und N für den Neutralleiter (siehe IEC-Publikation 446).

VDE:

6.4 **PEN-Leiter** ist ein Leiter, der die Funktionen von Neutral- und Schutzleiter in sich vereinigt. Hierfür wurde bisher der Begriff „Nulleiter" (SL/Mp) benutzt.

IEV: 04-07 Erdungsleitung
e: Earthing conductor
Grounding electrode conductor (USA)
f: Conducteur de terre

Ein Schutzleiter, der die Haupterdungsklemme oder -schiene mit dem Erder verbindet.

VDE:
8.10 Erdungsleitung ist eine Leitung, die einen zu erdenden Anlageteil mit einem Erder verbindet, soweit sie außerhalb der Erde oder isoliert in Erde verlegt ist.

IEV: 04-08 Haupterdungsklemme, Haupterdungsschiene
e: Main earthing terminal, Main earthing bar
Groundbus (USA)
f: Borne principale de terre, Barre principale de terre

Eine Klemme oder Schiene, die vorgesehen ist, die Schutzleiter, die Potentialausgleichsleiter und gegebenenfalls die Leiter für die Funktionserdung mit der Erdungsleitung oder den Erdern zu verbinden.

VDE:
Diese Begriffe werden weder in VDE 0100 Teil 200/04.82 noch in VDE 0141/7.76 oder in VDE 0190/5.73 definiert. In VDE 0190 wird für den Zusammenschluß von Potentialausgleichsleitern, Schutzleitern und Erdungsleitungen der Ausdruck „Potentialausgleichsschiene" angewendet.

IEV: 04-09 Potentialausgleich (bisher kein Symbol)
e: Equipotential bonding
f: Liaison équipotentielle

Elektrische Verbindung, die die Körper elektrischer Betriebsmittel und fremde leitfähige Teile auf gleiches oder annähernd gleiches Potential bringt.

VDE:
8.17 **Potentialausgleich** ist das Angleichen von Potentialen oder das Beseitigen von Potentialunterschieden zwischen Körpern und fremden leitfähigen Teilen, gegebenenfalls auch untereinander.

IEV: 04-10 Potentialausgleichsleiter
e: Equipotential bonding conductor
f: Conducteur d'équipotentialité

Ein Schutzleiter zum Sicherstellen des Potentialausgleiches.

VDE:
8.18 **Potentialausgleichsleitung** ist eine zum Herstellen des Potentialausgleichs dienende elektrisch leitende Verbindung.

Weitere für diese Erläuterungen wichtige Begriffe aus DIN 57 100 Teil 200/ VDE 0100 Teil 200/04.82 Abschnitt 8, die im Kapitel 826 des IEV nicht behandelt werden:

8.2 **Erden** heißt, einen elektrisch leitfähigen Teil über eine Erdungsanlage mit der Erde verbinden.

8.3 **Erdung** ist die Gesamtheit aller Mittel und Maßnahmen zum Erden. Sie wird als offen bezeichnet, wenn Überspannungsschutzorgane, z.b. Schutzfunkenstrecken, in die Erdungsleitung eingebaut sind.

8.4 **Betriebserdung** ist die Erdung eines Punktes des Betriebsstromkreises, die für den ordnungsgemäßen Betrieb von Geräten oder Anlagen notwendig ist. Sie wird bezeichnet:

als **unmittelbar,** wenn sie außer des Erdungswiderstandes keine weiteren Widerstände enthält,

als **mittelbar,** wenn sie über zusätzliche ohmsche, induktive oder kapazitive Widerstände hergestellt ist.

8.8 **Fundamenterder** ist ein Leiter, der in Beton eingebettet ist, der mit der Erde großflächig in Berührung steht.

Vergleiche auch die Anmerkungen zum Begriff „Fundamenterder" in Abschnitt 4.5, des Teiles 540 dieser Erläuterungen.

8.12 **Erdungsanlage** ist eine örtlich abgegrenzte Gesamtheit miteinander leitend verbundener Erder oder in gleicher Weise wirkende Metallteile (z.b. Mastfüße, Bewehrungen, Kabelmetallmäntel) und Erdungsleitungen.

8.13 **Spezifischer Erdwiderstand** ρ_E ist der spezifische elektrische Widerstand der Erde. Er wird meist in $\Omega\, m^2/m = \Omega m$ angegeben und stellt dann den Widerstand eines Erdwürfels von 1 m Kantenlänge zwischen zwei gegenüberliegenden Würfelflächen dar.

8.14 **Ausbreitungswiderstand** eines Erders ist der Widerstand der Erde zwischen dem Erder und der Bezugserde.

– aktives Teil	
– fremdes leitfähiges Teil	Begriffserklärungen siehe
– Körper	Abschnitt 2 des Teiles 410
– Neutralleiter	dieser Erläuterungen

3 Allgemeine Anforderungen

VDE: Abschnitt 3
IEC: Abschnitt 541

In DIN 57 100 Teil 540/VDE 0100 Teil 540 sind die Festlegungen für das Errichten von Erdungsanlagen, Erdungsleitungen, PEN-Leitern und Potentialausgleichsleitern für Niederspannungsanlagen enthalten. In diesen Festlegungen werden auch die Erfordernisse des Betriebes (Funktion) der elektrischen Anlage berücksichtigt. Entsprechend dem Titel der 500er-Gruppe von DIN 57 100/ VDE 0100 wird auch im Teil 540 besonders die **richtige Auswahl** der Werkstoffe und Betriebsmittel und das **sicherheitsgerechte Errichten** der Betriebsmittel für die Erdungsanlagen, der Schutzleiter und der Potentialausgleichsleiter behandelt.

4 Erdungsanlagen

VDE: Abschnitt 4
IEC: Abschnitt 542

Die Ausführung der Erdungsanlage soll die Erfordernisse der Sicherheit und des Betriebes der elektrischen Anlage und deren Betriebsmittel berücksichtigen. Die Erdungsanlagen können entsprechend den Bedingungen der Anlage gemeinsam oder getrennt für Sicherheits- oder Betriebszwecke angewendet werden.

Erdung ist die Gesamtheit aller Mittel und Maßnahmen zum Erden. Erden heißt, einen elektrisch leitfähigen Teil über eine Erdungsanlage mit der Masse der Erde zu verbinden – d.h. mit der Erde, die hier als großer und bedeutender Potentialausgleichsleiter zu betrachten ist.

Die Erdungsanlage besteht aus allen metallisch miteinander verbundenen Erdern (Erdelektroden), ihren Erdungs- oder Schutzleitern und gegebenenfalls den Erdungssammelschienen.

Folgende Punkte sind für die Auswahl und das Errichten von Erdungsanlagen von besonderer Bedeutung:

- Der Erdungswiderstand muß dauernd den Erfordernissen des Schutzes oder des Betriebes entsprechen; falls notwendig muß die Erdungsanlage nachgebessert werden.

- Die Belastung der Erdungsanlage durch Erdfehlerströme oder durch Erdableitströme soll keine Gefahr für die Umgebung verursachen, z.B. durch thermo-mechanische Beanspruchungen.

- Das Material der Erdungsanlage soll so ausgewählt oder mit mechanischem Schutz versehen sein, daß es den zu erwartenden Einflüssen aus der Umgebung, einschließlich der Einflüsse durch Korrosion, widersteht.

- Die Erdungsanlage soll keine Ursache zur Zerstörung anderer Metallkonstruktionen geben, z.B. durch elektrolytische/galvanische Einflüsse. Hierdurch können benachbarte Wasser- und Gasleitungen, Gebäudefundamente oder andere unterirdische Bauteile gefährdet sein.

4.1 Korrosive Einflüsse bei Erdungsanlagen und Erdern

(elektrolytische, elektrochemische Einflüsse)
VDE: Abschnitte 4, 4.1.3, 4.1.4, Anhang A
IEC: Abschnitte 542.1.3, 542.2.3, 542.2.4

Im Erdboden oder im Wasser liegende Metalle können durch folgende Einflüsse korrodieren:

- Gleichströme im Erdboden;
- chemische Bestandteile im Erdboden und deren Konzentration;
- galvanische Elemente, bedingt durch den Zusammenschluß von Erdern aus verschiedenen Metallen.

Der Einfluß von Gleichströmen im Erdboden ist meist nur in der Nähe von Gleichstromverteilungsnetzen oder von Gleichstrombahnen von Bedeutung. Eine häufig angewandte Maßnahme gegen solche Einflüsse aus Gleichstromanlagen ist der kathodische Korrosionsschutz. Wichtig ist zu wissen, daß die Verursacher dieser Gleichströme im Erdboden dafür sorgen müssen, daß diese Ströme wieder aus dem Boden verschwinden – oder, was noch besser ist, daß diese Ströme nicht erst in den Erdboden eintreten.

Beachte hierzu: DIN 57 150/VDE 0150 „Schutz gegen Korrosion durch Streuströme aus Gleichstromanlagen"

Der Einfluß der chemischen Zusammensetzung der Erde ist in normalem Boden sehr gering. Die üblichen Erderwerkstoffe, verzinktes Eisen oder Kupfer, werden so gut wie nicht gefährdet, so daß im Hinblick auf die übliche Lebensdauer einer elektrischen Anlage (30 bis 40 Jahre) dieser Einfluß nicht von besonderer Bedeutung ist.

In chemischen Fabriken oder in unmittelbarer Nähe des Meeres sind öfter Korrosionsschäden an Erdern festzustellen. Die dort tätigen Fachleute wissen meistens am besten, welche Erderwerkstoffe für die jeweiligen Bodenverhältnisse am geeignetsten sind. Vielfach werden auch hier normale Erderwerkstoffe verwendet und dann regelmäßig geprüft. Falls notwendig, wechselt man die Erder in gewissen Zeitabständen aus.

Der für die allgemeine Anwendung von Erdern wichtigste Fall ist wohl der oben genannte dritte Gedanke, nämlich die Bildung galvanischer Elemente zwischen den Erdern oder zwischen Erdern und anderen unterirdischen Metallkonstruktionen, wie Rohrleitungen und Gebäudefundamenten, die miteinander verbunden sind.

Die Grundsätze der galvanischen Elementbildung zwischen Erdern sind seit langem bekannt. Neu ist jedoch die Erfahrung, daß die Metallbewehrung von Gebäuden zur Kathode eines galvanischen Elementes wird und so die Zerstörung von anderen im Erdboden verlegten Metallteilen verursacht, z.B. von Wasserleitungen und Erdungsanlagen. Mit der Errichtung immer größerer Gebäude und entsprechend großen Flächen der Stahlbetonfundamente sind die Korrosionsschäden an Erdern und Rohrleitungen immer häufiger geworden (**Bild 540-1**). Großen Stahlbetonflächen stehen relativ kleine Metalloberflächen von Bandern und Rohrleitungen gegenüber. Das Oberflächenverhältnis ist ungünstig angestiegen. Die Gefahr der Korrosion mußte notwendigerweise mit der Anwendung von weniger edlen Metallen (Stahl gegenüber Kupfer) zunehmen.

Zunächst wurde angenommen, daß Wechselströme im Erdboden in vielen Fällen die Ursache für die korrosiven Zerstörungen seien. Genaue Untersuchungen zeigten dann, daß Wechselströme mit den technisch üblichen Frequenzen von $16^2/_3$ Hz und 50 Hz keine Korrosionsschäden an normal verlegten Erdern auslösen.

Heute wird allgemein verlangt, zur Erhöhung der elektrotechnischen Sicherheit alle Erder, gleich für welchen Zweck sie ursprünglich verlegt wurden, mit anderen geerdeten Konstruktionsteilen zusammenzuschließen (Potentialausgleich).

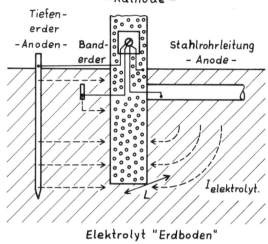

Bild 540-1 Erdungsanlage als
galvanisches Element
L = Länge des Fundamentes
(Ausdehnung)

Elektrolyt "Erdboden"

Danach ist also die Auftrennung des galvanischen Elementes oder, mit anderen Worten gesagt, die elektrische Trennung der verschiedenen Erdelektroden (Erder, metallene Leitungen usw.) keine Lösung für einen Schutz gegen diese korrosiven Einflüsse. Die einzige sichere Lösung ist hier die richtige Auswahl und Errichtung geeigneter Erder.

Die Grundlage für diese richtige Auswahl ist die Kenntnis der Potential-Differenz verschiedener Metalle (Erdelektroden) in einem Elektrolyt (Erdboden).

An dieser Stelle sei nochmals darauf hingewiesen, daß ein Stahlbetonfundament mit anderen Metallen im Erdboden z.B. auch mit anderen Erdern ein elektrolytisches Element bildet, und damit andere Erder gefährdet. In **Tabelle 540-A**

Tabelle 540-A. Streubereich der Potentiale einiger Metalle im Boden bzw. in Beton

Metall in feuchtem Boden	Messung gegen eine Kupfer/ Kupfersulfat ($Cu/Cu\ SO_4$) Bezugselektrode	
	[1]	[2]
Zink, auch Eisen verzinkt	$-0,7 ... -1,0$ V	$-1,15$ V
Kupfer	$0,0 ... -0,2$ V	$-0,15$ V
Blei	$-0,5 ... -0,7$ V	$-0,7\ ... -0,85$ V
Eisen (Stahl)	$-0,5 ... -0,8$ V	$-0,95$ V
Eisen, verrostet	$-0,4 ... -0,6$ V	
Eisen in Humusboden		$-0,6\ ... -0,8$ V
Eisen in sauberem Sand		$-0,4\ ... -0,5$ V
Eisen in Beton	$-0,1 ... -0,3$ V	$-0,05 ... -0,2$ V

[1]) Werte nach Unterlagen aus der Schweiz
[2]) Werte nach Unterlagen aus Österreich
– vergleiche auch die Schutzpotentiale in DIN 57 150/VDE 0150/4.83, Abschnitt 2.6.

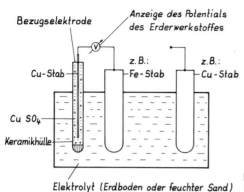

Bezugselektrode

Anzeige des Potentials
des Erderwerkstoffes

z.B.:
Cu-Stab — Fe-Stab   z.B.: Cu-Stab

Cu SO₄

Keramikhülle

Elektrolyt (Erdboden oder feuchter Sand)

Bild 540-2 Ermittlung der Potentiale
von Erderwerkstoffen

werden einige Streubereiche der Potentiale von Metallen im Erdboden bzw. in Beton genannt.

In **Bild 540-2** wird die Ermittlung der Potentialdifferenz von Erderwerkstoffen erläutert.

Die Festlegungen im Abschnitt 4.1.3 von DIN 57 100 Teil 540/VDE 0100 Teil 540 (IEC-Abschnitt 542.2.3) beziehen sich auf diese elektrolytischen Einflüsse, aber auch auf die Einflüsse zwischen Erdern aus unterschiedlichen Metallen. Im Anhang A von DIN 57 100 Teil 540/VDE 0100 Teil 540 wird im letzten Satz ebenfalls auf die Korrosionsgefahr beim Zusammenschließen unterschiedlicher Metalle aufmerksam gemacht.

Aus der Tabelle 540-A ist eine für die praktische Beurteilung der Korrosionsgefahr für Erdungsanlagen wichtige Erkenntnis zu ziehen:

Das Potential von Kupfer (0,0... -0,2 V) liegt sehr dicht bei dem Potential von Eisen in Beton (-0,1...-0,3V), d.h. Eisen in Beton hat auf andere Metalle im Erdboden den gleichen elektrolytischen Einfluß wie Kupfer, siehe auch Abschnitt 4.5.4 dieser Erläuterungen zum Teil 540, „Korrosive Einflüsse von Fundamenterdern". Da für technische Anlagen im allgemeinen große Stahlbetonfundamente erforderlich sind (Maschinenfundamente, Fabrikgebäude, Hochhäuser), ist fast überall mit dem elektrolytischen Einfluß „Eisen in Beton" zu rechnen. Zusätzlich zu großen Betonfundamenten eingebrachte Erdungsanlagen aus Bandeisen werden keine lange Lebensdauer haben. Es sei auch darauf hingewiesen, daß große Betonfundamente oft ausreichende Erderwirkung erbringen, so daß zusätzliche Erder nicht erforderlich sind.

Ferner ist es nötig, den elektrochemischen Vorgang in diesem galvanischen Element „Erdungsanlage" zu kennen (siehe Bilder 540-1 und 540-2).

Der Gleichstrom zwischen der Anode und der Kathode in dem Elektrolyt resultiert aus dem Einfluß der Potentialdifferenz der verschiedenen Elektrodenwerkstoffe. Die Anode ist der weniger edle Werkstoff – in unserem Fall ein Stahlband oder eine Wasserleitung aus Stahlrohr –; die Kathode ist der edlere Werkstoff, z.B. ein Kupfererder oder ein Gebäudefundament aus Stahlbeton; das Elektrolyt ist das Erdreich. Der galvanische Stromkreis wird geschlossen durch den Zusammenschluß der Metallteile an der Haupterdungs- oder Potentialausgleichsschiene.

In dem anodischen Bereich verläßt dieser elektrolytische Gleichstrom die Oberfläche der Elektrode in Richtung Elektrolyt, löst dabei Metall aus der Anode und

Tabelle 540-B (aus DIN 57100 Teil 540/VDE 0100 Teil 540 Anhang A)

Mindestabmessungen und einzuhaltende Bedingungen für Erder

	1	2	3	4	5
1	Werkstoff	Erderform	Mindest-querschnitt mm^2	Mindest-dicke mm	Sonstige Mindest-abmessungen bzw. einzuhaltende Bedingungen
2	Stahl bei Verlegung im Erdreich, feuerverzinkt mit einer Mindestzinkauflage von 70 μm	Band	100	3	
3		Rundstahl	78 (entspricht 10 mm Ø)		Bei zusammengesetzten Tiefenerdern: Mindestdurchmesser des Stabes: 20 mm
4		Rohr			Mindestdurchmesser: 25 mm Mindestwandstärke: 2 mm
5		Profilstäbe	100	3	
6	Stahl mit Kupferauflage	Rundstahl	für Stahlseele: 50 für Kupferauflage 20% des Stahlquerschnitts, mindestens jedoch 35		Bei zusammengesetzten Tiefenerdern: Mindestdurchmesser des Stabes: 15 mm. Die Verbindungsstellen müssen so ausgeführt sein, daß sie in ihrer Korrosionsbeständigkeit der Kupferauflage gleichwertig sind.
7	Kupfer	Band	50	2	
8		Seil	35		Mindestdrahtdurchmesser: 1,8 mm. Bei Bleiummantelung Mindestdicke des Mantels: 1 mm
9		Rundkupfer	35		
10		Rohr			Mindestdurchmesser: 20 mm Mindestwandstärke: 2 mm

Bei ausgedehnten Erdern aus blankem Kupfer oder Stahl mit Kupferauflage ist darauf zu achten, daß sie von unterirdischen Anlagen aus Stahl, z. B. Rohrleitungen und Behältern, möglichst metallisch getrennt gehalten werden. Andernfalls können die Stahlteile einer erhöhten Korrosionsgefahr ausgesetzt sein.

tritt dann in die metallische Oberfläche der Elektrode im kathodischen Bereich ein. Der elektrolytische Gleichstrom ist also die Ursache für die Metallverluste oder die Zerstörung der anodischen Erdelektrode (Erder). Die Geschwindigkeit der Metallverluste (Korrosionsgeschwindigkeit) hängt von zwei Punkten ab:

a) von der Spannung des galvanischen Elementes, d.h. von der Differenz der in Tabelle 540-A genannten Potentiale der jeweils im Boden verlegten Metalle,

$$U_{kathodisch} - U_{anodisch}$$

b) von dem Verhältnis der metallischen Oberflächen der kathodischen und anodischen Elektroden,

$$F_{kathodisch} - F_{anodisch}.$$

Ungünstige Verhältnisse liegen vor, wenn man an ein großes Stahlbetonfundament ein Bandeisen als Erder anschließt; innerhalb kurzer Zeit löst sich das Bandeisen auf.

Um Korrosionsschäden an Erdern zu vermindern, werden in entsprechenden VDE-Bestimmungen Mindestquerschnitte und Mindestabmessungen für Erderwerkstoffe genannt (z.B. siehe **Tabelle 540-B** dieser Erläuterungen, bzw. Anhang A zu DIN 57 100 Teil 540/VDE 0100 Teil 540).

In einigen Fällen können in der Erde verlegte Metallteile, z.B. Rohrleitungen, auch dadurch geschützt werden, daß man außerhalb des Gebäudes eine Isolierverbindung einbaut. Ein besseres, aber auch aufwendigeres Mittel zum Schutz gegen Korrosion infolge elektrolytischer Ströme ist der kathodische Korrosionsschutz.

Solche Anlagen bestehen im wesentlichen aus einer Gleichstromquelle und einer sogenannten Fremdstrom-Schutzanode, über die ein Gleichstrom (Schutzstrom) dem Elektrolyten zugeführt wird.

Der vorn erwähnte Potentialunterschied von Metallen im Erdboden (siehe Tabelle 540-A) wird durch eine überlagerte Gleichspannung reduziert oder aufgehoben und damit die Auflösung des Metalls am anodischen Erder verhindert (zum kathodischen Korrosionsschutz siehe auch DIN 57 150/VDE 0150).

4.2 Erder, Arten von Erdern

VDE: Abschnitt 4.1
IEC: Abschnitt 542.2

Orientierung an DIN 57 141/VDE 0141/7.76, Erdungen in Wechselstromanlagen über 1 kV

Bei der redaktionellen Bearbeitung des Abschnittes 4.1 (Erder) von DIN 57 100 Teil 540/VDE 0100 Teil 540 hat man sich häufig bei DIN 57 141/ VDE 0141/7.76 orientiert. Der Anhang A des Teiles 540 „Mindestabmessungen und einzuhaltende Bedingungen für Erder" wurde aus DIN 57 141/ VDE 0141/7.76 übernommen und ersetzt damit Tabelle 20-3 aus VDE 0100/ 5.73 (siehe auch Tabelle 540-B dieser Erläuterungen!).

Arten von Erdern
VDE: Abschnitt 4.1.1
IEC: Abschnitt 542.2.1

Folgende Materialien oder Anlageteile können allgemein als Erder (Erdelektroden) angewendet werden:
- Staberder
- Rohrerder
- Banderder
- Seil, Rundmaterial
- Plattenerder
- Fundamenterder
- Metallbewehrung von Betonfundamenten
- andere geeignete unterirdische Konstruktionsteile
- metallene Wasserleitungen (mit Einschränkung)
- metallene Umhüllungen von Kabel (mit Einschränkung)

Bezüglich der Anwendung von Plattenerdern siehe auch Abschnitt 4.3 dieser Erläuterungen zu Teil 540 („Ausbreitungswiderstände von Erdern").

Erder werden unterschieden nach: Oberflächenerdern und Tiefenerdern oder nach natürlichen Erdern und künstlichen Erdern.

Oberflächenerder: Horizontal verlegt, etwa 0,5 bis 1 m tief, z.B. Band-, Seil- oder Fundamenterder.

Tiefenerder: Vertikal verlegt, in größeren Tiefen, z.B. Stab- oder Rohrerder, Betonpfeiler, größere Betonfundamente.

Natürliche Erder: Dies sind Bauteile, die ursprünglich einen anderen Zweck haben, z.B. Bewehrung von Betonfundamenten, Wasserleitungen, Bewehrung von Kabeln.

Künstliche Erder: Dies sind Materialien, die zum Zweck der Erdung eingebracht werden, z.B. Band-, Seil-, Rohrerder, Fundamenterder.

Von der Anwendung von metallenen Wasserleitungen, Bleimänteln oder metallenen Bewehrungen von Kabeln als Erder ist abzuraten, da beim Austausch dieser Betriebsmittel gegen solche aus Kunststoff mit Problemen zu rechnen ist. Leitungen für Gas, brennbare Flüssigkeiten, Heißwasser oder ähnliche Stoffe dürfen für Erdungen nicht angewendet werden (IEC: 542.2.6).

Bezüglich der Verwendung von metallenen Wasserleitungen als Erder ist VDE 0190/5.73, § 3 zu beachten:

e) In Sonderfällen dürfen Wasserrohrnetze als Schutz- oder Betriebserder in Wechselstromanlagen benutzt werden, wenn

1. darüber zwischen EVU (Elektrizitäts-Versorgungsunternehmen) und WVU (Wasserversorgungsunternehmen) eine Vereinbarung getroffen ist,

2. die Eignung des Wasserrohrnetzes als Erder für die vereinbarte Dauer gesichert ist sowie

3. die Eignung des Wasserrohrnetzes als Erder geprüft und in Bezug auf Erdungswiderstand und Fehlerstrombelastbarkeit als ausreichend nachgewiesen wird und andere Rohrnetze hierdurch nicht ungünstig beeinflußt werden.
    Die Erdung ist gemäß g) und h) auszuführen.
    Die Eignungsprüfung ist wichtig, weil in den Wasserrohrnetzen vielfach isolierende Schutzüberzüge oder nichtleitende Rohrverbindungen oder Rohrstränge eingebaut sind. Hierdurch können die Eignung des Wasserrohrnetzes als Erder oder Schutzleiter beträchtlich herabgesetzt oder sogar ganz hinfällig und andere Rohrnetze ungünstig beeinflußt werden. Dabei ist zu berücksichtigen, daß sich die Erdungswiderstände ändern können.

g) Wasserrohrnetz als Betriebserder
    Sofern die Voraussetzungen von e) erfüllt sind, gilt folgendes:
    1. In elektrischen Verteilungsnetzen, in denen das Wasserrohrnetz als alleiniger Erder benutzt oder mit anderen Erdern mitbenutzt werden soll, sind die Haupt- oder Anschlußleitungen des Wasserrohrnetzes mit dem Stern- oder Mittelpunkt der Stromquelle (Transformator oder Generator) oder dem Nulleiter an geeigneten Stellen zu verbinden.
    2. Soll in elektrischen Verteilungsnetzen die Schutzerdung nach VDE 0100 § 9 b) 2 (Sternpunkt der Stromquelle und Schutzleiter der Verbraucheranlage mit demselben leitfähigen Wasserrohrnetz verbunden) angewendet werden, so sind die Haupt- oder Anschlußleitungen des Wasserrohrnetzes mit dem Stern- oder Mittelpunkt der Stromquelle (Transformator oder Generator) an geeigneten Stellen zu verbinden.
    3. Betriebserder aus Kupfer dürfen mit dem Wasserrohrnetz nicht unmittelbar verbunden werden.

h) Wasserrohrnetz als Schutzerder
    Sofern die Voraussetzungen von e) erfüllt sind, gilt folgendes:
    In elektrischen Verbraucheranlagen, in denen das Wasserrohrnetz als Schutzerder nach VDE 0100 § 9 benutzt wird, ist der Schutzleiter vorzugsweise vor dem Wasserzähler (in Fließrichtung des Wassers gesehen) anzuschließen. Wenn der Schutzleiter hinter dem Wasserzähler angeschlossen wird, ist der Wasserzähler von dem Errichter der elektrischen Anlage zu überbrücken. Diese Überbrückung muß auch bestehen bleiben, wenn der Wasserzähler ausgebaut wird.
    Anmerkung zu h: vergleiche Abschnitt 9.2 („Überbrückung von Wasserzählern") der Norm DIN 57 100 Teil 540/VDE 0100 Teil 540.

Es ist beabsichtigt, die VDE 0190 zu überarbeiten und dabei alle in DIN 57 100 Teil 410/VDE 0100 Teil 410 und DIN 57 100 Teil 540/VDE 0100 Teil 540 enthaltenen Festlegungen herauszunehmen. Die „neue VDE 0190" wird dann nur noch die Bestimmungen enthalten, die für das Zusammentreffen von elektrischen Anlagen (Erdung und Potentialausgleich) und Rohrleitungen zu beachten sind.

Die VDE 0190 wird auch vom Deutschen Verein des Gas- und Wasserfaches e. V. (DVGW) als Arbeitsblatt GW 0190 (Okt. 1970) herausgegeben (ZfGW-Verlag, 6000 Frankfurt, PF 90 10 80).

4.3 Ausbreitungswiderstände von Erdern

VDE: Abschnitt 4
IEC: Abschnitt 542.1.2

Der Ausbreitungswiderstand eines Erders hängt von der Art des Bodens, d.h. vom spezifischen Erdwiderstand, und von den Abmessungen sowie der Anordnung des Erders ab. Um einen niedrigen Ausbreitungswiderstand zu erhalten, muß die Stromdichte beim Übergang zur Erde möglichst gering sein, d.h. die Länge des Erders soll sehr groß sein, im Vergleich zu seiner Breite oder Höhe oder zu seinem Durchmesser.
Dies bedeutet, daß Staberder, Rohrerder, Banderder oder Erdseile einen viel niedrigeren Ausbreitungswiderstand haben als z.B. Plattenerder gleicher Oberfläche.

Beispiele zur Berechnung der Ausbreitungswiderstände von einfachen Erdern in gleichartigem Boden:
− Stab- und Rohrerder (Tiefenerder):

$$R = \frac{\rho}{L} \ (\Omega)$$

Anmerkung: bei hohem spezifischem Erdwiderstand, z.B. der oberen Bodenschichten sind Tiefenerder nicht mit ihrer gesamten Länge wirksam.

− Banderder und Rundmaterial (Draht)
(Oberflächenerder, strahlenförmige Anordnung):

$$R = \frac{2\rho}{L} \ (\Omega)$$

Anmerkung: gemessene Werte von Banderdern sind meistens besser als berechnete Werte.

− Ringerder (Band oder Draht):

$$R = 0{,}6 \ \frac{\rho}{\sqrt[2]{F}} \ (\Omega)$$

– Maschenerder (Band oder Draht):

$$R = 0{,}4 \; \frac{\rho}{\sqrt[2]{F}} \; (\Omega)$$

– Fundamenterder:

$$R = 0{,}2 \; \frac{\rho}{\sqrt[3]{F}} \; (\Omega)$$

wobei die Kurzzeichen folgende Bedeutung haben:

R Ausbreitungswiderstand der Erder in Ω,
  spezifischer Widerstand des Erdbodens in $\Omega \cdot m$ (spezifischer Erdwiderstand) (griechisch: Rho),
L Länge des Erders in m,
F Fläche des vom Erder umgebenen Erdreiches in m^2,
I Volumen des Fundamentes in m^3 (ähnlich einer hemispherischen Erdelektrode an der Oberfläche des Erdbodens).

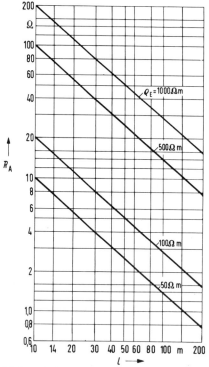

Bild 540-3 Ausbreitungswiderstand von waagerechten Oberflächenerdern (Band, Draht, Seil) in homogenem Bereich. l Länge des Erders; ρ_E spezifische Erdwiderstände.

Beispiele zur Ermittlung der Ausbreitungswiderstände von Erdern mit Diagrammen aus DIN 57 141/VDE 0141/7.76 siehe **Bilder 540-3 und 540-4.**

4.4 Spezifischer Erdwiderstand
VDE: Abschnitte 4, 4.1, 4.1.2
IEC: Abschnitte 543.1, 542,2, 543.2.2

Für die Planung von Erdungsanlagen sind gute Kenntnisse über die Bodenverhältnisse und über den spezifischen Erdwiderstand des Erdbodens erforderlich. Genauso muß man auch die Einflüsse kennen, die den spezifischen Erdwiderstand verändern.
In den **Tabellen 540-C und 540-D** sind Werte für spezifische Erdwiderstände angegeben.

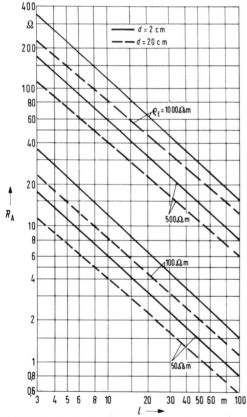

Bild 540-4· Ausbreitungswiderstand von senkrechten Tiefenerdern in homogenem Bereich. l Länge des Erders; d Durchmesser des Erders; ρ_E spezifische Erdwiderstände.

Tabelle 540-C. Werte für spezifische Erdwiderstände
(nach Unterlagen aus Deutschland, Österreich und der Schweiz)

Art des Boden	Bereich des spezifischen Erdwiderstandes $\Omega \cdot m$	Durchschnittswerte $\Omega \cdot m$
Moorboden	5...40	30
Lehm, Ton, Humus, Gartenboden	20...200	100
Sand	200...2500	200 (feucht)
Kies (naß)	2000...3000	1000 (trocken)
Gebirge verwittertes Gestein	meist unter 1000	
Granit	2000...3000	
Beton Zement, rein		50
1 × Zement +3 × Sand	50...300	150
1 × Zement +5 × Kies		400
1 × Zement +7 × Kies		500

Bei Fundamenterdern darf so gerechnet werden, als wenn der Erder (Stahl) im umgebenden Erdreich wäre (VDE 0141/7.76, Tabelle 1).

Tabelle 540-D. Durchschnittswerte für spezifische Erdwiderstände

Art des Bodens	spezifischer Erdwiderstand $\Omega \cdot m$
Nasser organischer Boden	10^1
Feuchter Boden	10^2
Trockener Boden	10^3
Felsen	10^4

nach AIEE-Guide Nr. 80/3.61 (USA)

Der spezifische Erdwiderstand wird meist in

$$\rho_E = \frac{\Omega \cdot m^2}{m} = \Omega \cdot m$$

angegeben und stellt dann den Widerstand eines Erdwürfels von 1 m Kantenlänge zwischen 2 gegenüberliegenden Würfelflächen dar (**Bild 540-5**).
Die Leitfähigkeit der Erde hängt vom Feuchtigkeitsgehalt des Bodens und den
chemischen Bestandteilen und deren Konzentration im Wasser bzw. in der Bodenfeuchtigkeit ab.
Der Erdungswiderstand unterliegt jahreszeitlichen Schwankungen; er wird tem-
peraturbedingt im Winter ein Maximum und im Sommer ein Minimum haben
(**Bild 540-6**).
Dies bedeutet, daß der Erdungswiderstand jahreszeitlichen Schwankungen bis
zu ± 30 % unterliegt, ohne Berücksichtigung des Einflusses der jahreszeitlichen
Niederschläge, der Bodenfeuchtigkeit oder des Grundwassers.

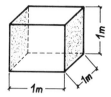

Bild 540-5 Spezifischer Erdwiderstand

In Mitteleuropa tritt das Widerstands-Maximum im Februar, das Minimum im August auf. Es ist zu empfehlen, gemessene Werte von Erdungswiderständen auf die Maximalwerte des Winters umzurechnen, um so sicherzustellen, daß auch unter ungünstigen Temperaturbedingungen der Erder die erwartete Funktion erfüllt.

Die Praxis zeigt, daß diese jahreszeitlichen Schwankungen des Erdungswiderstandes bei Einzelerdern (z.B. für die Anwendung von Fehlerstromschutzschaltern) von größerer Bedeutung ist als bei großflächigen Erdern (z.B. beim Zusammenschluß vieler Erder für eine Erdungsanlage).

Durch Temperatureinflüsse – z.B. infolge von Sonneneinstrahlung oder eines elektrischen Stromes – kann dem Erdboden in der Nähe der Oberfläche des Erders die Feuchtigkeit entzogen werden. Dies führt dann zu beachtlichem Anstieg des Erdungswiderstandes, z.B. ergibt sich bei + 100 °C Bodentemperatur ein kompletter Ausfall des Erders. Diese Bodentemperatur tritt jedoch nur bei Dauerbelastungen auf. Bei Anwendung der in den VDE-Bestimmungen genannten Mindestquerschnitte ist keine Austrocknung zu erwarten.

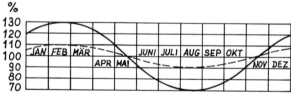

Bild 540-6 Jahreszeitliche Änderung des Erdungswiderstandes z. B.: in der Schweiz; ohne Einfluß der Niederschläge;
negativer Temperatur-Koeffizient des Erdwiderstandes!
nach: Jakob Wild, Zürich

4.5 Fundamenterder
VDE: Abschnitt 4.1.2.3
IEC: Abschnitt 542.2.1

Zum ersten Mal wird in VDE 0100 der Fundamenterder als ein möglicher Erder genannt. In DIN 57 141/VDE 0141/7.76 ist er bereits seit Juli 1976, in VDE 0190 seit 1970, aufgeführt. Einzelheiten zur Ausführung des Fundamenterders werden auch in diesen neuen Bestimmungen nicht genannt, sondern es wird auf die VDEW-Richtlinien für das Einbetten von Fundamenterdern in Gebäudefundamente verwiesen. Man ist der Ansicht, daß diese Richtlinien aus dem Jahre 1975 ausreichen und eine Übernahme entsprechender Texte nach VDE 0100 nicht nötig ist. An dieser Stelle sei darauf verwiesen, daß es seit 1975 auch eine österreichische Norm für Fundamenterder gibt (ÖNORM E 2790).

Die Erkenntnis, daß das Einbringen eines Stahlbandes in das Fundament eines Gebäudes die Funktion eines Erders (Elektrode) erfüllt, ist ein beachtlicher Fortschritt für die elektrotechnische Sicherheit in unseren Gebäuden:

– die einfache Verlegung des Fundamenterders bedeutet, daß alle neuen Gebäude ohne großen Aufwand mit einem Erder für die verschiedenen Erdungszwecke (Schutz- und Funktionserdung) ausgestattet werden können,
– der Fundamenterder ist ein äußerst günstiger Potentialausgleich für elektrische und nichtelektrische Anlagen unserer Gebäude.

Die gute Leitfähigkeit des Fundamenterders hängt davon ab, daß die Feuchtigkeit im umgebenden Beton erhalten bleibt. Unter dem Fundamenterder darf daher keine Feuchtigkeitsisolierung angebracht werden. An den Durchführungsstellen der Anschlußfahnen (Erdungsleitung) durch die Feuchtigkeitsisolierung des Fundamentes oberhalb des Erders ist auf eine gute Abdichtung zu achten. Bei sachgemäßer, sorgfältiger Ausführung ist eine lange Lebensdauer des Fundamenterders zu erwarten.

Einige Anmerkungen zum Begriff „Fundamenterder":
Nach bisheriger Sprachregelung galt:
Ein „Fundamenterder" ist ein speziell für Erdungszwecke in ein Fundament eingelegtes Metallteil. Die Stahlbewehrung von Betonfundamenten oder andere metallene Konstruktionsteile eines Gebäudefundamentes sind danach keine „Fundamenterder", sondern „andere für Erdungszwecke geeignete unterirdische Konstruktionsteile". In der VDEW-Richtlinie heißt es dazu: „Bei Stahlskelettbauten tritt anstelle des Fundamenterders die Stahlkonstruktion".

Bezüglich der neuen Sprachregelung sei auf die Begriffsbestimmung in DIN 57 100 Teil 200/VDE 0100 Teil 200/4.82, Abschnitt 8.8 verwiesen: „Ein Fundamenterder ist ein Leiter, der in Beton eingebettet ist, der mit der Erde großflächig in Berührung steht".
Die gleiche Begriffsbestimmung ist in der ÖNORM E 2790, 1975, enthalten.
Fundamenterder für Blitzschutz: siehe DIN 57 185 Teil 1/VDE 0185 Teil 1/11.82, Abschnitt 4.3.2.3.

4.5.1 Werkstoffe für Fundamenterder
Die zweckmäßigen Werkstoffe für Fundamenterder werden in der deutschen VDEW-Richtlinie für das Einbetten von Fundamenterdern in Gebäudefundamente (1975) genannt:

- verzinktes Stahlband,
  30 mm x 3,5 mm;
- verzinktes Stahlband,
  25 mm x 4 mm;
- verzinkter Rundstahl,
  10 mm Ø.

Die genannten Abmessungen sind Mindestwerte.

Die österreichische Norm, ÖNORM E 2790 (1975), läßt für Fundamenterder verzinkten und auch nichtverzinkten Stahl zu:
- Stahlband von 90 mm² Querschnitt bei einer Mindestdicke von 3 mm;
- Rundstahl, mindestens 10 mm Ø.

Bezüglich des Korrosionsschutzes von unverzinktem Stahl in Beton siehe Abschnitt 4.5.4 dieser Erläuterungen zu Teil 540.

4.5.2 Ausführung des Fundamenterders

Stahlband oder Rundstahl sind als geschlossener Ring (**Bild 540-7**) unter den Feuchtigkeitsisolierungen in das Gebäudefundament einzulegen. Um den Potentialausgleich und damit die elektrische Sicherheit zu verbessern, sollte kein Punkt des Kellerbodens (Bild 540-7) mehr als 10 m (ÖNORM: 5 m) von dem Fundamenterder entfernt sein; andernfalls sollten auch in die Zwischenmauern

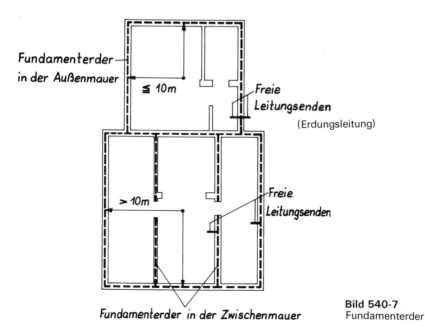

Fundamenterder in der Außenmauer

≦ 10 m

Freie Leitungsenden
(Erdungsleitung)

> 10 m

Freie Leitungsenden

Fundamenterder in der Zwischenmauer

Bild 540-7
Fundamenterder

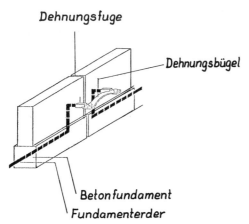

Dehnungsfuge

Dehnungsbügel

Betonfundament
Fundamenterder

Bild 540-8 Dehnungsbügel für Fundamenterder (nach: Bayerische Versicherungskammer)

Fundamenterder eingelegt werden. Wenn Stahlbewehrungen oder andere Stahlkonstruktionen vorhanden sind, sollen diese mit dem Fundamenterder verbunden werden. Verbindungen der Erderwerkstoffe sollen durch Schrauben oder Schweißen vorgenommen werden; es sind auch Spezialverbinder für Fundamenterder entwickelt worden (Keil- oder Federverbindungen), die ebenfalls in Erläuterungen zu den Richtlinien angegeben sind. Dehnungsfugen in Gebäuden sollen mit geeigneten Dehnungsbändern außerhalb der Wand, d.h. zugänglich, überbrückt werden (**Bild 540-8**).

Mindestens 2 Enden des Erdungsbandes oder -drahtes sollen für Meßzwecke zugänglich sein. Es sollen soviel Erdungsleitungen (Bild 540-7) an den Fundamenterder angeschlossen werden, wie es für den Schutz und den Betrieb der elektrischen Anlagen eines Gebäudes erforderlich ist; mindestens muß jedoch eine

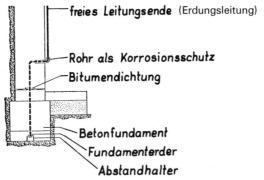

freies Leitungsende (Erdungsleitung)

Rohr als Korrosionsschutz
Bitumendichtung

Betonfundament
Fundamenterder
Abstandhalter

Bild 540-9 Ausführung der Erdungsleitung für Fundamenterder (nach Bayerische Versicherungskammer)

Erdungsleitung für den Anschluß der Haupterdungsschiene oder der Potential-ausgleichsschiene vorhanden sein.

Wo diese freien Leitungsenden das Gebäudefundament verlassen, müssen sie gegen Korrosion geschützt sein, z.b. durch eine Kunststoffumhüllung, durch Anstrich oder Verzinkung. Der Erdungsanschluß soll die Mauer etwa 30 cm über dem Kellerfußboden verlassen; das freie Leitungsende sollte etwa 1,50 m lang sein (**Bild 540-9**). Erdungsleitungen für die Blitzschutzanlage können oberhalb des Erdbodens direkt ins Freie geführt werden.

Anmerkung: Für Blitzschutzanlagen müssen die Erdungsleitungen von Fundamenterdern innerhalb des Mauerwerkes mit einer Unhüllung gegen Korrosion geschützt werden; siehe Abschnitt 4.3.2.3 von DIN 57 185 Teil 1/VDE 0185 Teil 1/11.82.

4.5.3   Verlegung des Fundamenterders

Nach dem Ausschachten des Fundaments ist unmittelbar auf dem verbliebenen festen Erdboden eine etwa 10 cm dicke Betonschicht aufzutragen, in die das Stahlband oder der Rundstahl als Elektrode einzulegen ist. Um die senkrechte Lage (des Stahlbandes) zu halten und eine seitliche Verschiebung zu vermeiden, sind vorgefertigte Abstandhalter vorzusehen. Der für die Einbettung des Fundamenterders zu verwendende Beton soll von der Güte B 225 sein oder einen Zementgehalt von mindestens 300 kg/m^3 haben. Auf die Betonschicht des Fundamenterders ist dann das eigentliche Ziegelstein- oder Betonfundament zu errichten.

Anmerkung: In der VDEW-Richtlinie von 1975 wird die Forderung einer bestimmten Güte des Betons nicht mehr aufgeführt; sie hat für die Qualität des Fundamenterders keine große Bedeutung.

4.5.4   Korrosive Einflüsse von Fundamenterdern

Besonders wichtig ist die Erkenntnis, daß blanker Stahl (Eisen) in Beton ein ähnliches Potential hat wie Kupfer in feuchtem Boden (siehe Tabelle 540-A). Verzinkter Stahl in Beton hat ein Potential, das näher bei dem Potential von Eisen (Stahl) in feuchtem Boden liegt. Daher ist die Anwendung von verzinktem Stahl für Fundamenterder zu empfehlen, um die korrosiven Einflüsse auf andere Eisenteile im Boden zu mindern. Für die Korrosionsbeständigkeit des Erderwerkstoffes selbst im Beton ist es nach Ansicht verschiedener Fachleute unbedeutend, ob der Stahl verzinkt ist oder nicht. (Siehe auch Abschnitt 4.1 dieser Erläuterungen, „Korrosive Einflüsse").

Nach einer Aussage in den Erläuterungen zu der österreichischen Norm (ÖNORM E 2790, 1975) ist der Korrosionsschutz des unverzinkten Stahls in Beton durch die hohe Alkalität des Zementsteines gewährleistet; ein Korrosionsschutz ist jedoch dort anzubringen, wo der Fundamenterder bzw. seine Anschlußfahne nicht im Beton liegt.

4.5.5   Spezifischer Erdwiderstand für Fundamenterder

Nach DIN 57 141/VDE 0141/7.76, Tabelle 1, darf zur Berechnung von Fundamenterdern der spezifische Erdwiderstand des umgebenden Erdreiches eingesetzt werden.

4.6 Erdungsleitungen
VDE: Abschnitt 4.2
IEC: Abschnitt 542.3

Erdungsleitungen sind laut Begriffsbestimmung die Verbindungsleitungen zwischen der Haupterdungsklemme bzw. der Potentialausgleichsschiene und dem Erder, bzw. den Erdern. Siehe Abschnitt 2 dieser Erläuterungen zu DIN 57 100 Teil 540/VDE 0100 Teil 540.
Erdungsleitungen müssen den Querschnitten für Schutzleiter entsprechen (siehe VDE 0100 Teil 540, Abschnitt 5.1, IEC-Abschnitt 543.1). Bei Verlegung in Erde müssen auch die Bedingungen nach VDE 0100 Teil 540, Tabelle 1 (**Tabelle 540-E** dieser Erläuterungen) erfüllt sein. Das heißt: abweichend von DIN 57 141/VDE 0141/7.76, Abschnitt 5.2.1, Absatz 2 wird von DIN 57 100 Teil 540/VDE 0100 Teil 540, Abschnitt 4.2 (Tabelle 1) die blanke Erdungsleitung im Erdreich nicht als Bestandteil des Erders betrachtet. Sie ist als Verbindung zwischen Erder und Schutzleiter anzusehen und daher auch als Erdungsleitung zu dimensionieren.
Erdungsleitungen sind entsprechend der Sicherheitsphilosophie von VDE 0100 den Festlegungen für Schutzleiter unterzuordnen.

Tabelle 540-E. Mindestquerschnitte von Erdungsleitungen in Erde

Verlegung	mechanisch geschützt	mechanisch ungeschützt
isoliert	Al, Cu, Fe wie in Abschnitt 5.1 gefordert	Al unzulässig Cu 16 mm^2 Fe 16 mm^2
blank	Al unzulässig Cu 25 mm^2 Fe 50 mm^2, feuerverzinkt	

4.7 Haupterdungsschiene, Haupterdungsklemme, Potentialausgleichsschiene
VDE: Abschnitt 4.3
IEC: Abschnitt 542.4

Nach den harmonisierten Bestimmungen muß jede elektrische Anlage mit einer Haupterdungsschiene oder -klemme ausgestattet sein. An dieser Schiene oder Klemme müssen folgende Leitungen angeschlossen, d.h. zusammen verbunden werden:
- Erdungsleitungen für Schutz und Funktion
- Schutzleiter
- Hauptpotentialausgleichsleiter (**Bild 540-10**).

Als elektrische Anlagen sind in diesem Zusammenhang Gebäudeinstallationen aber auch Anlagen für andere Zwecke, z.B. Industrieanlagen, Pumpenstationen

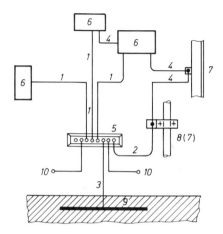

Bild 540-10 Erdung, Schutzleiter und Potentialausgleichsleiter
1 Schutzleiter
2 Hauptpotentialausgleichsleiter
3 Erdungsleitung
4 Leiter für den zusätzlichen Potentialausgleich (falls erforderlich)
5 Haupterdungsklemme (-schiene), Potentialausgleichsschiene
6 Körper eines elektrischen Betriebsmittels
7 Fremdes leitfähiges Teil
8 Wasserleitung
9 Erder (Erdelektrode)
10 andere Erdungsanschlüsse, z. B.
  – Funktionserdung (DIN 57 100 Teil 540/VDE 0100 Teil 540, Abschnitt 7)
  – Fernmeldeerdung (DIN 57 800 Teil 2/VDE 0800 Teil 2)
  – Blitzschutzerdung (DIN 57 185/VDE 0185)
(siehe Anhang B der IEC-Publikation 364-5-54)

oder elektrische Verteilungsanlagen zu betrachten. Bei großen Gebäudeinstallationen können auch mehrere „Haupterdungsschienen" sinnvoll sein.
In Deutschland wird für diese Haupterdungsschiene vielfach der Ausdruck Potentialausgleichsschiene verwendet, – in Anlehnung an die Sprachregelung von VDE 0190/5.73.
Zum Messen des Ausbreitungswiderstandes der Erder bzw. der Erdungsanlage müssen Vorkehrungen zum Abtrennen der Erdungsleitungen vorhanden sein. Diese Verbindungen dürfen nur mit Werkzeug lösbar sein. Sie können mit der Haupterdungsschiene kombiniert werden.

4.8 Metallbewehrung von Beton als Erder und Erdungsleitung

Neu ist in VDE 0100 die Nennung der Metallbewehrung von Beton als möglichen Erder. Diese Festlegung wurde in Anlehnung an DIN 57 141/ VDE 0141/7.76 bei IEC eingebracht und jetzt in DIN 57 100 Teil 540/ VDE 0100 Teil 540 übernommen.

Bei der Anwendung der Metallbewehrung von Beton als Erder ist zunächst die Einbringung eines zusätzlichen Band- oder Rundeisens in das Betonfundament nicht erforderlich. Als Verbindung der einzelnen Bewehrungseisen sind die üblichen „Rödelverbindungen" ausreichend (siehe auch DIN 57 185 Teil 1/VDE 0185 Teil 1/11.82 „Blitzschutzanlagen; Allgemeines für das Errichten", Abschnitt 4.2.1).

In dem Entwurf zu DIN 57 800 Teil 2/VDE 0800 Teil 2 vom November 1982 wird hierzu in Abschnitt 6.2.2.6 etwa folgendes gesagt:

Werden besondere Anforderungen an die Erdungsanlage eines Gebäudes gestellt, so soll es möglich sein, die Stahlkonstruktion und die Bewehrung in die Erdungsanlage, insbesondere als Erdungsleitung, einzubeziehen.

Die leitende Verbindung der Bewehrung kann z. B. durch Verschweißen oder sorgfältiges Verrödeln erreicht werden. Ist wegen der Baustatik ein Verschweißen nicht möglich, dann sollten zusätzliche Baustähle eingelegt werden, die in sich zu verschweißen und mit der Bewehrung zu verrödeln sind.

Das leitende Verbinden der Bewehrung eines Gebäudes ist nur während der Errichtung des Gebäudes möglich, – auch bei Bauten aus Fertigteilen. Der Potentialausgleich über die Stahlkonstruktion und die Bewehrung ist daher bereits bei der Planung der Fundamente und des Hochbaues zu berücksichtigen. Die leitende Verbindung der Bewehrungsteile untereinander verhindert Störungen von Fernmeldeanlagen in großen Gebäuden durch Potentialunterschiede zwischen Teilen der Bewehrung oder durch Ausgleichsströme über die Bewehrung parallel zu Potentialausgleichsleitern.

Verrödeln

Unter „verrödeln" versteht man das im Baugewerbe übliche Zusammenbinden der Bewehrungseisen (Moniereisen) für den Stahlbeton mit Bindedraht.

Die Anmerkung zum Abschnitt 4.1.1 von DIN 57 100 Teil 540/VDE 0100 Teil 540 bezüglich der Sorgfalt bei Spannbeton bezieht sich besonders auf die Anschlußstelle der Erdungsleitung (Anschlußfahne). Im allgemeinen sollte diese Anschlußstelle bei Spannbeton nur nach Rücksprache mit den Betonfachleuten ausgeführt werden.

5 Schutzleiter

VDE: Abschnitt 5
IEC: Abschnitt 543

5.1 Querschnitte von Schutzleitern
(auch von PEN-Leitern)

VDE: Abschnitt 5.1
IEC: Abschnitt 543.1

Die IEC-Publikation 364-5-54 sieht zwei Methoden zur Ermittlung des Schutzleiterquerschnittes vor:

- Berechnung
- tabellarische Auswahl entsprechend dem Außenleiterquerschnitt

wobei die Berechnungsmethode genauer ist und im allgemeinen zu niedrigeren Querschnitten führt.

Die Ermittlung des Schutzleiterquerschnittes in Abhängigkeit von dem Außenleiterquerschnitt ist in VDE eine seit Jahrzehnten geübte sehr einfache Praxis, (vgl. zuletzt VDE 0100/5.73, Tabelle 9-2). Das Komitee 221 hat daher auch für die Beibehaltung dieser Methode plädiert. Sie wird in DIN 57 100 Teil 540/VDE 0100 Teil 540 auch an erster Stelle genannt.

Die von IEC über die CENELEC-Harmonisierung zu übernehmende Rechenmethode beruht auf der Querschnittsermittlung für den Kurzschlußfall (siehe Teil 430).

Der Mindestquerschnitt (anwendbar für Abschaltzeiten bis 5 s) wird nach folgender Gleichung berechnet:

$$S = \frac{\sqrt{I^2 t}}{k}$$

wobei gilt:

S ist der Mindestquerschnitt in mm^2;

I ist der Wert (Wechselstrom eff.) des Fehlerstromes in A, der bei einem vollkommenen Kurzschluß durch die Schutzeinrichtung fließen kann;

t ist die Ansprechzeit in s für die Abschalteinrichtung;

k ist ein Faktor, der von den Werkstoffen des Schutzleiters abhängt (siehe Tabellen 3 bis 6 von DIN 57 100 Teil 540/VDE 0100 Teil 540, Materialbeiwert).

Wenn sich durch die Anwendung der Gleichung nicht genormte Querschnitte ergeben, so müssen die nächsthöheren genormten Querschnitte angewendet werden.

Der Gedanke einer **Berechnung des Schutzleiterquerschnitts** ist für den deutschen Praktiker neu. Die Grundsätze der Berechnungsmethode sollen daher hier erläutert werden: Die Berechnungsmethode ist dieselbe wie die für die Ermittlung des Außenleiterquerschnitts unter dem Gesichtspunkt des Kurzschlußschutzes. Dies muß so sein, da die Schutzleiter-Schutzmaßnahmen mit Überstromschutzorganen als Auslöser im TN- und TT-Netz (seither Nullung und Schutzerdung), den Kurzschlußstrom zum Abschalten von Fehlern beim indirekten Berühren anwenden; der Schutzleiter muß hierbei den Fehlerstrom (Auslösestrom) führen.

In die Berechnung des Schutzleiterquerschnitts gehen also ein:

- der Fehlerstrom, der bei einem Fehler mit vernachlässigbarer Netzimpedanz das Schutzorgan (Sicherung, Leitungsschutzschalter oder Leistungsschalter) zum Ansprechen bringt,

– die Ansprechzeit des Schutzorgans
und
– ein Faktor der das Leitermaterial (Cu, Al oder Fe), dessen Isolationswerkstoff
(z. B. PVC, Gummi oder Luft bei blanken Leitern) und benachbarte Materialien sowie die Anfangs- und Endtemperatur des Schutzleiters berücksichtigt (Materialbeiwert).

Die Formel zur Berechnung des Schutzleiterquerschnittes ist abzuleiten aus der
Gleichung

$$I^2 \cdot t = k^2 \cdot S^2,$$

wobei der $I^2 \cdot t$-Wert einen Bezug zur Wärmeentwicklung im Leiter – hier im
Schutzleiter – infolge des elektrischen Stromes gibt (Stromwärmewert). Zur Ermittlung des Schutzleiterquerschnittes ist die Gleichung wie folgt umzustellen:

$$S = \frac{\sqrt{I^2 \cdot t}}{k}$$

Erklärung von S, I, t und k siehe oben.
In DIN 57 100 Teil 540/VDE 0100 Teil 540 werden in vier Tabellen die k-Faktoren für die häufigsten Anwendungsfälle der Schutzleiter genannt. Der k-Faktor
kann auch nach einer Methode im Anhang B von Teil 540 berechnet werden,
z. B. für Arten von Schutzleitern die in den vier Tabellen nicht genannt sind.
Anmerkung: Dieser k-Faktor (Materialbeiwert) hat nichts mit dem k-Faktor aus VDE 0100/5.73, § 9,
Tabelle 9-1 zu tun.

Inwieweit die **Berechnung von Schutzleiterquerschnitten** bei der Planung
elektrischer Anlagen Anwendung findet, wird die Praxis zeigen.

Die bei IEC und CENELEC im Kapitel 54 aufgeführte allgemeine Tabelle für
Schutzleiterquerschnitte (siehe **Tabelle 540-F** dieser Erläuterungen) wurde

Tabelle 540–F. Zuordnung des Schutzleiters zum Außenleiter (IEC-Tabelle 54 F)

Querschnitt der Außenleiter der Anlage	Mindestquerschnitt des entsprechenden Schutzleiters
S	S_p
mm²	mm²
$S \leq 16$	S
$16 > S \leq 35$	16
$S > 35$	$\dfrac{S}{2}$

Wenn die Anwendung der Tabelle nicht genormte Querschnitte ergibt, so ist der in der
Normreihe am nächsten liegende Querschnitt auszuwählen (siehe IEC-Abschnitt
543.1.2).

durch eine überarbeitete Form der Tabelle 9-2 aus VDE 0100/5.73 ersetzt und damit einfacher handhabbar gemacht.

Diese überarbeitete Tabelle für Schutzleiterquerschnitte wurde mit der Festlegung der PEN-Leiterquerschnitte kombiniert (siehe auch **Tabelle 540-G** dieser Erläuterungen). Die Werte der Tabellen 540-F und 540-G gelten nur bei gleichem Material der Außenleiter, Schutzleiter bzw. PEN-Leiter. Bei unterschiedlichem Material muß die gleiche Leitfähigkeit wie bei den Querschnitten nach Tabelle 540-F erreicht werden; ergeben sich dabei nicht genormte Querschnitte, so ist der nächsthöhere Wert der Normreihe anzuwenden.

Ungeschützte Verlegung von Aluminiumleitern als Schutzleiter ist nicht zulässig.

Bezüglich der PEN-Leiter vergleiche auch Abschnitt 8 dieser Erläuterungen, Kennzeichnung von Schutzleitern usw. siehe Abschnitt 10 dieser Erläuterungen zu Teil 540.

Tabelle 540-G. Zuordnung der Mindestquerschnitte von Schutzleitern und PEN-Leitern zum Querschnitt der Außenleiter

1	2	3	4		5
	Nennquerschnitte				
	Schutzleiter oder PEN-Leiter[1])		Schutzleiter[3]) getrennt verlegt		
Außenleiter	Isolierte Starkstromleitungen	0,6/1-kV-Kabel mit 4 Leitern	geschützt mm^2		ungeschützt Cu[2])
mm^2	mm^2	mm^2	Cu	Al	mm^2
bis 0,5	0,5	–	2,5	4	4
0,75	0,75	–	2,5	4	4
1	1	–	2,5	4	4
1,5	1,5	1,5	2,5	4	4
2,5	2,5	2,5	2,5	4	4
4	4	4	4	4	4
6	6	6	6	6	6
10	10	10	10	10	10
16	16	16	16	16	16
25	16	16	16	16	16
35	16	16	16	16	16
50	25	25	25	25	25
70	35	35	35	35	35
95	50	50	50	50	50
120	70	70	50	50	50
150	70	70	50	50	50
185	95	95	50	50	50
240	–	120	50	50	50
300	–	150	50	50	50
400	–	185	50	50	50

[1]) PEN-Leiter $\geq$ 10 mm^2 Cu oder $\geq$ 16 mm^2 Al, nach Abschnitt 8.2.1 des Teiles 540.
[2]) Ungeschütztes Verlegen von Leitern aus Aluminium ist nicht zulässig.
[3]) Ab einem Querschnitt des Außenleiters von $\geq$ 95 mm^2 vorzugsweise blanke Leiter anwenden.

Nach DIN 57 100 Teil 540/VDE 0100 Teil 540 (Tabelle 2)

Gemeinsamer Schutzleiter für mehrere Stromkreise
VDE: Abschnitt 5.1.4

Wird ein gemeinsamer Schutzleiter für mehrere Stromkreise verwendet, so muß der Querschnitt des Schutzleiters entsprechend dem Querschnitt des stärksten Außenleiters bemessen werden.

5.2 Arten von Schutzleitern
VDE: Abschnitt 5.2
IEC: Abschnitt 543.2

In Abschnitt 5.2 von DIN 57 100 Teil 540/VDE 0100 Teil 540 werden die leitfähigen Teile aufgeführt, die als Schutzleiter angewendet werden dürfen. Hier werden die wichtigsten Punkte in Stichworten aufgeführt; Einzelheiten müssen aus dem Bestimmungstext entnommen werden:
- Leiter in mehradrigen Kabeln und Leitungen;
- isolierte oder blanke Leiter in gemeinsamer Umhüllung mit Außenleitern und dem Neutralleiter, z. B. in Rohren, in Elektroinstallationskanälen;
- fest verlegte blanke oder isolierte Leiter;
- metallene Umhüllungen wie Mäntel, Schirme und konzentrische Leiter bestimmter Kabel z. B. NKLEY, NYCY, NYCWY;
- Metallrohre oder andere Metallumhüllungen, z. B. Installationskanäle, Gehäuse von Stromschienensystemen;
- fremde leitfähige Teile,
  jedoch nur bei Beachtung der Festlegungen in Abschnitt 5.2.4 der Bestimmungen.
Fremde leitfähige Teile dürfen nicht als PEN-Leiter verwendet werden.
Gehäuse oder Konstruktionsteile von Schaltgerätekombinationen (Schaltanlagen) oder von metallgekapselten Stromschienensystemen können als Schutzleiter, nicht aber als PEN-Leiter, verwendet werden. (Einzelheiten zu Schutzleitern siehe Abschnitt 5.2.2 der Bestimmungen).

5.3 Durchgehende Verbindung von Schutzleitern
VDE: Abschnitt 5.3
IEC: Abschnitt 543.3

Die Anforderungen an die sichere, durchgehende elektrische Verbindung von Schutzleitern – und damit auch für PEN-Leiter – werden in Abschnitt 5.3 von Teil 540 (IEC-Abschnitt 543.3) festgelegt.
Das Wichtigste in Stichworten:
- Schutz gegen mechanische und chemische Einflüsse
- Schutz gegen elektrodynamische Beanspruchungen
- Schutzleiterverbindungen müssen zugänglich sein (für Besichtigung und Prüfung), es sei denn sie sind vergossen.

– Schutz der Verbindungen und Anschlüsse gegen Selbstlockern
– keine Schaltorgane im Schutzleiter.

Der Ausdruck „durchgehende Verbindung" von Schutzleitern kommt aus der britischen Installationstechnik und wurde bei IEC und CENELEC übernommen. Seitheriges englisches Wort für Schutzleiter: earth continuity conductor. An diesen geerdeten Leiter hat man besondere Anforderungen bezüglich der „durchgehenden Verbindung" gestellt. In den neuen Wiring Regulations wird der Ausdruck earth continuity conductor jedoch ersetzt durch circuit protective conductor, in Anlehnung an den IEC-Ausdruck protective conductor. Vergleiche auch den erläuternden Text zum Begriff „Schutzleiter" (Protective conductor) im Abschnitt 2 des Teiles 540 dieser Erläuterungen.

6 Erdungsleitung und Schutzleiter für Fehlerspannungs-Schutzeinrichtungen

VDE: Abschnitt 6
IEC: Abschnitt 544.2

Die Verwendung von Fehlerspannungsschutzeinrichtungen wird in DIN 57 100 Teil 410/VDE 0100 Teil 410, Abschnitt 7 geregelt. Dort wird auch das Bild über die Fehlerspannungsschutzschaltung aus VDE 0100/5.73, § 12 aufgeführt, siehe **Bild 540-11** dieser Erläuterungen. Die Disposition des Hilfserders, des Hilfserdungsleiters und des Schutzleiters wird gemäß dem Titel des Teiles 540 auch dort behandelt (in Abschnitt 6).
Die Maßnahme selbst ist in Deutschland inzwischen von untergeordneter Bedeutung. Das System gilt jedoch weiterhin als Schutzmaßnahme und wird auch

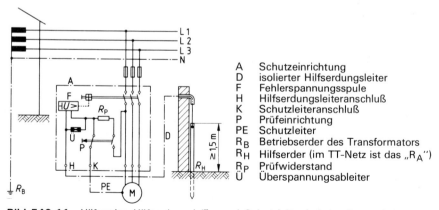

A   Schutzeinrichtung
D   isolierter Hilfserdungsleiter
F   Fehlerspannungsspule
H   Hilfserdungsleiteranschluß
K   Schutzleiteranschluß
P   Prüfeinrichtung
PE Schutzleiter
R_B Betriebserder des Transformators
R_H Hilfserder (im TT-Netz ist das „R_A")
R_P Prüfwiderstand
Ü   Überspannungsableiter

Bild 540-11 Hilfserder, Hilfserdungsleiter und Schutzleiter bei der Anwendung von Fehlerspannungsschutzeinrichtungen in Anlehnung an Bild 1 von DIN 57 100 Teil 410/VDE 0100 Teil 410

hin und wieder z. B. in der Elektronik, angewandt. Aus diesem Grund wurde der Inhalt des § 12 von VDE 0100/5.73 in DIN 57 100/VDE 0100, Teil 410 und Teil 540 übernommen.

In der IEC-Publikation 364-4-41, Abschnitt 413, wird der Fehlerspannungs-schutzschalter als mögliches Auslöseorgan im TT-Netz und IT-Netz für Sonderfälle zugelassen. In der IEC-Publikation 364-5-54, Abschnitt 544.2, ist, genau wie in DIN 57 100 Teil 540/VDE 0100 Teil 540, die Disposition von Erdung und Schutzleiter geregelt:

Der Hilfserder und der „Hilfserdungsleiter'' muß vom Schutzleiter und von allen anderen geerdeten Metallteilen, wie z. B. von metallenen Konstruktionsteilen, Rohren oder Kabelmänteln, elektrisch getrennt sein. Diese Anforderung gilt als erfüllt, wenn der Hilfserder in mindestens 10 m Abstand von anderen geerdeten Metallteilen entfernt ist. Der Hilfserdungsleiter muß isoliert verlegt werden. Diese Bestimmung ist erforderlich, um zu vermeiden, daß das spannungsempfindliche Element (Fehlerspannungsspule) unbeabsichtigt überbrückt wird.

Vergleiche auch Abschnitt 7 des Teiles 410 dieser Erläuterungen.

7 Betriebserdung
Funktionserdung

VDE: Abschnitt 7
IEC: Abschnitt 545

Die Betriebserdung bzw. Funktionserdung wird in VDE 0100 Teil 540 der Vollständigkeit halber aufgeführt. Sie ist im Geltungsbereich von VDE 0100 von untergeordneter Bedeutung. In anderen VDE-Bestimmungen, z. B. in VDE 0800, Teil 2, Erdungen für die Fernmeldetechnik, ist die Funktionserdung ausführlich behandelt; der Zusammenschluß von Funktionserdungen mit Erdungen für Schutzzwecke wird dort häufig gefordert.

8 Kombinierte Erdung für Schutz- und Betriebs-(Funktions-)Zwecke. PEN-Leiter.

VDE: Abschnitte 8, 8.1
IEC: Abschnitte 546, 546.1

In Abschnitt 8.1 ist die allgemeine Aussage festgelegt, daß die Bestimmungen für den Schutz Vorrang haben gegenüber den Erfordernissen des Betriebes.

PEN-Leiter (seither: Nulleiter)
VDE: Abschnitt 8.2
IEC: Abschnitt 546.2

In Abschnitt 8.2 wird die Dimensionierung des PEN-Leiters, d. h. des kombinierten Schutz- und Neutralleiters behandelt. „PEN-Leiter'' ist die neue Bezeichnung des seitherigen Nulleiters, des die Funktionen des Schutzleiters und des Neutralleiters (seither Mittelleiter) vereinigenden Leiters.

Einige wichtige Hinweise zum PEN-Leiter:

- der PEN-Leiter darf im TN-Netz (siehe Teil 310) bei fester Verlegung und einem Leiterquerschnitt von mindestens 10 mm^2 Cu bzw. 16 mm^2 Al angewendet werden (Sonderregelung für bewegliche Leitungen siehe am Ende dieses Abschnittes der Erläuterungen). Die Angabe 16 mm^2 Al fehlt bei IEC noch; eine entsprechende Ergänzung ist in Vorbereitung.

- die Festlegung des PEN-Leiterquerschnittes auf mindestens 4 mm^2 bezieht sich besonders auf mineralisolierte Leitungen; der entsprechende Vorschlag wurde von Großbritannien in die Harmonisierung eingebracht. Dort ist die Anwendung mineralisolierter Leitungen weitverbreitet; ebenso wird in Großbritannien schon länger ein unserer Nullung ähnliches System (PME-System, Protective Multiple Earthing) angewendet.

- nach der Aufteilung des PEN-Leiters in Schutz- und Neutralleiter dürfen diese nicht mehr mineinander verbunden werden. Diese Forderung beruht auf der Erkenntnis, daß der Neutralleiter zwar ein geerdeter, aber dennoch aktiver Leiter ist. Das Zusammenschließen beider Leiter nach der Aufteilung könnte gefährliche Mißverständnisse hervorrufen. Diese Forderung ist auch für einen störungsfreien Betrieb von Fernmeldeanlagen zu beachten: siehe auch letzten Absatz dieses Abschnittes 8.

- ebenso darf der Neutralleiter nach der Aufteilung nicht mehr geerdet werden.

- für größere Querschnitte als die Mindestquerschnitte des PEN-Leiters gilt die Tabelle 2 von DIN 57 100 Teil 540/VDE 0100 Teil 540. Eine ähnliche Tabelle für PEN-Leiter gibt es bei IEC noch nicht.

- PEN-Leiter sind grün-gelb zu kennzeichnen (siehe DIN 57 100 Teil 540/ VDE 0100 Teil 540, Abschnitt 10). – Bei IEC ist eine Regelung in Vorbereitung, die sowohl die grün-gelbe als auch die blaue Kennzeichnung des PEN-Leiters erlaubt; die jeweils andere Kennzeichnung muß danach am Leitungsende zusätzlich angegeben werden. Die nationalen Komitees sollen sich für eine der beiden Lösungen entscheiden. Die Regelung ist in Abschnitt 514.3 der IEC-Publikation 364-5-51 aufgenommen. Dieser Kompromiß bezüglich der Kennzeichnung des PEN-Leiters wurde bei IEC vereinbart, da einige Länder der Funktion des PEN-Leiters als stromführender (aktiver) Leiter mehr Bedeutung geben als seiner Funktion als Schutzleiter.

- PEN-Leiter müssen isoliert sein, (nicht jedoch innerhalb von Schaltanlagen). Der PEN-Leiter führt betriebsmäßig Strom, zur Vermeidung von Streuströmen wird die Isolierung gefordert.

- hier sei auch darauf hingewiesen, daß in Teil 460, Trennen und Schalten, festgelegt ist, daß in TN-C-Netzen den PEN-Leiter weder getrennt noch geschaltet werden darf (IEC-Publikation 364-4-46, Abschnitt 461.2).

- Sonderregelung für bewegliche Leitungen; gemäß DIN 57 100 Teil 540/ VDE 0100 Teil 540 Abschnitt 8.2.1 hat das für VDE 0100 zuständige Komitee 221 folgende Regelung für einige Sonderfälle beschlossen:

Bei der Einspeisung in Niederspannungsnetze durch Notstromaggregate, bei der Überbrückung von herausgetrennten Teilstücken in Freileitungs- und Kabelnetzen (TN-C-Netz) oder in ähnlichen Fällen stellt die Verwendung von 4adrigen beweglichen Leitungen (Querschnitte $\geq$ 16 mm^2 Cu) mit einem grün-gelb gekennzeichneten Ader keinen Verstoß gegen DIN 57 100 Teil 540/VDE 0100 Teil 540, Abschnitt 8.2.1 dar. Diese genannten Leitungen werden aufgrund ihres Querschnittes und vor allem auf der Tatsache beruhend, daß diese Leitungen während des Betriebes nicht bewegt werden, und auch keine beweglichen Geräte angeschlossen sind, als fest verlegt angesehen.

– Gehäuse oder Konstruktionsteile von Schaltanlagen oder Stromschienensystemen dürfen zwar als Schutzleiter (siehe Abschnitt 5.2 des Teiles 540 dieser Erläuterungen), nicht aber als PEN-Leiter verwendet werden.

In diesem Zusammenhang wird häufig die Frage gestellt, ob in Schaltgerätekombinationen Stahlschienen (anstelle von Kupfer- oder Aluminiumschienen) als PEN-Leiterschiene bei entsprechendem Leitwert angewendet werden dürfen. In den Bestimmungen für das Errichten elektrischer Anlagen und für Schaltgerätekombinationen, sowohl bei VDE als auch bei IEC, wird als Werkstoff für den PEN-Leiter und die PEN-Leiter-Schiene immer Kupfer oder Aluminium angegeben. Stahl wird dort nicht genannt und ist so nach allgemeiner Meinung nicht erlaubt.

Man muß dabei berücksichtigen, daß der PEN-Leiter betriebsmäßig Strom führt (der Schutzleiter nur im Fehlerfall). Wenn man in den Gremien die Frage nach der PEN-Leiter-Schiene aus Stahl weiter diskutieren wollte, müßten sicher eine Reihe von direkten Begleiterscheinungen genau untersucht werden: z. B. Korrosionsgefahr, Stromtragfähigkeit der Verbindungen.

Anmerkungen:
– Der Neutralleiter (bisher Mittelleiter) soll in Teil 520, Verlegen von Leitungen und Kabeln, behandelt werden, laut IEC-Vorschlag für Kapitel 52; siehe Teil 520 dieser Erläuterungen: Gliederungsvorschlag aus IEC-Schriftstück 64 (Sec) 222.
– Bezüglich des britischen PME-Systems und Übergang auf das TN-System siehe die IEE-Wiring Regulations, 15th Edition, 1981, Apendix 2 und 3.

PEN-Leiter und Fernmeldetechnik:
Fachleute der Fernmeldetechnik empfehlen, auch bei Querschnitten über 10 mm^2 Cu oder 16 mm^2 Al keinen PEN-Leiter, sondern für Schutzleiter und Neutraleiter jeweils getrennte Leiter anzuwenden.

Für den einwandfreien Betrieb komplexer Anlagen, – wie moderne Fernsprech-, Text- und Datenverarbeitungssysteme (als Beispiele für elektronische Fernmeldeanlagen) –, ist eine wesentliche Voraussetzung, daß ein von Betriebsströmen freies Potentialausgleichsnetz (nämlich die Schutzleiter, PE) zur Verfügung steht. Nur so ist ein gleiches Bezugspotential für alle angeschlossenen Geräte der Fernmeldetechnik vorzugeben.

9 Potentialausgleich

VDE: Teil 410
IEC: Kapitel 41

9.1 Allgemeines

Potentialausgleich ist das Angleichen oder Beseitigen von Potentialunterschieden.

Diese allgemeine Aussage zum Potentialausgleich gilt gewiß für die gesamte Elektrotechnik. Für den hier besprochenen Anwendungsbereich, Schutzmaßnahmen in Niederspannungsanlagen, könnte man diese Definition wie folgt präzisieren:

Ein Potentialausgleich ist eine elektrische Verbindung, die verschiedene Körper von elektrischen Betriebsmitteln und fremde leitfähige Teile auf gleiches oder annähernd gleiches Potential bringt.

Vergleiche auch Abschnitt 2 dieser Erläuterungen zu Teil 540 (Begriffe).

Für die Sicherheits- und Betriebszwecke muß der Potentialausgleich annähernd Erdpotential haben. Im allgemeinen steht der Potentialausgleich im Zusammenhang mit Erdverbindungen. Es kann jedoch auch einen erdfreien Potentialausgleich geben, z. B. bei der Schutztrennung. Der Potentialausgleich ersetzt keine Schutzmaßnahme gegen gefährliche Körperströme.

In den neuen Normen (siehe DIN 57 100 Teil 410/VDE 0100 Teil 410) wird zwischen zwei **Maßnahmen**

– dem Hauptpotentialausgleich und
– dem zusätzlichen Potentialausgleich

unterschieden.

Jedes Gebäude muß danach einen Hauptpotentialausgleich erhalten. Der zusätzliche Potentialausgleich wird für die Fälle gefordert, für die die Abschaltbedingungen der Schutzleiter-Schutzmaßnahmen nicht erfüllt werden können; für Einzelheiten siehe die Erläuterungen zu den entsprechenden Abschnitten des Teiles 410.

Festlegungen zur Anwendung des zusätzlichen Potentialausgleiches findet man in den jeweiligen sachbezogenen Bestimmungen, so z. B. in den Bestimmungen:

– für Schutzleiterschutzmaßnahmen (Teil 410),
– für Baderäume (zur Zeit § 49, später Teil 701),
– für Schwimmbäder (Teil 702),
– für landwirtschaftliche Betriebsstätten (Teil 705),
– für feuergefährdete Betriebsstätten (Teil 720),
– für mobile Ersatzstromversorgungsanlagen (Teil 728)
– außerhalb von VDE 0100 z. B. in DIN 57 107/VDE 0107, DIN 57 108/VDE 0108, DIN 57 165/VDE 0165, VDE 0190 und in DIN 57 800/VDE 0800.

Die Wirksamkeit des zusätzlichen Potentialausgleichs kann überprüft werden, siehe Abschnitt 6.1.6 des Teiles 410 dieser Erläuterungen.

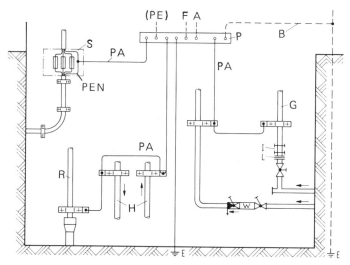

Bild 540-12 Beispiele für Potentialausgleichsleiter in Anlehnung an Bild 1 aus VDE 0190/5.73 (Hauptpotentialausgleich)

A Antennenanlage
B Blitzschutzanlage
E Erder, z. B. Fundamenterder, (mit Erdungsleitung)
F Fernmeldeanlage
G Gasrohr
H Heizungsrohre
PE Schutzleiter, z. B. für Fehlerstrom-Schutzschalter
PA Hauptpotentialausgleichsleiter
PEN PEN-Leiter
W Wasserzähler (siehe Abschnitt 9.2 von DIN 57 100 Teil 540/VDE 0100 Teil 540, IEC Abschnitt 547.1.3)
I Isolierstück
L Langgewinde
P Potentialausgleichsschiene
R Abwasserrohr
S Starkstrom-Hausanschlußkasten

Anmerkung: Das Kurzzeichen PA wird hier einer allgemeinen Gepflogenheit entsprechend angewendet; es ist bisher nicht genormt.

9.2 Potentialausgleichsleiter

VDE: Abschnitt 9
IEC: Abschnitt 547

In Abschnitt 9 des Teiles 540 werden zum ersten Mal in VDE 0100 die Festlegungen zur Dimensionierung von Potentialausgleichsleitern zusammen gefaßt.

Für den Leiter des **Hauptpotentialausgleiches** werden als Mindestquerschnitt 6 mm^2 Cu angegeben. Die mögliche Begrenzung wird auf 25 mm^2 Cu festgelegt, d. h. ein größerer Querschnitt als 25 mm^2 Cu ist für den Hauptpotentialausgleichsleiter nicht erforderlich.

In der Vergangenheit waren die entsprechenden Werte: Minimum 10 mm^2 Cu, Begrenzung 50 mm^2 Cu (VDE 0190/5.73, §4).

Als Mindestquerschnitt des Leiters für den **zusätzlichen Potentialausgleich** wird in der Zukunft wie auch in der Vergangenheit bei geschützter Verlegung 2,5 mm^2, bei ungeschützter Verlegung 4 mm^2 Cu verlangt.

Eine Übersicht der Querschnitte für Potentialausgleichsleiter nach DIN 57 100 Teil 540/VDE 0100 Teil 540 ist in **Tabelle 540-H** aufgeführt. Da Potentialausgleichsleiter auch in der Vergangenheit d. h. in existierenden Anlagen angewendet wurden, wird im 2. Teil der Tabelle 540-H eine Übersicht der Querschnitte nach den seitherigen VDE-Bestimmungen angegeben.

Potentialausgleichsleiter sind entsprechend der Sicherheitsphilosophie von VDE 0100 den Festlegungen für Schutzleiter unterzuordnen.

Tabelle 540-H. Querschnitte für Potentialausgleichleiter

---

1. Übersicht nach den neuen Bestimmungen
   - VDE 0100, Teil 540, Abschnitt 9 und
   - IEC-Publikation 364-5-54, Abschnitt 547.1

---

a) **Hauptpotentialausgleich**

0,5 x dem Querschnitt des Hauptschutzleiters*) der Anlage, jedoch:
   - Minimum: 6 mm^2 Cu oder gleicher Leitwert**)
   - mögliche Begrenzung: 25 mm^2 Cu
     oder gleichwertige Strombelastbarkeit

---

b) **Zusätzlicher Potentialausgleich** (vgl. Bild 540–13)
   - zwischen 2 Körpern:
     mindestens gleich dem Querschnitt des kleineren Schutzleiters der an die Körper angeschlossen ist.
   - zwischen 1 Körper und 1 fremden leitfähigen Teil:
     mindestens 0,5 x dem Querschnitt des an den Körper angeschlossenen Schutzleiters.
   - Minimum: 2,5 mm^2 Cu oder 4 mm^2 Al bei mechanischem Schutz**)
     4 mm^2 Cu ohne mechanischen Schutz**)

---

2. Übersicht nach den alten Bestimmungen

---

a) **VDE 0190/5.73** (Hauptpotentialausgleich)

Mindestens entsprechend der Leitfähigkeit des Schutzleiters nach VDE 0100/5.73, Tabelle 9–2, Spalten 4 bzw. 5.
   - Minimum: 10 mm^2 Cu,
   - mögliche Begrenzung: 50 mm^2 Cu oder gleichwertig

---

b) **VDE 0100/5.73** (zusätzlicher Potentialausgleich)
     (Badezimmer, § 49) 4 mm^2 Cu

---

*) Schutzleiter der Hauptzuleitung

**) Der Werkstoff ist bei IEC nicht festgelegt. Nach Tabelle 2 von VDE 0100 Teil 540 (Tabelle 540–G dieser Erläuterungen) ist der Mindestquerschnitt für Aluminium, geschützt 4 mm^2. Ungeschütztes Verlegen von Leitern aus Aluminium ist nicht zulässig.

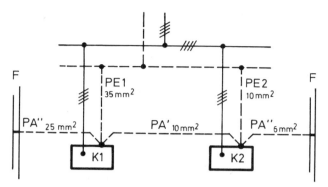

Bild 540-13 Beispiel für die Ausführung des zusätzlichen Potentialausgleiches.
– nach Tabelle 540-H, Absatz 1.b).
PA Potentialausgleichsleiter für den zusätzlichen Potentialausgleich
PE 1 Schutzleiter zu Körper 1
PE 2 Schutzleiter zu Körper 2
K1 Körper 1 (elektrisches Betriebsmittel)
K2 Körper 2 (elektrisches Betriebsmittel)
F Fremdes leitfähiges Teil

Dieses Bild zeigt die Querschnitte der Schutzleiter PE und der Potentialausgleichsleiter PA für den zusätzlichen Potentialausgleich.
PA' verbindet die Körper K1 und K2. Der Querschnitt des PA' muß gleich dem des kleineren Schutzleiters (PE 2) sein.
PA" verbindet jeweils eine Körper (K1 bzw. K2) mit einem benachbarten fremden leitfähigen Teil. Der Querschnitt des PA" muß mindestens die Hälfte des zugehörigen Schutzleiterquerschnittes betragen.

Anmerkung: Das Kurzzeichen PA wird hier einer allgemeinen Gepflogenheit entsprechend angewendet; es ist bisher nicht genormt.
Schaltzeichen für Schutzleiter (PE) nach DIN 40 711: – · – · – · – ;
bei IEC gibt es dieses Zeichen nicht.

10 Kennzeichnung von Schutzleiter, PEN-Leiter, Erdungsleitung und Potentialausgleichsleiter

VDE: Abschnitt 10
IEC: Kapitel 51

Vorbemerkung
Hier wird abweichend von IEC und CENELEC die Kennzeichnung von PEN-Leiter (seither Nulleiter), Schutzleiter, Erdungsleiter und Potentialausgleichsleiter angegeben. Der in der neuen Ordnung von VDE 0100 vorgesehene Platz für Angaben zur Kennzeichnung ist der Teil 510, Allgemeines, – Grundsätze zur Auswahl und Errichtung, Abschnitt 514, Kennzeichnung.
Das Komitee 221 war der Ansicht, daß in Anlehnung an die seitherige Praxis (VDE 0100/5.73, § 6 b)2) die Angaben zur Kennzeichnung der Schutzleiter usw. auch im Teil 540 aufgeführt sein sollte, mindestens bis zur Herausgabe des Teiles 510 auf der Grundlage eines Harmonisierungsdokumentes.

Auszug aus den Bestimmungen zu Teil 540;

a) isolierte Leiter:
- Schutzleiter und
- PEN-Leiter

sind in ihrem ganzen Verlauf durchgehend grün-gelb zu kennzeichnen. Bezüglich der Kennzeichnung von PEN-Leitern siehe auch die Erläuterungen zu Abschnitt 8.2 (PEN-Leiter). Die grün-gelbe Kennzeichnung darf für
- Potentialausgleichsleiter und
- Erdungsgleitungen

verwendet werden, sofern sie Schutzfunktion haben. Für andere Leiter darf diese Farbkennzeichnung nicht angewendet werden. Sonderregelung für einadrige Kabel und Leitungen beachten, (Abschnitt 10.2 von DIN 57 100 Teil 540/VDE 0100 Teil 540).

b) nichtisolierte Leiter und Konstruktionsteile;
die grün/gelbe Kennzeichnung darf entfallen:
- bei konzentrischen Leitern und Metallmänteln.
- in Schalt- und Verteilungsanlagen sowie bei Kranschleifleitungen, wenn der Schutzleiter oder das Schutzleiteranschlußteil auf andere Weise, z. B. durch Form oder Aufschrift kenntlich gemacht wird.
- bei blanken Schutzleitern, wenn eine dauerhafte Kennzeichnung nicht möglich ist.
  Anmerkung:
  Eine dauerhafte Kennzeichnung ist z. B. in Hüttenbetrieben und chemischen Betrieben wegen aggressiver Atmosphäre und Schmutz nicht immer möglich.
- wenn der Schutzleiter aus leitfähigen Konstruktionsteilen oder aus fremden leitfähigen Teilen besteht.
- bei Freileitungen.

Vergleiche auch:
DIN 40 705, Kennzeichnung isolierter und blanker Leiter durch Farben.

11 Schrifttum zum Thema Erdung, Schutzleiter, Potentialausgleich

- *Voigt, D.:* Potentialausgleich und Fundamenterder VDE 0100/VDE 0190. VDE-Schriftenreihe Band 35. VDE-Verlag, Berlin
- *Winkler, A.:* Überprüfen von Potentialausgleichs- und Schutzleitern, de 5/81
- *Wild, J.:* Dimensionieren und Messen von Erdungsanlagen. Ein Hilfsmittel für Praktiker. – Elektrizitätswerke des Kanton Zürich.
- *Vögtli, K.:* Betoneisen, eine immer häufigere Korrosionsursache. – PTT, Bern, 11/73
- *Hönninger, E.:* Der Fundamenterder – ÖZE, Wien, 4/74

- AfK-Empfehlung Nr. 6 – Maßnahmen zur Verhütung von zu hohen Berührungsspannungen bei der Errichtung von Fremdstromanlagen für den kathodischen Korrosionsschutz und Bauhinweise. – ZfGW-Verlag, 6 Frankfurt/M 90, Postfach 90 10 80
- AIEE-Guide Nr. 80/3.61 (USA) Guide for Safety in Alternating-Current Substation. Grounding. American Institute of Electrical Engineers, New York.
- *Rémond, C.:* si nous parlions ..... des liaisons équipotentielles. 3E, Paris, Nr. 474, November 1981 („wenn wir über den Potentialausgleich sprechen")
- Fundamenterder, Erläuterungen. Herausgegeben vom Verband der Sachversicherer, Köln.
- *Heim, G.:* Korrosionsverhalten von Erderwerkstoffen. Elektrizitätswirtschaft, Jg. 81 (1982), H. 25, S. 875-884.
- *Rudolph, W.:* Erdung, Schutzleiter und Potentialausgleich für Niederspannungsanlagen. de, 54. Jg. (1979), H. 9.
- *Rudolph, W.:* Earthing and equipotential bonding for low voltage installations. AEG-Telefunken Progress (1980), H. 1, S. 9-14.
- *Hering, E.:* Neue Bestimmungen für Schutzleiter. Der Elektro-Praktiker. VEB Verlag Technik, Berlin. 37. Jg. (1983), H. 5, S. 150-155.

Anhang

zu den Erläuterungen von DIN 57 100/VDE 0100

Sicherheitsvorschriften für elektrische Starkstromanlagen aus dem Jahre 1896

Häufig wird gefragt, wie war das früher mit den VDE-Bestimmungen, wie sind die früher entstanden? Sicher hängen die Fragen damit zusammen, daß die VDE 0100 zur Zeit völlig neu gestaltet wird. In diesem Anhang soll daher die erste Ausgabe des Vorläufers der VDE 0100 (damals noch ohne Nummer oder Kurzzeichen) zitiert werden, einschließlich der den Vorschriften vorausgegangenen Erläuterungen, damals „Rundschau" genannt.

„Sicherheitsvorschriften für elektrische Starkstromanlagen"
Herausgegeben vom Verband Deutscher Elektrotechniker. Veröffentlicht am 9. Januar 1896 in der Elektrotechnischen Zeitschrift, 17. Jahrgang, Heft 2.

Elektrotechnische Zeitschrift

(Centralblatt für Elektrotechnik)

Organ des Elektrotechnischen Vereins
und des Verbandes Deutscher Elektrotechniker

Verlag: Julius Springer in Berlin und R. Oldenbourg in München.

Redaktion: Gisbert Kapp und Jul. H. West.

Expedition nur in Berlin. N. 24. Monbijouplatz 3.

Die

Elektrotechnische Zeitschrift

erscheint — seit dem Jahre 1890 vereinigt mit dem bisher in München erschienenen CENTRALBLATT FÜR ELEKTRO-TECHNIK — in wöchentlichen Heften und berichtet, unterstützt von den hervorragendsten Fachleuten, über alle das Gesammtgebiet der angewandten Elektricität betreffenden Vorkommnisse und Fragen in Originalberichten. Rundschauen, Korrespondenzen aus den Mittelpunkten der Wissenschaft, der Technik und des Verkehrs, in Anzeigen aus dem Geschäftsleben, in Betracht kommenden fremden Zeitschriften, Patentberichten etc. etc.

ORIGINAL-ARBEITEN werden gut honorirt und wie alle anderen die Redaktion betreffenden Mittheilungen erbeten unter der Adresse:

Redaktion der Elektrotechnischen Zeitschrift in Berlin N. 24. Monbijouplatz 3.

Fernsprechnummer: III. 1163.

Die

Elektrotechnische Zeitschrift

kann durch den Buchhandel, die Post (Post-Zeitungs-Preisliste No. 2190) oder durch die unterzeichnete Verlagshandlung zum Preise von M. 20,— (M. 25,— bei portofreier Versendung nach dem Auslande) für den Jahrgang bezogen werden.

ANZEIGEN werden von der unterzeichneten Verlagshandlung, sowie von allen soliden Anzeigegeschäften zum Preise von 40 Pf. für die 4gespaltene Petitzeile angenommen.

Bei 6 13 26 52maliger Aufgabe
kostet die Zeile 35 30 25 20 Pf.

Stellengesuche werden bei direkter Aufgabe mit 20 Pf. für die Zeile berechnet.

BEILAGEN werden nach Vereinbarung beigefügt.

Alle Mittheilungen, welche den Versand der Zeitschrift, die Anzeigen oder sonstige geschäftliche Fragen betreffen, sind ausschliesslich zu richten an die

Verlagsbuchhandlung von JULIUS SPRINGER in Berlin N. 24. Monbijouplatz 3.

Fernsprechnummer III. 130. -Telegramm-Adresse: Springer-Berlin-Monbijou.

RUNDSCHAU.

Wir veröffentlichen an einer anderen Stelle dieses Heftes die vom Verbande DeutscherElektrotechniker herausgegebenen Sicherheitsvorschriften für elektrische Starkstromanlagen. Wie unseren Lesern bekannt sein wird, hat die Verbandskommission in Gemeinschaft mit dem Technischen Ausschuss des Elektrotechnischen Vereins in

1896.

der ersten Hälfte des vorigen Jahres Vorschläge zu Sicherheitsvorschriften ausgearbeitet, welche der Jahresversammlung des Verbandes in München vorgelegt werden sollten. Um bei dieser Gelegenheit den Gegenstand möglichst gründlich behandeln zu können, wurden noch vor der Jahresversammlung diese Vorschläge den verschiedenen elektrotechnischen Vereinen und Gesellschaften zur Begutachtung und Meinungsäusserungen eingeholt. Diese waren in vielen Punkten abfällig und zeigten, dass die Vorschläge noch verbesserungsfähig wären. Die Kommission hat deshalb auch die Vorschläge der Jahresversammlung nicht zur Annahme vorgelegt, sondern den Antrag gestellt, sich durch Delegirte der verschiedenen elektrotechnischen Vereine und Gesellschaften zu ergänzen, damit eine für ganz Deutschland annehmbare Fassung der Sicherheitsvorschriften erzielt werde. Es wurden von der Jahresversammlung vier Beschlüsse gefasst. Erstens: Die Kommission bleibt bestehen und wird ergänzt; zweitens: sie bearbeitet nicht nur die im Interesse der Industrie nöthigen Sicherheitsvorschriften, sondern macht auch, wenn nöthig, Vorschläge zur Abänderung der Vorschriften des Verbandes Deutscher Privatfeuerversicherungsgesellschaften; drittens: wenn die ergänzte Kommission die Beschlüsse mit absoluter Einstimmigkeit fasst, so bedürfen sie zur Bestätigung auf der nächsten Jahresversammlung nicht, sondern gelten ohne Weiteres als Verbandsvorschriften; und viertens: die Kommission bleibt bestehen und ist befugt, nothwendig werdende Aenderungen der Vorschriften vorzunehmen.

Mit dieser Marschroute ausgerüstet, trat nun die Kommission am 22. November vorigen Jahres in Eisenach an ihre Arbeit heran. Dass diese Arbeit keine leichte war, braucht wohl nicht besonders betont zu werden; wo so viele Körperschaften, jede zunächst selbstständig, Abänderungsvorschläge machen, kann es nicht ausbleiben, dass diese Vorschläge sich theilweise widersprechen. Die Kommission hatte sich nicht nur die Aufgabe, die vorgelegten Vorschriften zu korrigiren, sondern diese Korrektur so auszuführen, dass dabei den Wünschen der verschiedenen elektrotechnischen Vereine und Gesellschaften thunlichst entsprochen würde. Natürlich konnte das nur durch wechselseitige Zugeständnisse und Entgegenkommen erreicht werden. Diese Körperschaften hatten ihre Delegirten nach Eisenach geschickt und zwar mit der nöthigen Vollmacht ausgerüstet, sodass alle Fragen an Ort und Stelle sofort erledigt werden konnten. Durch ihre Betheiligung an dieser Arbeit haben sich die elektrotechnischen Vereine und Gesellschaften um die Industrie ein grosses Verdienst erworben, denn ohne ihre Mitwirkung wäre diese Arbeit überhaupt nicht durchführbar gewesen.

Da die Beschlüsse einstimmig gefasst wurden, so gelten diese von der Eisenacher Kommission gegebene Beispiel in späteren Fällen, wo es sich um die Erledigung wichtiger Fragen von allgemeinem Interesse handelt, Anklang finden möge.

Es ist vielleicht angezeigt, wenn wir an dieser Stelle auf einen Punkt der neuen Vorschriften aufmerksam machen, welche bei den Berathungen besonders eingehend behandelt werden mussten, weil über dieselben anfänglich grosse Meinungsverschiedenheit bestand.

Der eine war die Frage, ob man die Sicherungen nach der Stromstärke oder nach dem Drahtquerschnitt bemessen soll,

und der andere betraf die Grösse des Isolationswiderstandes, welchen man auch zugegeben werden muss, dass vom rein theoretischen Standpunkte es richtig ist, die Sicherung nach der Stromstärke zu bemessen, so bietet die praktische Durchführung dieses Princips doch grosse Schwierigkeiten. In vielen Fällen muss man, um den Spannungsabfall innerhalb der zulässigen Grenzen zu halten, den Drahtquerschnitt erheblich grösser nehmen, als der Stromstärke entspricht, und würde die Sicherung nach der Stromstärke eingesetzt werden, so müssten die Klemmschrauben zwischen Draht und Sicherung besonders konstruirt werden. Nun sind aber Sicherungen mit ihren Klemmschrauben durch die Normalienkommission des Verbandes bereits festgestellt worden und die Industrie hat diese Normalien angenommen. Wollte man nach Stromstärke sichern, so müssten in vielen Fällen Normalschrauben gegen solche grösseren Kalibers ausgewechselt werden und es würde mit der vielen Mühe errreichte Vortheil von Normalien im Installationsmaterial wieder verloren gehen. Bei Sicherung nach Stromstärke würde ausserdem noch ein anderer Uebelstand auftreten. In vielen Anlagen werden die Haupt- und Zweigleitungen für eine grössere als die im ersten Ausbau eingesetzte Anzahl Lampen bemessen. Wird die Anlage später erweitert, so vergrössert sich die Stromstärke in diesen Leitungen und das würde ein Auswechseln aller Sicherungen bedingen. In Anbetracht dieser Umstände hat die Kommission das Princip angenommen, die Sicherung nicht nach der Stromstärke, sondern nach dem Querschnitt des zu schützenden Drahtes zu bemessen.

Der zweite oben angeführte Punkt ist die Grösse des Isolationswiderstandes von Anlagen, den man dauernd erreichen kann. Bisher waren zwei Arten von Formeln für den Isolationswiderstand im Gebrauch. Die eine Art ist durch den Ausdruck $K = \frac{E}{J}$ charakterisirt, wobei E die Spannung, J die maximale in der Anlage gebrauchte Stromstärke und K einen Koëfficienten darstellt, dessen Höhe die Isolation bestimmt. In dieser Art von Formel ist die Anzahl der Lampen überhaupt nicht enthalten, und da, wie jeder Installateur weiss, die Schwierigkeit, eine gute Isolation zu erhalten, nicht so sehr bei den glatt durchgehenden Drähten, sondern vielmehr bei den Abzweigstellen, Verzweigungen und Schaltern auftritt, so ist diese eine Formel, welche die Lampenzahl vernachlässigt, wissenschaftlich nicht zu rechtfertigen. Bei der sogenannten Wiener Art von Formeln, welche zu den besprochenen Art von Formeln gehört, ist der Koëfficient $K = 5000$. Es würde danach für eine 100 V-Anlage mit Isolationswiderstand von 500 V ausreichen; ebenso würde derselbe Isolationswiderstand für eine Anlage, bestehend aus einem einzigen Elektromotor von 100 Kilowatt genügen. Es ist wohl ohne Weiteres klar, dass man in letzterem Falle eine höhere Isolation nicht nur erreichen kann, sondern erreichen muss, wenn man die Anlagen die gleiche Sicherheit gegen Feuersgefahr bieten sollen. Diese Formel passt eben nicht auf beide Fälle, und um diesem Uebelstand abzuhelfen, haben verschiedene Versicherungsgesellschaften Formeln angenommen, in welchen die Lampenzahl berücksichtigt wird. Diese Art von Formeln hat die Gestalt $W = K \cdot \mathfrak{n}$, wobei $\mathfrak{n}$ die Lampenzahl und K ein Koëfficient ist, welcher von der Spannung, der Stromart (Wechsel- oder Gleichstrom) und mehr oder weniger strengen Anforderungen der Versicherungsgesellschaft ab-

2

hängt. In der sogenannten Phönix-Formel ist für Spannungen bis zu 220 V bei Gleichstrom der Koëfficient 12,5 . 10⁶ und bei Wechselstrom 25 . 10⁶. Es würde also eine Anlage von 2000 Lampen nach der Phönix-Formel bei Betrieb mit Gleichstrom mindestens 6250 Ω und bei Betrieb mit Wechselstrom 12500 Ω Isolationswiderstand haben müssen. Das ist 12½ bzw. 25-mal so viel, als die Wiener Formel verlangt. Obzwar eine so hohe Isolation unter günstigen Umständen leicht erreichbar ist, kann man doch nicht in allen Fällen darauf rechnen, sie zu erreichen, und aus diesem Grunde muss die Phönix-Formel als für die Praxis viel zu streng bezeichnet werden. Das hat übrigens die Phönix-Gesellschaft selbst eingesehen, denn in einem Zusatz zu dem Paragraphen über Isolationswiderstand heisst es, dass der Sachverständige der Gesellschaft in gewissen Fällen befugt ist, einen geringeren Isolationswiderstand zuzulassen. Es ist nicht kaum anders möglich, als dass unter diesen Umständen die Ausnahme zur Regel wird, und dass man sich überhaupt mit einem geringeren Isolationswiderstand begnügt. Die Verbandskommission hat deshalb auch in ihrer Formel für den Isolationswiderstand bedeutend geringere Anforderungen gestellt, indem sie den Koëfficienten K von 12½ Millionen auf 1 Million heruntersetzte. Ein Isolationswiderstand von 1 000 000 : n für die ganze Anlage bietet jedoch an und für sich auch keine Garantie der Feuersicherheit. Bei einigermassen sorgfältiger Arbeit ist eine Isolation von 10 Megohm pro Lampe ganz leicht zu erreichen. Denken wir uns nun eine Anlage von 2000 Lampen, welche mit der sorgfältig installirt sind, mit Ausnahme von vielleicht 10 Lampen, welche zufälliger Weise von einem unzuverlässigen Arbeiter installirt wurden. Die Isolation der 1990 Lampen sei 10 Megohm pro Lampe oder rund 5000 Ω für alle zusammen, während die Isolation von den 10 schlecht installirten Lampen zusammen nur 1000 Ω sein möge. Beständde die Anlage nur aus diesen 10 Lampen, so müsste dieselbe einen Isolationswiderstand von 100 000 Ω haben. Die Verminderung des Isolationswiderstandes auf 1000 Ω ist also jedenfalls feuersgefährlich und trotzdem würde die Prüfung der ganzen Anlage einen Isolationswiderstand von 830 Ω zeigen, also erheblich mehr als die 500 Ω, die nach der Verbandsformel verlangt werden. Das Beispiel, welches wir hier angeführt haben, zeigt, dass auch eine Formel, welche die Lampenzahl beachtet, nicht unter allen Umständen für Feuersicherheit Garantie bietet, und um diesem Uebelstande abzuhelfen, hat die Verbandskommission die Bestimmung getroffen, dass nicht nur die Anlage als ein Ganzes der Formel $W = 10^6 : n$ genügen müsse, sondern, dass auch jeder einzelne Theil der Anlage einen Isolationswiderstand haben muss, der nicht kleiner sein darf als $10000 + 10^6 : n$. Die Einführung des konstanten Gliedes von 10000 Ω hat den Zweck, die oben angedeutete Gefahr, welche einer sonst ausgezeichneten Anlage durch einige schlecht installirte Lampen erwachsen könnte, zu vermeiden. Bei der Messung kann die Unterheilung der Anlage beliebig weit getrieben werden; je mehr der Installateur unterheilt, desto leichter wird es ihm, die Bedingung der Formel zu erfüllen, denn der Einfluss des konstanten Gliedes von 10000 Ω wird desto geringer, je kleiner die Lampenzahl. Die Formel stellt also keine unbillige oder zu strengen Forderungen in Bezug auf Isolationswiderstand, aber sie giebt dem Installateur die Anleitung, seine Anlage so einzurichten, dass man dieselbe leicht behufs Messung in einzelne Zweige trennen kann. Das ist in Bezug auf die

Auffindung von Fehlern bei der Abnahme ein grosser Vortheil und erleichtert auch später die dauernde Kontrole der Anlage.

Die von dem Verbande Deutscher Elektrotechniker herausgegebenen Sicherheitsvorschriften haben zwar keine gesetzliche Kraft; denn der Verband ist keine Behörde, welche die Durchführung solcher Vorschriften erzwingen könnte. Trotzdem ist die allgemeine Annahme dieser Vorschriften wahrscheinlich; denn, da die elektrotechnischen Vereine und Gesellschaften sich für ihre Annahme erklärt haben, so werden die Mitglieder dieser Körperschaften doch in aller erster Linie im Interesse daran haben, Ordnung und Einheitlichkeit in das Installationswesen zu bringen, so werden sie das Erscheinen dieser Vorschriften mit Freuden begrüssen. Es ist nicht zu leugnen, dass in allen Fachkreisen das Bedürfniss nach solchen Vorschriften schr lebhaft empfunden worden ist, und deshalb steht zu hoffen, dass die allgemeine Annahme dieser Vorschriften auch von Seiten der Besitzer oder Besteller elektrischer Anlagen nicht lange auf sich warten lassen wird. Die Einführung würde jedenfalls dadurch beschleunigt werden, dass die installirenden Firmen in ihren Offerten angeben würden, dass die „Anlage nach den Verbandsvorschriften ausgeführt wird", und das wird in kurzer Zeit die Besteller von Anlagen dazu bringen, ihre Aufträge nur unter dieser Bedingung zu geben. Ist dieser Standpunkt einmal erreicht, so wird das leider jetzt noch zu oft vorkommende „billig, schlecht und gefährlich" im Installationswesen dem „preiswürdig, gut und sicher" Platz machen müssen.

Sicherheitsvorschriften für elektrische Starkstromanlagen.

Herausgegeben vom Verband Deutscher Elektrotechniker.[*]

Abtheilung I.

Die Vorschriften dieser Abtheilung gelten für elektrische Starkstromanlagen mit Spannungen bis 250 Volt zwischen irgend zwei Leitungen oder einer Leitung und Erde, mit Ausschluss unterirdischer Leitungsnetze und elektrochemischer Anlagen.

I. Betriebsräume und -Anlagen.

§ 1. Dynamomaschinen, Elektromotoren, Transformatoren und Stromwender, welche nicht in besonderen luft- und staubdichten Schutzkästen stehen, dürfen nur in Räumen aufgestellt werden, in denen normaler Weise eine Explosion durch Entzündung von Gasen, Staub und Fasern ausgeschlossen ist. In allen Fällen ist die Aufstellung derart auszuführen, dass etwaige Feuererscheinungen keine Entzündung von brennbaren Stoffen hervorrufen können.

§ 2. In Akkumulatorenräumen darf keine andere als elektrische Glühlichtbeleuchtung verwendet werden. Solche Räume müssen dauernd gut ventilirt sein. Die einzelnen Zellen sind gegen das Gestell und letzteres gegen Erde durch Glas, Porzellan oder ähnliche nicht hygroskopische Unterlagen zu isoliren. Es müssen Vorkehrungen getroffen werden, um beim Auslaufen von Säure eine Gefährdung des Gebäudes zu vermeiden. Während der Ladung dürfen in diesen Räumen glühende oder brennende Gegenstände nicht geduldet werden.

§ 3. Die Hauptschaltetafeln in Betriebsräumen sollen aus unverbrennlichem Material bestehen, oder es müssen sämmtliche stromführende Theile auf isolirenden und feuersicheren Unterlagen montirt werden.

Sicherungen, Schalter und alle Apparate, in denen betriebsmässig Stromunterbrechung stattfindet, müssen derart angeordnet sein, dass etwa auftretende Feuererscheinungen benachbarte brennbare Stoffe nicht entzünden können und unterliegen überdies den in § 1 gegebenen Vorschriften.

Für Regulirwiderstände gelten die Bestimmungen des § 14.

II. Leitungen.

§ 4. Stromleitungen aus Kupfer sollen ein solches Leitungsvermögen besitzen, dass 55 Meter eines Drahtes von 1 Quadratmillimeter Querschnitt bei 15° C einen Widerstand von nicht mehr als 1 Ohm haben.

§ 5. Die höchste zulässige Betriebs-Stromstärke für Drähte und Kabel aus Leitungskupfer ist aus nachstehender Tabelle zu entnehmen:

Querschnitt in Quadratmillimetern	Betriebs-Stromstärke in Ampère
0,75	3
1	4
1,5	6
2,5	10
4	15
6	20
10	30
16	40
25	60
35	80
50	100
70	130
95	160
120	200
150	280
210	300
300	400
500	600

Der geringste zulässige Querschnitt für Leitungen ausser an und in Beleuchtungskörpern ist 1 Quadratmillimeter, an und in Beleuchtungskörpern ¾ Quadratmillimeter. Bei Verwendung von Drähten aus anderen Metallen müssen die Querschnitte entsprechend grösser gewählt werden.

§ 6. Blanke Leitungen müssen vor Beschädigung oder zufälliger Berührung geschützt sein. Sie sind nur in feuersicheren Räumen ohne brennbaren Inhalt, ferner ausserhalb von Gebäuden, sowie in Maschinen- und Akkumulatorenräumen, welche nur dem Bedienungspersonal zugänglich sind, zulässig. Ausnahmsweise sind auch in nicht feuersicheren Räumen, in welchen ätzende Dünste auftreten, blanke Leitungen zulässig, wenn dieselben durch einen geeigneten Ueberzug gegen Oxydation geschützt sind.

Blanke Leitungen sind nur auf Isolirglocken zu verlegen und müssen, soweit sie nicht unausschaltbare Parallelwege sind, von einander bei Spannweiten von über 6 Meter mindestens 30 Centimeter, bei Spannweiten von 4 bis 6 Metern mindestens 20 Centimeter, und bei kleineren Spannweiten mindestens 15 Centimeter, gegen die Wand in allen Fällen mindestens 10 Centimeter entfernt sein. In Akkumulatorenräumen und bei Verbindungsleitungen zwischen Akkumulatoren und Schaltbrett sind Isolirrollen und kleinere Abstände zulässig.

Im Freien müssen blanke Leitungen wenigstens 4 Meter über dem Erdboden verlegt werden. Freileitungen, welche nicht im Schutzbereich von Blitzschutzvorrichtungen liegen, sind mit solchen in genügender Anzahl zu versehen.

Bezüglich der Sicherung vorhandener Telephon- und Telegraphenleitungen gegen Freileitungen wird auf das Telegraphengesetz vom 6. April 1892 verwiesen.

Blanke Leitungen, welche betriebsmässig an Erde liegen, fallen bis auf weiteres nicht unter die Bestimmungen dieses Paragraphen.

*) Nachdruck verboten.

Isolirte Einfachleitungen.

§ 7. a) Leitungen, welche eine doppelte, fest auf dem Draht aufliegende, mit geeigneter Masse imprägnirte und nicht brüchige Umhüllung von faserigem Isolirmaterial haben, dürfen, soweit ätzende Dämpfe nicht zu befürchten sind, auf Isolirglocken überall, auf Isolirrollen, Isolirringen oder diesen gleichwerthigen Befestigungsstücken dagegen nur in ganz trockenen Räumen verwendet werden. Sie sind in einem Abstand von mindestens 2,5 Centimeter von einander zu verlegen.

b) Leitungen, die unter der oben beschriebenen Umhüllung von faserigem Isolirmaterial noch mit einer zuverlässigen, aus Gummiband hergestellten Umwickelung versehen sind, dürfen, soweit ätzende Dämpfe nicht zu befürchten sind, auf Isolirglocken überall, auf Rollen, Ringen und Klemmen, und in Rohren nur in solchen Räumen verlegt werden, welche im normalen Zustande trocken sind.

c) Leitungen, bei welchen die Gummiisolirung in Form einer ununterbrochenen, nahtlosen und vollkommen wasserdichten Hülle hergestellt ist, dürfen, soweit ätzende Dämpfe nicht zu befürchten sind, auch in feuchten Räumen angewendet werden.

d) Blanke Bleikabel, bestehend aus einer Kupferseele, einer starken Isolirschicht und einem nahtlosen einfachen, oder einem doppelten Bleimantel, dürfen niemals unmittelbar mit leitenden Befestigungsmitteln, mit Mauerwerk und Stoffen, welche das Blei angreifen, in Berührung gebracht werden. (Reiner Gyps greift Blei nicht an.) Bleikabel, deren Kupferseele weniger als 6 Quadratmillimeter Querschnitt hat, sind nur dann zulässig, wenn ihre Isolation aus vulkanisirtem Gummi oder gleichwerthigem Material besteht.

e) Asphaltirte Bleikabel dürfen in trockenen Räumen und trockenem Erdboden verwendet, und müssen derart verlegt werden, dass sie Mauerwerk oder Stoffe, welche das Blei angreifen, nicht berühren können. An den Befestigungsstellen ist darauf zu achten, dass der Bleimantel nicht eingedrückt oder verletzt wird; Rohrhaken sind daher als Verlegungsmittel ausgeschlossen.

f) Asphaltirte und armirte Bleikabel eignen sich zur Verlegung unmittelbar in Erde und in feuchten Räumen. Rohrhaken sind zulässig.

g) Bleikabel dürfen nur mit Endverschlüssen, Abzweigmuffen oder gleichwerthigen Vorkehrungen, welche das Eindringen von Feuchtigkeit wirksam verhindern und gleichzeitig einen guten elektrischen Anschluss vermitteln, verwendet sein.

h) Wenn Gummiisolirung verwendet wird, muss der Leiter verzinnt sein.

Mehrfachleitungen.

§ 8. a) Leitungsschnur zum Anschluss beweglicher Lampen und Apparate darf in trockenen Räumen verwendet werden, wenn jede der Leitungen in folgender Art hergestellt ist:

Die Kupferseele besteht aus Drähten unter 0,5 Millimeter Durchmesser; darüber befindet sich eine Umspinnung aus Baumwolle, welche von einer dichten, das Eindringen von Feuchtigkeit verhindernden Schicht Gummi umhüllt ist; hierauf folgt wieder eine Umwickelung mit Baumwolle und als äusserste Hülle eine Umklöppelung aus widerstandsfähigem Stoff, welche brennbar sein darf als Seide oder Glanzgarn.

Der geringste zulässige Querschnitt für biegsame Leitungsschnur ist 1 Quadratmillimeter für jede Leitung.

b) Derartige biegsame Leitungsschnur darf nur in vollständig trockenen Räumen und in einem Abstand von mindestens 5 Millimeter vor der Wand- oder Deckenfläche, jedoch niemals in unmittelbarer Berührung mit leicht entzündbaren Gegenständen fest verlegt werden.

c) Beim Anschluss biegsamer Leitungsschnüre an Fassungen, Anschlussdosen und andere Apparate müssen die Enden der Kupferlitzen verlöthet sein.

Die Anschlussstellen müssen von Zug entlastet sein.

d) Biegsame Mehrfachleitungen zum Anschluss von Lampen und Apparaten sind in feuchten Räumen und im Freien zulässig, wenn jeder Leiter nach § 7 c und h hergestellt ist und die Leiter durch eine Umhüllung von widerstandsfähigem Isolirmaterial geschützt sind.

e) Drähte (bis 6 Quadratmillimeter Querschnitt), deren Beschaffenheit mindestens den Vorschriften 7 b und h entspricht, dürfen verdrillt oder in gemeinschaftlicher Umhüllung in trockenen Räumen wie Einzelleitungen nach 7 b fest verlegt werden.

Verlegung.

§ 9. a) Alle Leitungen und Apparate müssen auch nach der Verlegung in ihrer ganzen Ausdehnung in solcher Weise zugänglich sein, dass sie jeder Zeit geprüft und ausgewechselt werden können.

b) Drahtverbindungen. Drähte dürfen nur durch Verlöthen oder eine gleichgute Verbindungsart verbunden werden. Drähte durch einfaches Umeinanderschlingen der Drahtenden zu verbinden, ist unzulässig.

Zur Herstellung von Löthstellen dürfen Löthmittel, welche das Metall angreifen, nicht verwendet werden. Die fertige Verbindungsstelle ist entsprechend der Art der betreffenden Leitungen sorgfältig zu isoliren.

Abzweigungen von frei gespannten Leitungen sind von Zug zu entlasten.

Zum Anschlusse an Schalttafeln oder Apparate sind alle Leitungen über 25 Quadratmillimeter Querschnitt mit Kabelschuhen oder einer gleichwerthigen Verbindungsart zu versehen. Drahtseile von geringerem Querschnitt müssen, wenn sie nicht ebenfalls Kabelschuhe erhalten, an den Enden verlöthet werden.

c) Kreuzungen von stromführenden Leitungen unter sich und mit sonstigen Metalltheilen sind so auszuführen, dass Berührung ausgeschlossen ist. Kann kein genügender Abstand eingehalten werden, so sollen isolirende Röhren übergeschoben oder isolirende Platten dazwischengelegt werden, um die Berührung zu verhindern. Röhren und Platten sind sorgfältig zu befestigen und gegen Lagenveränderung zu schützen.

d) Wand- und Deckendurchgänge. Für diese ist womöglich ein hinreichend weiter Kanal auszustellen, um die Leitungen der gewählten Verlegungsart entsprechend frei hindurchführen zu können. Ist dies nicht angängig, so sind haltbare Rohre aus isolirendem Material — Holz ausgeschlossen — einzulegen, welche ein bequemes Durchziehen der Leitungen gestatten. Die Rohre sollen über die Wand- und Deckenflächen vorstehen. Ist bei Fussbodendurchgängen die Herstellung von Kanälen nicht zulässig, dann sind ebenfalls isolirende Rohre, welche jedoch mindestens 10 Centimeter über dem Fussboden vorstehen und vor Verletzungen geschützt sein müssen, anzubringen.

e) Schutzverkleidungen sind da anzubringen, wo Gefahr vorliegt, dass Leitungen beschädigt werden können, und sollen so hergestellt werden, dass die Luft zutreten kann. Leitungen können auch durch Rohre geschützt werden.

III. Isolirung und Befestigung der Leitungen.

§ 10. Für die Befestigungsmittel und die Verlegung aller Arten Drähte gelten folgende Bestimmungen.

a) Isolirglocken dürfen im Freien nur in senkrechter Stellung, in gedeckten Räumen nur in solcher Lage befestigt werden, dass sich keine Feuchtigkeit in der Glocke ansammeln kann.

b) Isolirrollen und -ringe müssen so geformt und angebracht sein, dass der Draht in feuchten Räumen wenigstens 10 Millimeter und in trockenen Räumen wenigstens 5 Millimeter lichten Abstand von der Wand hat.

Bei Führung längs der Wand soll auf je 80 Centimeter mindestens eine Befestigungsstelle kommen. Bei Führung an den Decken kann die Entfernung im Anschluss an die Deckenkonstruktion ausnahmsweise grösser sein.

c) Klemmen müssen aus isolirendem Material oder Metall mit isolirenden Einlagen und Unterlagen bestehen.

Auch bei Klemmen müssen die Drähte von der Wand einen Abstand von mindestens 5 Millimeter haben. Die Kanten der Klemmen müssen so geformt sein, dass sie keine Beschädigung des Isolirmaterials verursachen können.

d) Mehrleiter dürfen nicht so befestigt werden, dass ihre Einzelleiter auf einander gepresst sind; metallene Bindedrähte sind hierbei nicht zulässig.

e) Rohre können zur Verlegung von isolirten Leitungen mit einer Isolation nach § 7 b oder c unter Putz, in Wänden, Decken und Fussböden verwendet werden, sofern sie den Zutritt der Feuchtigkeit dauernd verhindern. Es ist gestattet, Hin- und Rückleitungen in dasselbe Rohr zu verlegen; mehr als drei Leiter in demselben Rohr sind nicht zulässig. Bei Verwendung metallener Röhren für Wechselstromleitungen müssen Hin- und Rückleitungen in demselben Rohre geführt werden. Drahtverbindungen dürfen nicht innerhalb der Rohre, sondern nur in sogenannten Verbindungsdosen ausgeführt werden, welche jederzeit leicht geöffnet werden können. Die lichte Weite der Rohre, die Zahl und der Radius der Krümmungen, sowie die Zahl der Dosen müssen so gewählt werden, dass man die Drähte jederzeit leicht einziehen und entfernen kann.

Die Rohre sind so herzurichten, dass die Isolation der Leitungen durch vorstehende Theile und scharfe Kanten nicht verletzt werden kann; die Stossstellen müssen sicher abgedichtet sein. Die Rohre sind so zu verlegen, dass sich an keiner Stelle Wasser ansammeln kann. Nach der Verlegung ist die höher gelegene Mündung des Rohrkanals luftdicht zu verschliessen.

f) Holzleisten sind nicht gestattet.

g) Einführungsstücke. Bei Wanddurchgängen ins Freie sind Einführungsstücke von isolirendem und feuersicherem Materiale mit abwärts gekrümmtem Ende zu verwenden.

h) Bei Durchführung der Leitungen durch hölzerne Wände und hölzerne Schalttafeln müssen die Oeffnungen durch isolirende und feuersichere Tüllen ausgefüttert sein.

IV. Apparate.

§ 11. Die stromführenden Theile sämmtlicher in eine Leitung eingeschalteten Apparate müssen auf feuersicherer, auch in feuchten Räumen gut isolirender Unterlage montirt und von Schutzkästen derart umgeben sein, dass sie sowohl vor Berührung durch Unbefugte geschützt, als auch von brennbaren Gegenständen feuersicher getrennt sind.

Die stromführenden Theile sämmtlicher Apparate müssen mit gleichwerthigen Mitteln und ebenso sorgfältig von der Erde isolirt sein, wie die in den betreffenden Räumen verlegten Leitungen. Bei Einführung von Leitungen muss der für die Leitung vorgeschriebene Abstand von der Wand gewahrt bleiben. Die Kontakte sind derart zu bemessen, dass durch den stärksten vorkommenden Betriebsstrom keine Erwärmung von mehr als 50° C über Lufttemperatur eintreten kann. Für Schalttafeln in Betriebsräumen gilt § 3.

Sicherungen.

§ 12. a) Sämmtliche Leitungen von der Schalttafel ab sind durch Abschmelzsicherungen zu schützen.

b) Die Sicherung ist, mit Ausnahme des unter g angeführten Falles, lediglich nach dem Querschnitt des dünnsten von ihr gesicherten Drahtes zu bemessen, und zwar bestimmt sich die höchste zulässige Abschmelzstromstärke nach folgender Tabelle:

Drahtquerschnitt in Quadratmillimeter	Betriebsstromstärke in Ampère	Abschmelzstromstärke in Ampère
0,75	3	6
1	4	8
1,5	6	12
2,5	10	20
4	15	30
6	20	40
10	30	60
16	40	80
25	60	120
35	80	160
50	100	200
70	130	260
95	160	320
120	200	400
150	280	460
210	300	600
300	400	800
500	600	1 200

Es ist zulässig, die Sicherung für eine Leitung schwächer zu wählen, als sie nach dieser Tabelle sein sollte.

c) Sicherungen sind an allen Stellen, wo sich der Querschnitt der Leitung ändert, auf sämmtlichen Polen der Leitung anzubringen, und zwar in einer Entfernung von höchstens 25 Centimeter von der Abzweigstelle. Das Anschlussleitungsstück kann von geringerem Querschnitt sein als die Hauptleitung, welche durch dasselbe mit der Sicherung verbunden wird, ist aber in diesem Falle von entzündlichen Gegenständen feuersicher zu trennen und darf dann nicht aus Mehrfachleitern hergestellt sein. Bei Anlagen nach dem Hopkinson'schen Dreileitersystem sollen im Mittelleiter Sicherungen von der 1½-fachen Stärke der Aussenleitersicherungen angebracht werden; liegt der Mittelleiter jedoch dauernd an Erde, so sind überhaupt keine Mittelleitersicherungen anzuwenden.

d) Die Sicherungen müssen derart konstruirt sein, dass beim Abschmelzen kein dauernder Lichtbogen entstehen kann, selbst dann nicht, wenn hinter der Sicherung Kurzschluss eintritt; auch muss bei Sicherungen bis 6 Quadratmillimeter Leitungsquerschnitt (40 Ampère Abschmelzstromstärke) durch die Konstruktion eine irrthümliche Verwendung zu stärker Abschmelzstöpsel ausgeschlossen sein.

Bei Bleisicherungen darf das Blei nicht unmittelbar den Kontakt vermitteln, sondern es müssen die Enden der Bleidrähte oder Bleistreifen in Kontaktstücke aus Kupfer oder gleichgeeignetem Materiale eingelöthet werden.

e) Sicherungen sind möglichst zu centralisiren und in handlicher Höhe anzubringen.

f) Die Maximalspannung ist auf dem festen Theil, der Leitungsquerschnitt und die Betriebsstromstärke sind auf dem auswechselbaren Stück der Sicherung zu verzeichnen.

g) Mehrere Vertheilungsleitungen können eine gemeinsame Sicherung erhalten, wenn der Gesammtstromverbrauch 8 Ampère nicht überschreitet. Die gemeinsame Sicherung darf für eine Betriebsstromstärke bis 8 Ampère bemessen sein:

h) Bewegliche Leitungsschnüre zum Anschluss von transportablen Beleuchtungskörpern und von Apparaten sind stets mittels Wandkontakt und Sicherheitsschaltung abzuzweigen, welch' letztere der Stromstärke genau anzupassen ist.

i) Ist die Anbringung der Sicherung in einer Entfernung von höchstens 25 Centimeter von den Abzweigstellen nicht angängig, so muss die von der Abzweigstelle nach der Sicherung führende Leitung den gleichen Querschnitt wie die durchgehende Hauptleitung erhalten.

k) Innerhalb von Räumen, wo betriebsmässig leicht entzündliche oder explosive Stoffe vorkommen, dürfen Sicherungen nicht angebracht werden.

Ausschalter.

§ 13. a) Die Schalter müssen so konstruirt sein, dass sie nur in geschlossener oder offener Stellung, nicht aber in einer Zwischenstellung verbleiben können.

Hebelschalter für Ströme über 50 A und in Betriebsräumen alle Hebelschalter sind von dieser Vorschrift ausgenommen.

Die Wirkungsweise aller Schalter muss derart sein, dass sich kein dauernder Lichtbogen bilden kann.

b) Die normale Betriebsstromstärke und Spannung sind auf dem Schalter zu merken.

c) Metallkontakte sollen ausschliesslich Schleifkontakte sein.

d) Jede Hauptabzweigung soll womöglich für alle Pole, der Dreileiter-Gleichstrom für die beiden Aussenleiter Ausschalter erhalten, gleichviel, ob für die einzelnen Räume noch besondere Ausschalter angebracht sind oder nicht.

e) In Räumen, wo betriebsmässig leicht entzündliche oder explosive Stoffe vorkommen, ist die Anwendung von Ausschaltern und Umschaltern nur unter verlässlichem Sicherheitsabschluss zulässig.

Widerstände.

§ 14. Widerstände und Heizapparate, welche eine Erwärmung um mehr als 50° C eintreten kann, sind derart anzuordnen, dass eine Berührung mit den wärmeentwickelnden Theilen und erreichbaren Materialien, sowie eine feuergefährliche Erwärmung solcher Materialien nicht vorkommen kann.

Widerstände sind auf feuersicherem, gut isolirendem Material zu montiren und mit einer Schutzhülle aus feuersicherem Material zu umkleiden. Widerstände dürfen nur auf feuersicherer Unterlage, und zwar freistehend oder an feuersicheren Wänden angebracht werden. In Räumen, wo betriebsmässig Staub, Fasern oder explosible Gase aufgestellt sind, dürfen Widerstände nicht aufgestellt werden.

V. Lampen und Beleuchtungskörper.

Glühlicht.

§ 15. a) Glühlampen dürfen in Räumen, in denen eine Explosion durch Entzündung von Gasen, Staub oder Fasern stattfinden kann, nur mit dichtschliessenden Ueberglocken, welche auch die Fassungen einschliessen, verwendet werden.

Glühlampen, welche mit entzündlichen Stoffen in Berührung kommen können, müssen mit Schalen, Glocken oder Drahtgittern versehen sein, durch welche die unmittelbare Berührung der Lampen mit entzündlichen Stoffen verhindert wird.

b) Die stromführenden Theile der Fassungen müssen auf feuersicherer Unterlage montirt und durch feuersichere Umhüllung, welche jedoch nicht stromführend sein darf, vor Berührung geschützt sein.

c) Die Beleuchtungskörper müssen isolirt aufgehängt, bzw. befestigt werden, soweit die Befestigung nicht an Holz oder bei besonders schweren Körpern an trockenem Mauerwerk erfolgen kann. Sind Beleuchtungskörper entweder gleichzeitig für Gasbeleuchtung eingerichtet oder kommen sie mit metallischen Theilen des Gebäudes in Berührung, oder werden sie an Gasbeleuchtungen oder feuchten Wänden befestigt, so ist der Körper an der Befestigungsstelle mit einer besonderen Isolirvorrichtung zu versehen, welche einen Stromübergang vom Körper zur Erde verhindert. Hierbei ist sorgfältig darauf zu achten, dass die Zuführungsdrähte den nicht isolirten Theil der Gasleitung nirgends berühren. Beleuchtungskörper so aufgehängt werden, dass die Zuführungsdrähte durch Drehen des Körpers nicht verletzt werden können.

d) Zur Montirung von Beleuchtungskörpern ist gummiisolirter Draht (mindestens nach § 7 b) oder biegsame Leitungsschnur zu verwenden. Wenn der Draht aussen geführt wird, muss er derart befestigt werden, dass er an jeder Stelle leicht verändern kann und eine Beschädigung der Isolation durch die Befestigung ausgeschlossen ist.

e) Schnurpendel mit biegsamer Leitungsschnur sind nur dann zulässig, wenn das Gewicht der Lampe nebst Schirm von einer besonderen Tragschnur getragen wird, welche mit der Litze verflochten sein kann. Sowohl an der Aufhängestelle, als auch an der Fassung müssen die Leitungsdrähte länger sein als die Tragschnur, damit kein Zug auf die Verbindungsstelle ausgeübt wird.

Auch sonst dürfen Leitungen nur zur Aufhängung benützt werden, sondern müssen welche jederzeit kontrolirbar sind, entlastet sein.

Bogenlicht.

§ 16. a) Bogenlampen dürfen nicht ohne Vorrichtungen, welche ein Herausfallen glühender Kohlentheilchen verhindern, verwendet werden. Glocken ohne Ausschalter sind unzulässig.

b) Die Lampe ist von der Erde isolirt anzubringen.

c) Die Einführungsöffnungen für die Leitungen müssen so beschaffen sein, dass die Isolirhülle der letzteren nicht verletzt werden und Feuchtigkeit in das Innere der Laterne nicht eindringen kann.

d) Bei Verwendung der Zuleitungsdrähte als Aufhängevorrichtung dürfen die Verbindungsstellen der Drähte nicht durch Zug beansprucht und die Drähte nicht verletzt werden.

e) Bogenlampen dürfen nicht in Räumen, in denen eine Explosion durch Entzündung von Gasen, Staub oder Fasern stattfinden kann, verwendet werden.

VI. Isolation der Anlage.

§ 17. a) Der Isolationswiderstand des ganzen Leitungsnetzes gegen Erde muss mindestens $\frac{1\,000\,000}{n}$ Ohm betragen. Ausserdem muss für jede Hauptabzweigung die Isolation mindestens

$$10\,000 + \frac{1\,000\,000}{n} \text{ Ohm}$$

betragen.

In diesen Formeln ist unter n die Zahl der an die betreffende Leitung angeschlossenen Glühlampen zu verstehen, einschliesslich eines Aequivalentes von 10 Glühlampen für jede Bogenlampe, jeden Elektromotor oder anderen stromverbrauchenden Apparat.

b) Bei Messungen von Neuanlagen muss nicht nur die Isolation zwischen den Leitungen und der Erde, sondern auch die Isolation je zweier Leitungen verschiedenen Potentiales gegen einander gemessen werden; hierbei müssen alle Glühlampen, Bogenlampen, Motoren oder andere stromverbrauchenden Apparate von ihren Leitungen abgetrennt, dagegen alle vorhandenen Beleuchtungskörper angeschlossen, alle Sicherungen eingesetzt und alle Schalter geschlossen sein. Dabei müssen die Isolationswiderstände den obigen Formeln genügen.

c) Bei der Messung der Isolation sind folgende Bedingungen zu beachten: Bei Isolationsmessung durch Gleichstrom gegen Erde soll, wenn möglich, der negative Pol der Stromquelle an die zu messende Leitung gelegt werden, und die Messung soll erst erfolgen, nachdem die Leitung während einer Minute der Spannung ausgesetzt war. Alle Isolationsmessungen müssen mit der Betriebsspannung gemacht werden. Bei Mehrleiteranlagen ist unter Betriebsspannung die einfache Lampenspannung zu verstehen.

d) Anlagen, welche in feuchten Räumen, z. B. in Brauereien und Färbereien installirt sind, brauchen der Vorschrift dieses Paragraphen nicht zu genügen, müssen aber folgender Bedingung entsprechen:

Die Leitung muss ausschliesslich mit feuer- und feuchtigkeitsbeständigem Verlegungsmaterial und so ausgeführt sein, dass eine Feuersgefahr infolge Stromableitung dauernd ganz ausgeschlossen ist.

VII. Pläne.

§ 18. Für jede Starkstromanlage soll bei Fertigstellung ein Plan oder ein Schaltungsschema hergestellt werden.

Der Plan soll enthalten:

a) Bezeichnung der Räume nach Lage und Zweck. Besonders hervorzuheben sind feuchte Räume und solche, in welchen ätzende, leicht entzündliche Stoffe und explosive Gase vorkommen;

b) Lage, Querschnitt und Isolirungsart der Leitungen;

c) Art der Verlegung (Isolirglocken, Rollen, Ringe, Rohr etc.);

d) Lage der Apparate und Sicherungen;

e) Lage und Stromverbrauch der Lampen, Elektromotoren etc.

Für alle diese Pläne sind folgende Bezeichnungen anzuwenden.

Bezeichnungen:

$\times$ – Glühlampe bis zu 32 NK mit Fassung ohne Hahn.

$\times$ 50 – Glühlampe für 50 NK mit Fassung ohne Hahn.

$\times$ – Glühlampe bis zu 32 NK mit Fassung mit Hahn.

Vorstehende Zeichen bedeuten zugleich hängende Lampen.

$\longrightarrow\!\!\times, -\!\!\times\!\!-$ – Glühlampen (bis zu 32 NK) auf Wandarmen.

$\dot{\times}, \dot{\Upsilon}$ – Glühlampen (bis zu 32 NK) auf Ständern (Stehlampen).

$\sim\!\!\times, \sim\!\!\times\!-$ – Tragbare Glühlampen (bis zu 32 NK) bzw. Glühlampen mit biegsamer Leitungsschnur oder mit Zwillingsleitung.

$\otimes$ 5 $\otimes$ 5 – Krone mit 5 Glühlampen (bis zu 32 NK).

$\otimes$ 5+3H – Krone mit 5 Glühlampen ohne und 3 Glühlampen mit Hahn.

$\ominus$ 6 – Bogenlampe mit Angabe der Stromstärke (6) in Ampère.

$\oslash$ – Dynamomaschine bzw. Elektromotor m. Angabe der höchsten Leistung bzw. Verbrauches in Hektowatt.

$\sqcap\!\sqcup\!\sqcap\!\sqcup$ – Akkumulatoren (galvanische Batterien).

$\underline{\omega}$ – Transformator.

$\boxtimes$ 10 – Widerstand, Heizapparate u. dgl. mit Angabe der höchsten zulässigen Stromstärke (10) in Ampère.

$\rightarrow\!\!\!\bigcirc$ – Wandfassung, Anschlussstelle.

$\sigma\sigma\sigma$ 5 – Einpoliger bzw. zweipoliger bzw. dreipoliger Ausschalter mit Angabe der höchsten zulässigen Stromstärke (5) in Ampère.

$\varnothing$ 3 – Umschalter, desgl.

$\square$ 6 – Sicherung mit Angabe des zu sichernden Kupferquerschnittes in Quadratmillimeter (6).

$\boxed{\sqcup}$ 6 – Umschaltbare Sicherung, desgl.

$|\mathbf{2}|, |\mathbf{3}|$ – Zweileiter- bzw. Dreileiter-Elektricitätsmesser.

——— – Zweileiter-Schalttafel.

═══ – Dreileiter-Schalttafel.

$\leftrightarrowtriangle$ – Blitzableiter.

═══ – Doppelleitung, zwei parallel laufende zusammengehörige Leitungen von gleichem Querschnitt.

——— – Zwillingsleitung oder biegsame Doppelleitungsschnur.

– – – – – – Einzelleitung.

$\nearrow$ nach oben
$\nearrow$ von oben
$\nearrow$ nach unten
$\nearrow$ von unten

Senkrecht nach oben oder unten führende Steigleitungen werden durch entsprechende Pfeile angedeutet.

Die Querschnitte der Leitungen werden, in Quadratmillimeter ausgedrückt, neben die Leitungslinien gesetzt.

Das Schaltungsschema soll enthalten: Querschnitte der Hauptleitungen und Abzweigungen von den Schalttafeln mit Angabe der Belastung. Demselben soll beigefügt sein ein Verzeichniss der Räume nebst den in diesen installirten Lampen, Apparaten, Sicherungen, Motoren etc.

Die Vorschriften dieses Paragraphen gelten auch für alle Abänderungen und Erweiterungen.

Der Plan oder das Schaltungsschema ist von dem Besitzer der Anlage aufzubewahren.

VIII. Schlussbestimmungen.

§ 19. Der Kommission des Verbandes Deutscher Elektrotechniker bleibt vorbehalten, andere als die oben gekennzeichneten Materialien, Verlegungsarten und Verwendungsweisen im Einklang mit den in der Industrie jeweilig gemachten Fortschritten für zulässig zu erklären.

§ 20. Die vorstehenden Vorschriften sind von der Kommission des Verbandes Deutscher Elektrotechniker einstimmig angenommen worden und haben daher in Gemässheit des Beschlusses der Jahresversammlung des Verbandes vom 5. Juli 1895 als Verbandsvorschriften zu gelten.

Eisenach, 23. November 1895.

Der Vorsitzende der Kommission.
Budde.

Verzeichnis von Abkürzungen (Kurzzeichen)

- Abkürzungen, die in den Normen und Erläuterungen häufig angewendet werden.
- Abkürzungen, die in der nationalen und internationalen Bearbeitung elektrischer Anlagen häufig anzutreffen sind.

A	Änderung (z. B. im Titelfeld einer Norm)
AG	Arbeitsgruppe
AK	Arbeitskreis der DKE
ANSI	American National Standard Institute, New York
AVB	Allgemeine Versorgungsbedingungen der EVUs
BS	British Standard (Britische Norm, früher BSS)
BSI	British Standards Institution, London (Britisches Normungs-Institut)
CEE	Internationale Kommission für Regeln zur Begutachtung elektrotechnischer Erzeugnisse, Arnheim, NL
CEI	französische Abkürzung für IEC
CEI	Comitato Elettrotechnico Italiano, Mailand
CENELEC	Europäisches Komitee für Elektrotechnische Normung, Brüssel
CES	Comité Electrotechnique Suisse, Schweizerisches Elektrotechnisches Komitee, Zürich, siehe auch SEV
CO (f: BC)	Central Office der IEC, Zentralbüro der IEC, Genf
d	deutsch
de	der elektromeister + deutsches Elektrohandwerk, Hüthig & Pflaum Verlag, München/Heidelberg
DEK	Dansk Elektroteknisk Komite, Kopenhagen
DIN	Deutsches Institut für Normung, Berlin
DKE	Deutsche Elektrotechnische Kommission im DIN und VDE, Frankfurt/Main
DVGW	Deutscher Verein des Gas- und Wasserfaches e. V., Eschborn/Taunus
e	englisch
EDV	elektronische Datenverarbeitung
EFTA	Europäische Freihandelszone
EG	Europäische Gemeinschaft
EKG	Elektrokardiogramm
EN	Europäische Normen
etz	Elektrotechnische Zeitschrift, VDE-VERLAG GmbH, Berlin/Offenbach

318

E und M	Elektrotechnik und Maschinenbau, Springer-Verlag, Wien und New York
EVU	Elektrizitätsversorgungsunternehmen
EWG	Europäische Wirtschaftsgemeinschaft
f	französisch
FELV	englisches Kurzzeichen für „Schutz durch Funktionskleinspannung" (Functional extra-low voltage)
FI-Schutz-schalter	Fehlerstrom-Schutzschalter
FIV	fabrikfertige Installationsverteiler
FSK	fabrikfertige Schaltgeräte-Kombinationen
FU-Schutz-schalter	Fehlerspannungs-Schutzschalter
GOST	Gosudarstvenne komitet Standartov Mer i Ismeritelnich Priborov SSSR
	Komitee für Normen, Maße und Meßgeräte beim Ministerrat der UdSSR, Moskau
GOST	Gosudarstvenne Standarte
	Staatliche Normen des GOST in Moskau (siehe oben)
GtA	Gerätesicherheitsgesetz
GW	siehe DVGW
HD	Harmonisierungsdokumente von CENELEC
IEC (f: CEI)	International Electrotechnical Commission
	Internationale Elektrotechnische Kommission, Genf
IEE	Institution of Electrical Engineers (UK), London
IEEE	Institute of Electrical and Electronics Engineers (früher AIEE), New York
IES	Illuminating Engineering Society, London
IEV (f: VEI)	International Electrotechnical Vocabulary
IP	(Internationale) Schutzarten für Gehäuse, nach DIN 40 050 oder IEC-Publikation 529
ISO	International Standard Organization
	Internationale Normungs-Organisation, Genf
K	Komitee der Deutschen Elektrotechnischen Kommission (DKE)
LS-Schalter	Leitungsschutzschalter
NBN	Norme Belge, Belgische Norm
NEC	National Elektrical Code (USA)

NEC	Nederlands Elektrotechnisch Comite, Rijswijk, NL
NEMA	National Electrical Manufacturers Association (USA), New York (Vereinigung der Nationalen Elektrotechnischen Industrie, Hersteller, USA)
NEN	Nederlands Norm
NF	Norme Française
NFPA	National Fire Protection Association, Quincy, USA
ÖVE-EN	Österreichischer Verband für Elektrotechnik, Fachausschuß Elektrische Niederspannungsanlagen
ÖNORM	Österreichische Normen
ÖZE	Österreichische Zeitschrift für Elektrizitätswirtschaft Springer-Verlag, Wien und New York
PE	Schutzleiter
PEN	PEN-Leiter (bisher: Nulleiter)
PF	Postfach (bei Adressen zum Bezug von Fachliteratur)
PME	Protective Multible Earthing, britisch, frühere Schutzmaßnahme, die der Nullung entspricht
SC	Subcommittee, Unterkomitee bei IEC oder ISO
Sec.	Sekretariat (eines Komitees oder Unterkomitees der IEC)
SEK	Svenska Elektriska Kommissionen, Stockholm
SELV	englisches Kurzzeichen für „Schutz durch Schutzkleinspannung" (safety extra-low voltage)
SEV	Schweizerischer Elektrotechnischer Verein, Zürich, siehe auch CES
SI	Système International des Unités, Internationales Meßeinheitensystem
T.	Teil
TAB	Technische Anschlußbedingungen (der EVUs)
TC	Technical Committee, Technisches Komitee bei IEC oder ISO
TGL	Technische Normen, Gütevorschriften und Lieferbedingungen (DDR)
TÜV	Technische Überwachungsvereine
UK	Unterkomitee in der Deutschen Elektrotechnischen Kommission (DKE)
UK	United Kingdom (Vereinigtes Königreich von Groß-Britannien und Nordirland)
UL	Underwriters Laboratories, Chicago, USA
UTE	Union Technique de l'Electricité (französisches Institut zur Ausgabe elektrotechnischer Normen)
UVV	Unfallverhütungsvorschriften

VBG	Hauptverband der gewerblichen Berufsgenossenschaften, Bonn
VDE	Verband Deutscher Elektrotechniker e. V., Frankfurt/Main
VdEW	Vereinigung Deutscher Elektrizitätswerke, Frankfurt/Main
VdS	Verband der Sachversicherer, Köln a. Rh.

| WG | Working Group (Arbeitsgruppe) |
| WVU | Wasserversorgungsunternehmen |

| ZVEH | Zentralverband der Deutschen Elektrohandwerke, Frankfurt/Main |
| ZVEI | Zentralverband der Elektrotechnischen Industrie, Frankfurt/Main |

Schrifttum: ZVEI-Schriftenreihe Band 6, Kurzzeichen (303 Seiten)
ZVEI, Stresemannallee 19, 6000 Frankfurt/Main 70

Alphabetisches Stichwortverzeichnis
– (Sachregister)–

Vorbemerkungen
– Neben dem Stichwort wird die Seitenzahl der Fundstelle angegeben. Nicht alle Fundstellen können genannt werden; siehe hierzu die Fußnote zum Stichwort „Erdung".

– Die Stichworte werden in der bei Sachbüchern üblichen aphabetischen Reihenfolge angeordnet. Die Umlaute ä, ö, ü werden wie die Buchstaben a, o, u behandelt.

– Die Fundstellen der „Begriffe" werden wegen der Bedeutung der Begriffserklärung für technische Ausdrücke gesondert angegeben.

– Auf den Seiten 88 bis 90 (Teil 200) ist die alphabetisch geordnete deutsche Liste der im IEV-Kapitel 826, Electrical Installations of Buildings, behandelten Begriffe aufgeführt, mit der zugehörigen IEV-Kenn-Nr., – nachzuschlagen in der IEC-Publikation 50 (826) (1982).

– Die fremdsprachlichen Begriffe sind nicht in das Stichwortverzeichnis aufgenommen.

– Im allgemeinen sind folgende Fundstellen nicht in das Stichwortverzeichnis aufgenommen: Inhaltsverzeichnis, Zusammenstellung der Bestimmungen und Normen, Schrifttum, Tabellen und Bilder.

– Bei wichtigen Stichworten, die in diesen Erläuterungen nicht behandelt werden, wird direkt auf den zutreffenden Teil der **Norm** DIN 57 100/VDE 0100 verwiesen. Vergleiche auch das Teileverzeichnis der Norm DIN 57 100/VDE 0100 auf den Seiten 34 und 35 dieser Erläuterungen.

Zeichenerklärung
ff – Abkürzung für: ... und folgende Seiten.

(...) – die eingeklammerten Seitenzahlen verweisen auf Texte, die das Thema zum Stichwort behandeln, ohne jedoch das Stichwort direkt zu nennen.

*) Das Stichwort „Erdung" und mit ihm in Zusammenhang stehende andere Ausdrücke werden in
diesem Buch sehr häufig angewendet. Es ist daher nicht möglich, alle Fundstellen anzugeben.

330

VDE- Bestimmungen kann man abonnieren!

Die schnell fortschreitende Entwicklung in allen Gebieten der Technik erfordert stets ein aktuelles und auf den neuesten Stand gebrachtes VDE-Vorschriftenwerk. Ein Ergänzungsabonnement sichert Ihnen die laufende Zusendung aller Neuerscheinungen, Änderungen und Ergänzungen zu den VDE-Bestimmungen und zu den Entwürfen der VDE-Bestimmungen, die in folgende Gruppen gegliedert sind:

Gruppe 0   Allgemeines, Sachverzeichnis
Gruppe 1   Starkstromanlagen
Gruppe 2   Starkstromleitungen und Starkstromkabel
Gruppe 3   Isolierstoffe
Gruppe 4   Messung und Prüfung
Gruppe 5   Maschinen, Transformatoren, Umformer
Gruppe 6   Installationsmaterial, Schaltgeräte, Hochspannungsgeräte
Gruppe 7   Verbrauchsgeräte
Gruppe 8   Fernmelde- und Rundfunkanlagen

Ergänzungsabonnements werden in nachfolgender Gliederung geliefert:

VDE-Bestimmungen	Entwürfe zu den VDE-Bestimmungen
Gruppe 0 bis 1 oder	Gruppe 0 bis 1 oder
Gruppe 0 bis 2 oder	Gruppe 0 bis 2 oder
Gruppe 0 bis 4 oder	Gruppe 0 bis 4 oder
Gruppe 0 bis 7 oder	Gruppe 0 bis 7 oder
Gruppe 0 bis 8 oder	Gruppe 0 bis 8 oder
Gruppe 8	Gruppe 8

sowie für die
Auswahlordner für das Elektrohandwerk, Elektroinstallation; Entwürfe zum Auswahlordner für das Elektrohandwerk, Elektroinstallation und den Architekten-Auswahlordner.

Ihr Vorteil: Auf sämtliche Abonnementslieferungen erhalten Sie 10 % Rabatt.

Über die einzelnen Gruppenbezugspreise informieren wir Sie gern. Bedingt durch die laufenden Ergänzungslieferungen ändern sich auch die Bezugspreise. Fragen Sie deshalb stets nach dem aktuellen Stand.
Ausführlich informiert Sie auch unser Merkblatt VDE-Bestimmungen, das wir Ihnen gern zusenden.

Innerhalb der VDE-Schriftenreihe ist eine Vielzahl von Kommentaren zu einzelnen VDE-Bestimmungen erschienen. Informationen kommen auf Wunsch postwendend.

VDE-VERLAG GmbH·Bismarckstraße 33·D-1000 Berlin 12